普通高等教育“十三五”规划教材
新工科建设之路·计算机类规划教材

C语言程序设计教程

（第5版）

王秀鸾 迟春梅 张敏霞 孙丽风 主 编

白清华 罗 容 副主编

柳 红 张媛媛 祝 凯 编

電子工業出版社
Publishing House of Electronics Industry
北京·BEIJING

内容简介

本书分为基础篇、提高篇和实验篇。基础篇的主要内容包括程序设计和C语言基础知识，以及顺序、选择、循环结构程序设计和编译预处理，使读者初步建立起利用C语言进行简单程序设计的思想，学会进行简单的程序设计；提高篇的主要内容包括函数、数组等构造型数据类型、指针类型及对文件的操作，使读者学习并体会C语言模块化的编程思想及对数组、指针类型的应用，学会使用构造型数据类型和指针类型处理问题，学会对文件进行操作；实验篇共设计了10个实验，以加强编写程序的实战能力。

本书在编写时兼顾了全国计算机等级考试的要求。书中例题丰富，注重实用，且均在Visual C++ 6.0环境下调试通过。各章都配有丰富的习题。本书配套程序代码、课后习题指导、多媒体电子课件和部分习题微课视频。

本书可作为高等学校理工类各专业本科及高职高专程序设计课程的入门教材，也可作为全国计算机等级考试的辅导教材，还可供广大程序设计初学者自学使用。

图书在版编目 (CIP) 数据

C语言程序设计教程 / 王秀鸾等主编. —5版. —北京：电子工业出版社，2020.3
ISBN 978-7-121-38476-9

Ⅰ. ①C… Ⅱ. ①王… Ⅲ. ①C语言—程序设计—教材 Ⅳ. ①TP312.8

中国版本图书馆CIP数据核字（2020）第030091号

责任编辑：王羽佳
印　　刷：山东华立印务有限公司
装　　订：山东华立印务有限公司
出版发行：电子工业出版社
　　　　　北京市海淀区万寿路173信箱　　邮编：100036
开　　本：787×1 092　1/16　印张：17.75　字数：520千字
版　　次：2007年3月第1版
　　　　　2020年3月第5版
印　　次：2024年1月第11次印刷
定　　价：49.90元

凡所购买电子工业出版社图书有缺损问题，请向购买书店调换。若书店售缺，请与本社发行部联系，联系及邮购电话：(010) 88254888，88258888。

质量投诉请发邮件至zlts@phei.com.cn，盗版侵权举报请发邮件至dbqq@phei.com.cn。

本书咨询联系方式：(010) 88254535，wyj@phei.com.cn。

前　言

计算机程序设计基础是高等学校各专业开设的一门必修计算机基础课程，课程的重点在于培养学生的程序设计思想和程序设计能力，以适应当今社会对人才的需求。C 语言由于自身的简洁、紧凑和灵活性等特点，以及具备其他高级语言所不具备的低级语言的特性，而使得它成为一种在计算机软件设计和计算机程序设计教学中备受欢迎的程序设计语言。

本书集结了众位编者多年的教学经验和应用 C 语言的体会，根据教育部大学计算机教学指导委员会提出的教学基本要求，在广泛参考有关资料的基础上编写而成。

本书内容分为基础篇、提高篇和实验篇。

基础篇分成 6 章，主要内容包括程序设计及 C 语言基础知识、顺序、选择、循环结构程序设计，以及编译预处理等，使学习者初步建立起利用 C 语言进行简单程序设计的思想，学会进行简单的程序设计。比如在第 1 章就对 printf( )函数的基本应用进行了简单介绍，让学习者能够通过模拟编程尽早地进入程序设计的状态，激发学习者的学习兴趣。

提高篇分成 7 章，主要内容包括函数、数组等构造型数据类型、指针类型、函数参数传递进阶、位运算以及文件的操作等。相对于第 4 版，我们在提高篇中调整了部分内容的讲解顺序，将函数调整到数组之前，使读者理解并体会 C 语言模块化的编程思想以及对数组、指针类型的应用，学会使用构造型数据类型和指针类型处理问题，学会对文件进行操作。

实验篇共设计了 10 个实验，采用循序渐进的方式引导学习者掌握 C 语言程序设计的特点，详细的上机实践练习便于读者深入理解语法和培养程序设计的能力。

同时本书在编写时兼顾了全国计算机等级考试的要求。

本书在结构组织上合乎学习逻辑，内容循序渐进，每个知识点的介绍都以引起学生的学习热情和兴趣为出发点，以提高学生的程序设计思想和能力为目标，既注重理论知识，又突出实用性。书中例题丰富，注重实用，且按照新标准 C99 进行介绍，所有程序都符合 C99 的规定，均在 Visual C++ 6.0 环境下调试通过。各章均配有丰富的习题，以帮助读者深入理解教材内容，巩固基本概念，达到培养良好的程序设计能力和习惯的目的。

本书可作为高等学校理工类各专业本科及高职高专程序设计课程的入门教材，也可作为全国计算机等级考试的辅导教材，还可以供广大程序设计初学者自学使用。

本书具有以下特点：

① 突出算法理解，重视实际操作。

② 加强对学生程序设计思想和实际编程能力的培养，以适应信息社会对人才的需求。

③ 注重可读性。本书的编写小组由具有丰富的教学经验、多年来长期并仍在从事计算机基础教育的一线资深教师组成，教材内容组织合理，语言使用规范，符合教学规律。

④ 提供多样式的学习环境。本书配套丰富的教学资源，包括 C 语言学习微信公众号 qdlgdxc、智慧树教学平台（https://coursehome.zhihuishu.com/courseHome/2052196#teachTeam）、程序代码、配套教学用电子课件、部分选择题和填空题的微课视频讲解、习题指导与参考答案，请登录华信教育资源网免费 www.hxedu.com.cn 注册下载。

本书由王秀鸾、迟春梅、张敏霞、孙丽凤、白清华、罗容等执笔并统稿，参加编写的还有柳红、张媛媛、祝凯等，张伟、邵明、王小燕、纪乃华、张莉等也对本书的编写工作提出了很好的建议，同时本书的编写还得到了青岛理工大学各级领导的关心和支持，在此一并表示深深的感谢。

由于作者水平有限，书中误漏之处难免，敬请专家、教师和广大读者批评指正。

作　者
2020年1月

目　录

基础篇

提高篇

实验篇

基　础　篇

第 1 章　C 语言概况

本章主要介绍程序设计的基本概念、结构化程序设计方法、C 语言的起源与特点、初识 C 语言程序以及 C 语言程序的开发过程。通过本章的学习，读者可对 C 语言程序设计的基本概念和过程有一个大致的了解，并通过模仿编写求解简单问题的 C 语言程序。

1.1　程序设计的基本概念

1.1.1　程序和程序设计语言

什么是程序？怎样设计程序？这往往是计算机语言初学者首先遇到的问题。有人以为计算机是“万能”的，只要把任务告诉计算机，计算机就会自动完成一切，并给出正确结果。其实，这是一种误解，要让计算机按照人的意志来完成某项任务，首先要编制该项任务的解决方案，再将其分解成计算机能够识别并可以执行的基本操作指令，并把这些指令按一定的规则组织排列起来存放于计算机内存储器中，当给出执行命令后，计算机按照规定的流程依次执行存放在内存储器中的指令，最终完成所要实现的目标任务。人们把这种计算机能够识别并可以执行的指令序列称为程序。也就是说，程序是人与计算机进行“交流”的工具，它用我们常说的程序设计语言来描述。

程序设计语言是计算机能够理解和识别的语言。它通过一定的方式向计算机传送操作指令，从而使计算机能够按照人们的意愿进行各种操作处理。任何一种程序设计语言都有一定的使用规则，通常称之为语法规则。要学习程序设计语言，必须注意学习它的语法规则，就像学习汉语要学习汉语语法一样。而学习程序设计语言的目的就是为了设计计算机程序。

程序设计语言的种类很多，大体上经过了由低级语言到高级语言的发展过程，目前广泛使用的有 C、Pascal、C++、Java、Python 等高级语言，这些高级语言采用的都是接近于人们熟悉的数学语言和自然语言的表达形式，使人们的学习和使用更加容易和方便。我们把由高级语言编写的程序称为源程序。显而易见，用高级语言编写的源程序，计算机不能直接识别并执行，因为计算机只能识别和执行二进制形式指令或数据，因此，必须有一个工具先将源程序转换成计算机能够识别的二进制形式程序，我们把这种二进制形式表示的程序称为目标程序，而承担转换的工具称为语言处理程序。每种程序设计语言都有与它对应的语言处理程序，语言处理程序对源程序的处理方式有编译方式和解释方式两种，相应的转换工具分别称为编译程序和解释程序。编译方式是指将源程序输入计算机后，用相应的编译程序将整个源程序转换成目标程序，然后通过装配连接程序形成可执行程序，最后运行可执行程序得到结果。目标程序和可执行程序都是以文件的方式存放在磁盘中的，再次运行该程序，只需直接运行可执行程序，不必重新编译和连接。解释方式是指将源程序输入计算机后，用相应的解释程序将其逐条解释，边解释边执行，得到结果，而不保存解释后的机器代码，下次运行该程序时还要重新解释执行。采用编译方式，程序的运行速度快，效率高。因此，目前常用的高级语言除BASIC语言采用解释方式外，大部分都采用编译方式。

1.1.2 程序设计的一般过程

对于初学者来说，往往把程序设计简单地理解为只是编写一个程序，这是不全面的。程序设计是指利用计算机解决问题的全过程，它包含多方面的内容，而编写程序只是其中的一部分。利用计算机解决实际问题，通常先要对问题的性质与要求进行深入分析并确定求解问题的数学模型或方法，然后考虑数据的组织方式和算法，并用某一种程序设计语言编写程序，最后调试程序，使之运行后能产生预期的结果，这个过程称为程序设计。程序设计的基本目标是实现算法和对初始数据进行处理，从而完成对问题的求解。

有些初学者在没有把所要解决的问题分析清楚之前就急于编写程序，结果编程思路混乱，很难得到预期的效果。因此，为了用计算机解决一个实际问题，作为设计人员，从拿到任务到得出正确结果，往往要经过以下6个设计阶段。

① 分析问题。即分析问题需求，也就是弄清楚该问题有哪些已知数据，程序运行需要输入什么数据，需要输出什么结果，需要进行哪些处理，等等。

② 确定处理方案。如果是数学问题，就要根据该问题的数学解法，考虑所用到的数学公式或相关函数；如果是工程问题，就要先建立该问题的数学模型，把工程问题转化成数学问题，以便用计算机解决。对同一个问题可以用不同的方案来处理，不同的方案决定了不同的处理步骤，效率也有所不同。

③ 确定操作步骤。根据选定的处理方案，具体列出让计算机如何进行操作的步骤。这种规定的操作步骤称为算法，而这些操作步骤之间的执行顺序就是控制结构。通常使用流程图来描述算法，把算法思想表达清楚，比较简单的问题可直接进入编写程序阶段。

④ 根据操作步骤编写源程序。用计算机语言编写的操作步骤就是计算机程序。

⑤ 运行调试程序。将计算机程序输入计算机中，经过编译、连接和运行，如果程序是正确的，应该能得到预期的结果。如果得不到正确的结果，应检查程序是否有错误，改正后再调试运行，直到得出正确的结果为止。

⑥ 整理输出结果，写出相关文档。

图1.1所示为程序设计的一般过程。

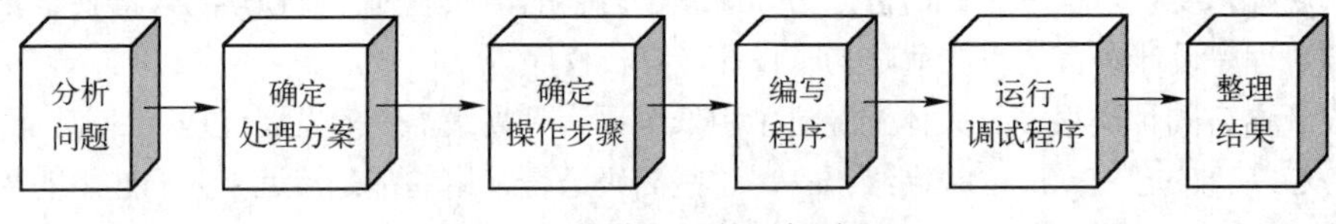

图1.1　程序设计的一般过程

图1.1中，前两个步骤类似于人们解决问题的一般过程，即分析问题，然后确定一种处理方案。后4步则是程序设计的环节，其中最关键的是第③步“确定操作步骤”，或称算法设计。只要算法是正确的，编写程序就不会太困难。对于一个具体问题，编程者应该具备设计算法和正确使用已有算法的能力。

1.1.3 结构化程序设计方法

结构化程序设计是指为使程序具有一个合理的结构以保证程序正确性而规定的一套如何进行程序设计的原则。结构化程序设计的原则是：采用自顶向下、逐步求精的方法；程序结构模块化，每个模块只有一个入口和一个出口；使用3种基本控制结构描述程序流程。其中，模块化是结构化程序设计的重要原则。所谓模块化就是把一个大型的程序按照功能分解为若干相对独立的、较小的子程序（即模块），并把这些模块按层次关系进行组织。按照结构化程序设计的原则，一个程序只能由顺序结构、选择结构和循环结构这 3 种基本结构组成。

人们解决复杂问题时，普遍采用自顶向下、逐步求精和模块化的方法，在这种设计方法的指导下开发出来的程序，具有清晰的层次结构，容易阅读和维护，软件开发的成功率和生产率可极大提高。因此，使用结构化方法设计的程序等于数据结构加算法。已经证明，任何复杂的算法都可以用顺序、选择、循环这 3 种结构组合而成。所以，这 3 种控制结构称为程序的 3 种基本控制结构。

1．顺序结构

顺序结构的 N-S 流程图如图 1.2 所示。其中 A 和 B 是顺序执行的关系，即先执行模块 A 操作，再执行模块 B 操作。

【例 1.1】　求两个整数 m 与 n 的和。

用自然语言描述的求解该问题的算法步骤如下。

步骤 1：输入整数 m 和 n。

步骤 2：求和 sum=m+n。

步骤 3：输出两数之和 sum。

图 1.3 所示为【例 1.1】的 N-S 流程图算法。

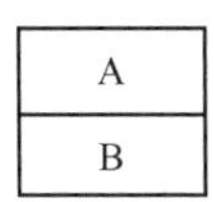

图 1.2　顺序结构的 N-S 流程图

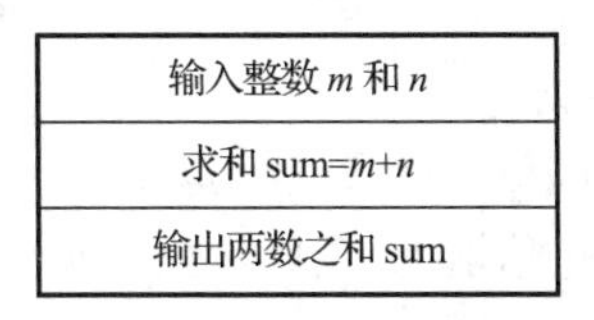

图 1.3　例 1.1 的 N-S 流程图算法

2．选择结构

选择结构又称为分支结构，其 N-S 流程图如图 1.4 所示。其中，P 代表一个条件，当条件 P 成立时（或称为“真”时），执行模块 A；否则执行模块 B。注意，只能执行 A 或 B 之一，两条路径汇合在一起结束该选择结构。

【例 1.2】　求 a、b 两个整数中较小的数。

用自然语言描述的求解该问题的算法步骤如下。

步骤 1：输入整数 a 和 b。

步骤 2：进行判断，如果 $a<b$，则 min=a，否则 min=b。

步骤 3：输出两个数中较小的数 min。

图 1.5 所示为【例 1.2】的 N-S 流程图算法。

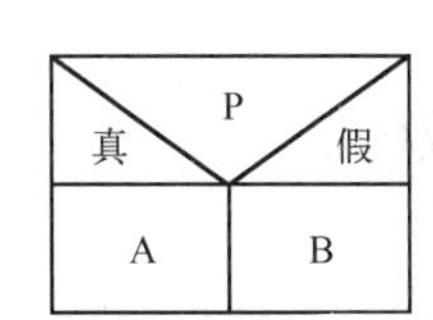

图 1.4　选择结构的 N-S 流程图

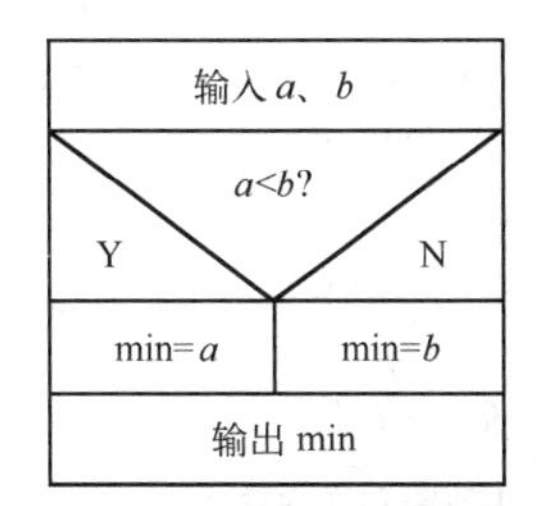

图 1.5　例 1.2 的 N-S 流程图算法

3．循环结构

循环结构又称为重复结构，有两种循环形式。一种是当型循环结构，如图 1.6 所示。其中，P 代表一个条件，当条件 P 成立（为“真”）时，反复执行模块 A 操作，直到 P 为“假”时才停止循环。另一种是直到型循环结构，如图 1.7 所示。先执行模块 A 操作，再判断条件 P 是否为“假”，若 P 为“假”，再执行 A，如此反复，直到 P 为“真”为止。

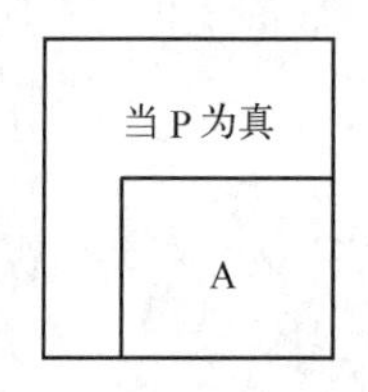

图 1.6　当型循环结构

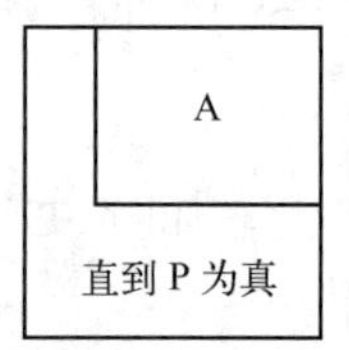

图 1.7　直到型循环结构

【例 1.3】　计算 1+2+3+4+…+100。

用自然语言描述的求解该问题的算法步骤如下。

步骤 1：定义变量 sum 用来存放和值，并将初值 0 赋给 sum，使 sum 的值为 0；定义变量 *k*，用来存放每项的值，并将 1 赋给 *k*。

步骤 2：判断 *k* 的值是否小于或等于 100，如果是，则继续执行步骤 3，否则转到步骤 5，退出循环。

步骤 3：将 sum 与 *k* 的和赋给 sum。

步骤 4：将 *k* 的值增 1，返回步骤 2 重复执行。

步骤 5：输出和值 sum。

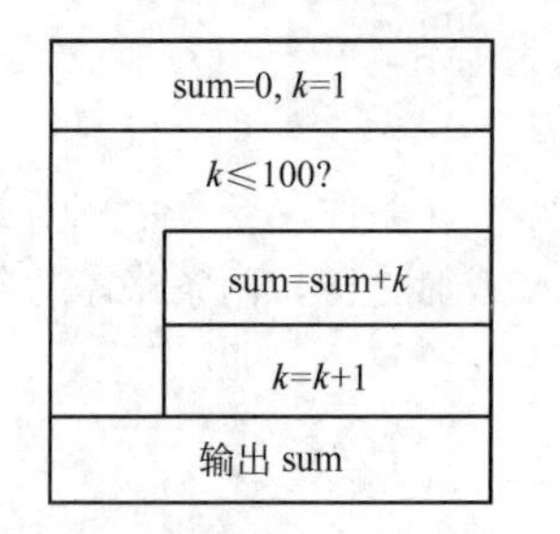

图 1.8　例 1.3 的 N-S 流程图算法

图 1.8 所示为【例 1.3】的 N-S 流程图算法。

可以看到，3 种基本控制结构共有的特点是：有一个入口，有一个出口；结构中每一部分都有被执行到的机会，也就是说，每一部分都有一条从入口到出口的路径通过它（至少通过一次）；没有死循环（无终止的循环）。

结构化程序要求每个基本控制结构具有单入口和单出口的性质是非常重要的，这是为了便于保证和验证程序的正确性。在设计程序时，一个结构一个结构顺序地写下来，整个程序结构如同砌墙一样顺序清楚，层次分明；在需要修改程序时，可以将某个基本控制结构单独取出来进行修改，由于其具有单入口单出口的性质，不会影响到其他的基本控制结构。可以把每个基本控制结构看作一个算法单位，整个算法则由若干个算法单位组合而成。这样的算法称为结构化算法。而这样设计出的程序清晰易读，可理解性好，容易设计，容易验证其正确性，也容易维护。同时，由于采用了“自顶向下、逐步细化”的实施方法，能有效地组织人们的思路，有利于软件的工程化开发，提高编程工作的效率，降低软件的开发成本。

1.2　C 语言的初步知识

1.2.1　C 语言的起源与特点

C 语言诞生于 1972 年，由美国电话电报公司（AT&T）贝尔实验室的 D.M.Ritchie 设计，并首先在一台使用 UNIX 操作系统的 DEC PDP-11 计算机中实现。

C 语言是在 B 语言的基础上发展起来的，早在 1970 年，美国贝尔实验室的 K.Thompson 就以 BCPL 语言（Basic Combined Promgramming Language）为基础，设计出一种既简单又接近于硬件的 B 语言，并用它编写了第一个 UNIX 操作系统。而 BCPL 语言是英国剑桥大学的 Matin Richards 于 1967 年基于 CPL 语言（Combined Programming Language）提出的一种改进语言。CPL 语言又是英国剑桥大学于 1963 年根据 ALGOL 60 推出的一种接近硬件的语言。由此可见，C 语言的根源可以追溯到 ALGOL 60，其演变过程如下：

ALGOL 60（1960 年）→CPL（1963 年）→BCPL（1967 年）→B（1970 年）→C（1972 年）

C 语言问世以后，在应用中多次进行了改进。1973 年贝尔实验室的 K.Thompson 和 D.M.Rithie 用 C 语言将 UNIX 系统（即 UNIX 第 5 版）重写了一遍，增加了多道程序设计功能，使整个系统，包括 C 语言的编译程序都建立在 C 语言的基础上。第 5 版 UNIX 系统（UNIX V5）奠定了 UNIX 系统的基础。到 1975 年，UNIX 第 6 版问世。随着 UNIX 的巨大成功和被广泛移植到各种机器上，C 语言也被人们所接受，并移植到大型、中型、小型和微型机上，它很快风靡全世界，成为世界上应用最广泛的计算机程序设计语言之一。

1978 年又推出了 UNIX 第 7 版，以该版本中的 C 语言编译程序为基础，B.W.Kernighan 和 D.M.Ritchie 合作（被称为 K&R）出版了“The C Programming Language”一书。该书介绍的 C 语言被称为标准 C，这本书成为后来被广泛使用的 C 语言的基础。1983 年，美国国家标准化协会（ANSI）对 C 语言的各种版本做了扩充和完善，推出了新的标准，被称为 ANSI C，它比原来的标准 C 有了很大的改进和发展。1987 年，ANSI 又公布了 87 ANSI C 新版本。当前流行的各种 C 语言编译系统都是以 87 ANSI C 为基础的。在微机上使用的 C 语言编译系统多为 Microsoft C、Turbo C、Borland C 和 Quick C 等，它们略有差异，但按标准 C 语言书写的程序基本上都可运行。读者若要了解不同版本的编译系统的特点和规定，可参阅有关手册。目前，全国计算机等级（二级 C 语言）考试中采用的 C 语言编译系统是 Visual C++ 6.0（简称为 VC)。Visual C++ 6.0 是一个集程序编辑、编译、连接和运行为一体的可视化集成开发环境，是计算机界公认的最优秀的应用开发工具之一。

C 语言之所以成为世界上应用最广泛、最受人们喜爱的计算机高级语言之一，与它本身所具有的突出的优点是分不开的。C 语言的主要特点概括如下。

① 语言简洁、紧凑，使用方便、灵活。C 语言一共只有 32 个关键字，9 种控制语句。程序书写形式自由，主要用小写字母表示。

② 支持结构化程序设计。C 语言具有结构化的控制语句，以函数作为程序的模块单位，这使得它可以很方便地实现这种构造。

③ 运算符丰富。C 语言除拥有一般高级语言都有的运算符外，还拥有不少独特的运算符，可以实现其他高级语言不能实现的运算，增强了 C 语言的运算功能。

④ 数据类型丰富。C 语言能方便地实现各种复杂的数据结构，具有很强的数据处理能力。

⑤ 较强的编译预处理功能。C 语言的编译预处理功能，为开发规模较大的程序提供了方便，极大地提高了程序开发的效率。

⑥ C 语言的可移植性好。C 语言本身只需稍加修改便可用于各种型号的计算机和各类操作系统，因此，用 C 语言编写的程序也可以很方便地用于不同的系统，这也是 C 语言得以广泛应用的原因之一。

⑦ C 语言本身既有一般高级语言的优点，又有低级（汇编）语言的特点。C 语言可以允许直接访问内存地址，可以进行位（bit）运算，也可以直接对机器硬件进行操作。因此，既可以用它编写大型系统软件，也可以用它编写各种应用软件，许多以前只能用汇编语言处理的问题，现在可以改用 C 语

言处理了。

⑧ 语法限制不太严格，程序设计自由度大。C语言由于放宽了语法检查，使程序员有较大的自由度。例如，对数组下标越界不做检查，要由程序设计人员自己保证其正确性。因此，用C语言编写程序，对程序设计人员的要求相应地要高一些。

上述C语言的特点，在初学时也许还不能深刻理解，边学边体会，待学完C语言之后就会有比较深的体会和感受。

1.2.2 初识C语言程序

下面通过两个简单的C语言程序，介绍C语言程序的一些基本构成和格式，并对程序中的语句做了比较详细的注释，使大家能够对C语言程序有一个最基本的认识。

【例1.4】 求两个整数 m 与 n 的和。

程序中，m 和 n 分别表示两个整数，sum表示两个整数的和。

程序代码如下：

```
#include  "stdio.h"                   /* 文件包含命令，将头文件stdio.h包含进来 */
int main( )                          /* 主函数main( ) */
{  int  m,n,sum;                     /* 定义变量m, n, sum*/
   m=5;                              /* 给变量m赋值5 */
   n=3;                              /* 给变量n赋值3 */
   sum=m+n;                          /* 求m+n的值,并赋给变量sum */
   printf("sum is %d \n",sum );      /* 输出sum的值 */
   return 0;
}
```

程序的运行结果如下：

```
sum is 8
```

【例1.5】 求两个整数中的较小者。

程序中，x、y 分别表示两个整数，min表示两个整数之中的较小值。

程序代码如下：

```
#include "stdio.h"
int main( )                      /* 主函数main( ) */
{  int  x,y,min;                 /* 定义变量x,y,min */
   int  fun(int a,int b);        /* 当定义的函数在主函数之后时,要进行函数的声明*/
   printf("input x,y:");         /* 提示输入数据 */
   scanf("%d,%d", &x,&y);        /* 通过键盘给变量x和y赋值 */
   min=fun(x,y);                 /* 调用fun( )函数,将fun( )函数的返回值赋给min */
   printf("min=%d\n",min);       /* 输出min的值 */
   return 0;
}
int fun(int a,int b)             /* 定义fun函数,值为整型,a和b为该函数的形式参数*/
{  int c;                        /* 函数中用到的变量c也要定义 */
   if(a<b)  c=a;                 /* 比较a和b的大小，将较小者赋给c */
   else  c=b;
   return(c);                    /* 将c的值返回至调用处 */
}
```

程序的运行结果如下：

```
input x,y:10,2<Enter>
min=2
```

程序运行时，屏幕显示：input x,y:，然后从键盘输入 10，2，再按回车键。

说明：<Enter>表示单击键盘上的 Enter 键。

1.2.3　C 语言字符集与标识符

从【例 1.4】和【例 1.5】可以看出，一个 C 语言程序由一些字符、字符组合以及一些有意义的符号按照一定的规则组成。其实任何一种程序设计语言都有自己的语法、句法规则，C 语言有自己的特定字符集和标识符，下面简要介绍有关内容。

1. C 语言字符集

字符（Character）是组成程序设计语言最基本的元素。C 语言的字符集由字母、数字、空白符、标点和特殊字符组成。

① 字母：26 个英文字母，包括大小写。

② 数字：0～9 共 10 个。

③ 空白符：空格符、制表符、换行符统称为空白符，共 3 个。

④ 标点和特殊字符：如+ - * / % _ . = < > & | ( ) [ ] { } ; ? : ' " ! # 等共 25 个。

2. 标识符

标识符（Identifier）是一个由有限个有效字符组成的序列，在 C 语言中只起标识作用，可用作符号常量名、变量名、函数名、数组名、文件名等。

（1）标识符的构成规则

C 语言允许用作标识符的有效字符包括：

- 26 个英文字母，包括大小写
- 数字 0，1，…，9
- 下画线

合法的标识符必须由字母（A～Z，a～z）或下画线（_）开头，后面可以跟随任意的字母、数字或下画线。C 语言标识符的长度（即一个标识符允许包含的字符个数）受 C 语言编译系统的限制，例如，某 C 编译系统规定标识符的有效长度是 31，若超过 31 个字符，则后面的字符无效。不同的 C 语言编译系统规定的标识符的长度可能会不同，学习者在使用标识符时应当了解所用编译系统的规定。

合法的标识符：student，a10，sf，_5n，x_sum。

不合法的标识符：30d　　错在以数字开头
　　　　　　　　a$n　　错在出现“$”
　　　　　　　　n abc　错在中间有空格

（2）C 语言标识符的分类

标识符是形成 C 语言代码的基础。C 语言中的标识符由 3 种类型组成：关键字、预定义标识符和用户标识符，每种标识符都有自己的要求。

① 关键字

C 语言中有一些标识符被称为关键字或保留字，在系统中具有特殊用途，只能以特定的方式用在特定的地方，如果试图将关键字用于其他用途，编译程序将产生一个编译错误。例如，标识符 int 是整型数据类型关键字。

表 1.1 列出了 C 语言完整的关键字，随着教材内容的深入，读者将理解在什么地方、为什么和如何使用这些关键字。

表 1.1　C 语言完整的关键字

auto	break	case	char	const	continue	default
do	double	else	enum	extern	float	for
goto	if	int	long	register	return	short
signed	sizeof	static	struct	switch	typedef	union
unsigned	void	volatile	while			

② 预定义标识符

C 语言中有些标识符虽然不是关键字，但总是以固定的形式用于专门的地方，使用较多的预定义标识符是 C 语言标准函数（参见附录 B）。例如，printf 是 C 语言提供的标准函数名，define 是 C 语言提供的编译预处理命令等。因此，用户也不要把它们当作一般标识符使用，以免造成混乱。

③ 用户标识符

用户标识符是由用户根据需要定义的标识符。一般用于给变量、符号常量、数组、函数、指针、文件等命名。在程序中使用用户标识符时，除要遵守标识符的构成规则外，还应注意以下的问题。

- 大小写字母有不同的含义，例如，sum、Sum 和 SUM 是 3 个不同的标识符。习惯上，变量名用小写字母表示，符号常量名用大写字母表示。
- 在构造用户标识符时，应注意做到“见名知意”，即选用有含义的字符组合（如英文单词或汉语拼音）作为标识符，以增加程序的可读性。例如，表示较小的数可用 min，表示长度可用 length，表示和可用 sum 等。

1.2.4　C 语言程序的基本构成

从【例 1.4】和【例 1.5】还可以看出一个 C 语言程序的基本架构，它由多个彼此独立的被称为函数的模块构成。

（1）C 语言程序由函数构成

一个 C 语言程序至少应包含一个 main( )函数（如例 1.4），或者包含一个 main( )函数和若干用户自定义函数（如例 1.5）。因此，函数是 C 语言程序的基本单位，相当于其他语言的子程序或过程。

C 语言的函数可以分为系统提供的标准函数（库函数，如例 1.5 中的 printf( )和 scanf( )函数）和用户自定义函数（如例 1.5 中的 fun( )函数）。各种 C 语言的编译系统所提供的标准函数的数量和功能以及函数名都不完全相同，标准 C 提供了 100 多个标准函数。通过定义函数以及函数调用使 C 语言很容易实现程序的模块化。

（2）一个 C 语言函数通常由两部分组成：函数的首部和函数体

函数的首部包括函数类型、函数名、一对圆括号、函数参数（形参）名和参数类型的说明。比如，例 1.5 中 fun( )函数的首部如图 1.9 所示。

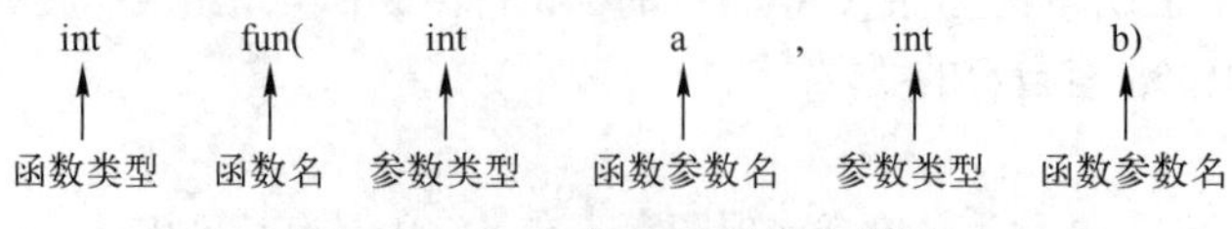

图 1.9　例 1.5 中 fun( )函数的首部

注意： C 语言规定，一个函数名后面必须紧跟一对圆括号，函数的所有形参都必须写在括号内。如果函数没有形参，则括号内可以是空的，但不能省略圆括号，例如，主函数 main( )经常不带参数。

函数体就是函数首部后面一对花括号{}内的部分。如果一个函数内有多对花括号，则最外面的一对花括号{}所包含的内容就是该函数的函数体。函数体一般包括说明部分和执行部分。

① 说明部分

说明部分由若干条变量定义语句或函数声明语句组成。C 语言规定，函数中使用的所有变量（或数组）必须在使用前进行定义，否则会在编译时出错。如例 1.5 中 main( )函数的变量定义语句“int x,y,min;”。当然也可以没有说明部分。例如下面的程序代码：

```
main( )
{  printf("It is fine today!" );}
```

该程序的作用是在屏幕上显示以下文字：

```
It is fine today!
```

这里没有用到任何变量，所以不需要变量的定义。

② 执行部分

执行部分由若干条执行语句组成。程序的功能就是通过执行部分实现的。C 语言的语句一般以分号“;”为结束标识，分号是 C 语句的必要组成部分。例如：

```
y=x+b;
```

C 语言的语句可以从任意位置开始书写，书写格式自由，一行内可以写多条语句，语句中多个空格与一个空格等效。

一个函数甚至可以既无说明部分，也无执行部分，例如：

```
comp( )
{}
```

这个函数是一个空函数，什么作用也没有，但却是合法的。

（3）main( )函数

一个 C 语言的程序只能有一个 main( )函数，C 程序总是从 main( )函数开始执行，并终止于 main( )函数，而不论 main( )函数在整个程序中处于什么样的位置（main( )函数可以放在程序的开头、最后，或某两个函数之间）。但是，为便于理解，通常将 main( )函数放在程序的开头或最后。

（4）为了增加程序的可读性，可以用“/*……*/”在任何位置上对 C 语言程序的任何部分进行注释，一般在一个程序或函数的开始或某些程序的难点之处加上必要的注释。在 Visual C++ 6.0 环境下也可使用符号“//……”引出注释。

1.2.5　简单的屏幕输出

一个程序必须要有数据信息的输出部分，以便告诉编程者或使用者程序的运行结果是什么。C 语言没有专门的输出语句，printf( )是 C 语言的标准输出函数，可实现在屏幕上输出一个字符串，或者按指定格式输出若干变量的值，这里给出 printf( )的基本用法，详细内容详见第 3 章。

1. 输出一个字符串

例如：printf(“Enter number：”);

运行后将双引号中的所有内容原样输出，结果为：Enter number：

【例 1.6】　用“*”号输出字母 C 的图案。

程序分析：可先用“*”号在纸上写出字母 C，再分行输出。

程序代码如下：

```
#include "stdio.h"
int main( )
{
 printf(" ****\n");
 printf(" *\n");
 printf(" * \n");
 printf(" ****\n");
 return 0;
}
```

说明：\n是转义字符，作用是换行，也就是说前面字符输出完之后将光标移动到下一行行首。

2．按指定格式输出若干变量的值

例如：printf("sum is %d \n",sum);　/* 假设变量 sum 的值是 8 */

其中，双引号中的%d是格式控制符，表示在此位置以十进制整数类型输出变量sum的值，双引号中其他内容将作为字符串原样显示在用户屏幕上，所有信息输出后换行。因此，该语句运行后的结果如下：

```
sum is 8
```

【例1.7】　分析程序的运行结果，理解printf( )函数的屏幕输出功能。

```
#include "stdio.h"
int main( )
{
    int a,b;
    a=10;
    b=8;
    printf("%d,",a);      /* 将a的值输出后，再输出逗号，注意没有换行 */
    printf("%d\n",b);
    printf("a=%d\n",a);
    printf("b=%d\n",b);
    printf("a=%d,b=%d\n",a,b);
    return 0;
}
```

程序的运行结果如下：

```
10,8
a=10
b=8
a=10,b=8
```

1.2.6　C语言程序的上机调试过程

如何调试一个C语言程序呢？在不同的环境下调试的方法稍有差异，但归纳起来一般是依照图1.10所示的过程调试的。

从图1.10看出，C语言程序的调试过程基本上可以分为以下4步。

1．编辑

编辑就是用C语言写出源程序。其方法有两种：一种是使用文本编辑程序将源程序输入计算机，经修改认为无误后，以.c为后缀（C源程序的后缀一般定为“.c”）存入文件系统；另一种是使用C语言编译系统提供的编辑器将源程序输入计算机，并且存入文件系统。例如在图1.10中，用户将源程序

文件命名为 file.c。

2．编译

调用 C 语言编译程序对源文件进行编译，即检查其词法、语法、语义方面是否存在错误。

通俗点说，就是检查是否有拼错的关键词，是否有不符合 C 语言语法规则的表达式及语义方面的矛盾和含混。这些错误在编译阶段都可以查出。

如果有错误，则系统将显示“错误信息”。用户根据指出的错误信息，对源程序进行编辑修改，修改后再重新进行编译，直到编译无误为止。编译后生成的机器指令程序被称为目标程序，此目标程序名与相应的源程序同名，但其后缀为.obj。上述源程序文件 file.c 经编译后得到目标程序 file.obj。

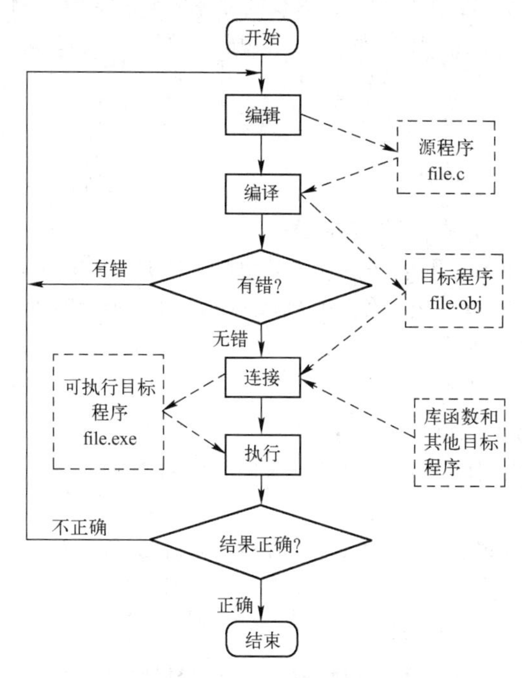

图 1.10　程序调试过程

3．连接

编译产生的目标文件一般不能直接运行，必须把它所引用的标准函数及源程序指定的目标文件一起装配连接起来，形成完整的可执行文件。一般可执行文件名与源程序文件名同名，后缀为.exe。例如，上述源程序文件 file.c 经编译连接后得到可执行文件 file.exe。

4．执行程序

当程序编译连接后，生成可执行程序便可以运行了，以后用户只需输入可执行目标文件名即可，例如：

```
file<Enter>
```

本 章 小 结

1．程序是人与计算机进行“交流”的工具，用“程序设计语言”来描述，程序设计语言是计算机能够理解和识别的语言。

2．程序设计是指利用计算机解决问题的全过程。程序设计的基本目标是实现算法和对初始数据进行处理，从而完成对问题的求解。

3．C语言是伴随UNIX操作系统产生和发展起来的，它既具有高级语言的优点，又具有汇编语言的特点，有人称它是“高级汇编语言”。C语言的语法紧凑、简洁，数据类型丰富，运算功能强大，高效率的代码和高度的可移植性使它成为编写大型工具软件和硬件控制程序不可替代的一门高级语言。目前，C语言已经广泛应用于各领域中。

4．C语言程序由一个或多个函数组成，这些函数中必须包含一个名为main( )的主函数，整个程序由它开始执行，也以该函数的结束而结束整个程序。

5．printf( )是最常用的C语言的标准输出函数，可实现在屏幕上输出任何信息。

6．C语言程序的调试基本上可以分为4步，即编辑、编译、连接和运行。

习　题　1

1.1　思考题

1．什么是结构化程序设计？其基本结构有哪几种？

2．输入3个值a、b、c，用它们作为三角形的3条边输出三角形的面积，画出实现该算法的N-S流程图。

3．标识符的含义是什么？C语言的标识符构成规则是什么？有几种类型的标识符？请举例说明。

4．C语言程序的基本单位什么？

5．一个C语言函数由哪两部分组成？

6．在C语言的源程序中如何引出注释内容？

7．C语言程序的开发过程是什么？每个阶段生成文件有怎样的性质？

1.2　编程题

1．试参照本章例题编写计算梯形面积的C语言程序，梯形的上底、下底和高分别用a、b、h表示，并用a=10，b=20，h=5测试所编写的程序。

2．编写程序显示如图1.11所示的信息。

```
****************************
*         Hello World      *
****************************
```

图1.11　显示信息

第 2 章　C 语言基础

著名的计算机科学家沃思（Nikiklaus Wirth）提出了一个著名的公式：

程序=数据结构+算法

所以在一个程序中应包括两个方面的内容，即数据结构的描述和算法的描述。在高级程序设计语言中，对数据结构的描述是通过数据类型的形式实现的，而对算法的描述则是通过各种语句功能实现的。目前在国际上广泛流行的 C 结构化程序设计语言（简称 C 语言）提供了非常丰富的数据类型用于描述数据结构。本章介绍 C 语言的基本数据类型（除枚举类型外）、常量和变量以及有关算术运算问题等内容。

本章内容是学习 C 语言的基础，概念较多，希望大家重视并能理解掌握。

2.1　数 据 类 型

2.1.1　数据类型

C 语言程序能够用不同的方法处理不同的数据类型，不同的数据类型代表了不同的数据结构。例如，计算学生成绩的平均值需要在数值型数据上的数学运算，而按照学生姓名列表则需要在字符型数据上的比较运算。数据类型被形式上定义为一组数值和一组能够应用于这些数值的运算。C 语言提供了非常丰富的数据类型，包括基本数据类型、构造类型、指针类型和空类型 4 类。

基本数据类型又称非构造型数据类型，包括整型、字符型、实型（又称浮点型）和枚举类型。实型又包括单精度型和双精度型。基本数据类型最主要的特点是，如果某个数据为基本数据类型，则该数据的值不可以再分解为其他数据类型。

构造类型又称复杂数据类型，是根据已定义的一个或多个数据类型用构造的方法来定义的。也就是说，一个构造类型数据的值可以分解成若干“成员”（或“元素”或“域”），其中每个“成员”的值为基本数据类型或构造类型。在 C 语言中，构造类型包括数组类型、结构体类型、共用体类型。

指针类型是一种特殊的，同时又具有重要作用的数据类型，其值用来表示某个量在内存储器中的地址。

空类型（void）通常用于明确说明被调用函数不需要向主调函数返回函数值，其类型说明符为 void。

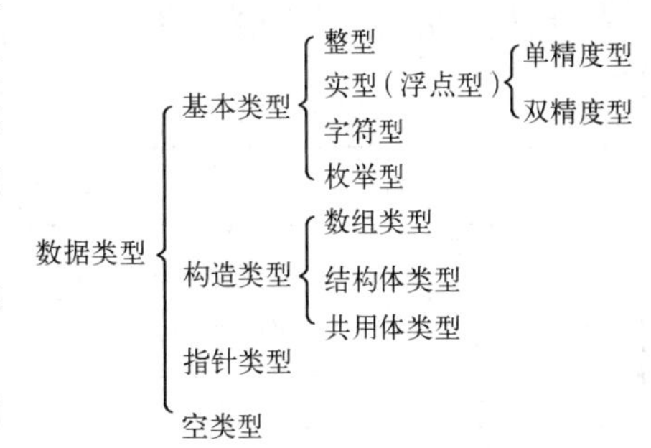

图 2.1　C 语言的数据类型综合表示

C 语言的数据类型综合表示如图 2.1 所示。

本章主要介绍 C 语言基本数据类型（除枚举类型外），其他数据类型将在后续章节中详细介绍。

2.1.2　基本数据类型标识符

1．整型数据类型标识符

C 语言提供了 6 种整型数据类型，不同整型数据类型之间的基本差别在于存储各种类型整型数据所使用的存储单元大小不同，它们直接影响了每个整型数据类型能表示的数值范围。

① 基本整型（简称整型）：类型标识符为 int。

② 短整型：类型标识符为 short int 或 short。

③ 长整型：类型标识符为 long int 或 long。

④ 无符号整型：类型标识符为 unsigned int。

⑤ 无符号短整型：类型标识符为 unsigned short。

⑥ 无符号长整型：类型标识符为 unsigned long。

C 语言标准没有具体规定存储以上各类整型数据所占的内存字节数，不同 C 编译系统有不同的规定。在 Visual C++ 6.0 编译环境中存储各种整型数据所使用存储单元的大小（字节数）以及取值范围参见表 2.1。

说明：在一个存储单元中存储一个有符号整数时，用最高位表示符号，最高位为 0 说明是正数，最高位为 1 说明是负数，其余二进制位表示数值，并且以二进制补码的形式表示。如果存储的是一个无符号整数，则所有二进制位都用来表示数值。例如，用两字节存放一个短整型数时，假设两字节的所有二进制位全部为 1，如果说明为 short 类型，则它代表的是−1，如果说明为 unsigned short 类型，则它代表的是 65535。

2. 实型数据类型标识符

实型数据有单精度型和双精度型两种。

① 单精度型：类型标识符为 float。

② 双精度型：类型标识符为 double。

在 Visual C++ 6.0 中，实型数据占内存大小、取值范围和有效数据位数参见表 2.1。

注意：*在 Visual C++ 6.0 中，所有的 float 类型数据在运算中都自动转换成 double 型数据。*

与整型数据的存储方式不同，实型数据是按照规范化的指数形式存储的。所谓规范化的指数形式是指其尾数部分为纯小数，即小数点前整数部分小于 1，小数点后的第 1 位大于 0。

3. 字符型数据类型标识符

字符型数据的类型标识符为 char，在内存中存储一个字符型数据需要 1 字节，存储单个字符（实际存储的是对应字符的 ASCII 码值）。

基本类型数据见表 2.1。

表 2.1　基本类型数据

类 型 名	类型标识符	存储单元的大小（字节数）	数 值 范 围
字符型	char	1	C 字符集
基本整型	int	4	−214 783 648～214 783 647
短整型	short	2	−32 768～32 767
长整型	long	4	−214 783 648～214 783 647
无符号型	unsigned	4	0～4 294 967 295
无符号长整型	unsigned long	4	0～4 294 967 295
单精度实型	float	4	3.4×10^{-38}～3.4×10^{38}（有效数字位数：6～7 位）
双精度实型	double	8	1.7×10^{-308}～1.7×10^{308}（有效数字位数：12～16 位）

2.2　常量和变量

C 语言中的基本类型数据在程序中按其值是否可以改变分为常量和变量两种表示形式。在程序执行过程中，其值不发生改变的量称为常量，其值可变的量称为变量。

在C语言程序中，每一个数据（常量或变量）都必须明确其数据类型，不存在不属于某种数据类型的数据。所以有整型常量和整型变量、实型常量和实型变量，以及字符型常量和字符型变量等。在程序中，常量可以不经说明而直接引用，而变量则必须先定义后使用。

2.2.1　常量

常量是指在程序运行过程中其值不发生改变的量。在C语言中，有直接常量（或字面常量）和符号常量两种常量。

直接常量可以从其字面形式上区分其数据类型，如12和−10为整型常量，2.5和−10.2为实型常量，'b'和'Y'为字符常量。

符号常量是用用户标识符表示的常量。通常习惯用大写字母表示符号常量。符号常量在使用之前必须使用#define编译预处理命令在程序开头定义。符号常量的定义形式为：

```
#define   符号常量名  常量
```

例如：

```
#define  PRICE  30
```

符号常量一旦定义，凡是本程序中出现PRICE的地方，编译系统均用30来替换。

【例2.1】　已知某产品的单价和数量，求总价格。

程序代码如下：

```
#define PRICE 30          /*定义用户标识符 PRICE 为符号常量，表示商品的单价为 30*/
#include "stdio.h"
int main( )
{  int num,total;         /*变量 num 表示产品数量,变量 total 表示总价格*/
   num=10;                /*程序中出现的数值 10 为直接常量*/
   total=num*PRICE;       /*符号常量 PRICE 代表数值 30*/
   printf("total=%d\n",total);  /*输出总价格，即变量 total 的值*/
   return 0;
}
```

程序运行结果为：

```
total=300
```

注意：

（1）#define是命令不是C的语句，所以最后不能加分号。有关#define命令将在第6章详细介绍。

（2）符号常量所代表的值是不能改变的。正确使用符号常量可以增强程序的可读性和可维护性。

1. 整型常量

整型常量简称为整数或整常数，在VC++ 6.0中，默认类型为int。C语言程序中整型常量有以下3种表示形式。

① 十进制整数：按通常习惯的十进制整数形式表示，如102、−98、0等。

② 八进制整数：以数字0开头的八进制数符串，数字0是八进制整数的前缀，八进制数符为0～7。八进制数通常是无符号数。如025（表示十进制数21）、0400（表示十进制数256）。

③ 十六进制整数：以0x或0X开头的十六进制数符串，0x或0X是十六进制整数的前缀，十六进制数符为0～9和a～f（或A～F），其中a～f（或A～F）对应于十进制数10～15。十六进制数通常

是无符号数。例如，0xl4（表示十进制数 20）、0xFFFF（表示十进制数 65535）。

整型常量如果想表示为长整型数或者无符号整型数，需要在常量末尾添加不同的后缀。所谓后缀是指在数字后面加写字母，长整型数在表示上与其他整型数的区别是加后缀大写字母 L 或小写字母 l。如 1234L、0X2abL 等。无符号数的后缀是大写字母 U 或小写字母 u，如 7543U、0125u 等。前缀和后缀可同时使用以表示不同类型、不同进制的整型数。例如，03456LU 表示八进制无符号长整型数。

在程序中出现的整数根据前缀来区分各种进制数，根据后缀来区分不同类型，因此在书写常数时不要把前缀和后缀弄错造成结果不正确。

2. 实型常量

实型常量即实数，又称浮点数。在 C 语言中实型数只有十进制形式，可以用十进制小数形式或十进制指数形式表示。

（1）十进制小数形式

一般由数字和小数点组成（必须有小数点，但小数点前后的 0 可以省略）。例如，0.246、.246、246.0、246.、0.0 等都是正确的小数表示形式。

（2）十进制指数形式

由尾数、字母 e 或 E 及指数部分组成。具体格式如下所示：

尾数 e 指数部分　　或　　尾数 E 指数部分

字母 e 或 E 左边部分的尾数可以是“整数部分.小数部分”形式，也可以只有整数部分而不含小数点和小数部分，或者只有小数部分前面含有小数点而不含整数部分。指数部分必须为整数，可以是正的，也可以是负的。例如，下面的指数形式都是正确的：

```
135e3    124e-2    -12.12e-5    .135E4    0e0
```

而下面的指数形式是错误的：

```
e2    3.5e1.5    .e    e5    e
```

3. 字符型常量

C 语言中，一个字符型常量代表 ASCII 字符集中的一个字符。在 C 语言程序中字符型常量有以下两种形式。

① 用一对单引号（即撇号）括起来的单个字符。例如，'b'、'Y'、'9'、'('、'y' 等都是合法的字符型常量。

② 用一对单引号（即撇号）括起来的以一个反斜杠（\）开头的转义字符，形如'\n'，'\t'等，意思是将反斜杠（\）后面的字符转变成另外的意义。例如，'\n'不代表字母 n 而是作为换行符。像换行这种非显示字符难以用一般形式的字符表示，所以 C 语言规定用转义字符这种特殊形式表示。常见的以反斜杠（\）开头的转义字符见表 2.2。

表 2.2　转义字符表

转义字符	意　义	ASCII 码
\n	换行（光标移到下一行的首位）	0X0a
\t	横向跳格（即跳到下一个输出区）	0X09
\v	竖向跳格	0X0b
\b	退格（退到前一列）	0X08
\r	回车（光标回到当前行的首位）	0X0d
\f	走纸换页	0X0c

续表

转义字符	意　　义	ASCII 码
\\	反斜杠字符“\”	0X5c
\a	响铃	0X07
\o	空字符（null）	0X00
\'	单引号（撇号）字符	0X27
\"	双引号字符	0X22
\ddd	ddd 表示八进制数	对应字符的 ASCII 码
\xhh	hh 表示十六进制数	对应字符的 ASCII 码

注意：单引号是字符型常量的定界符，'Y'和'y'是不同的字符型常量。

表 2.2 中最后两行用 ASCII 码（八进制数或十六进制数）表示一个字符，即它将字符的 ASCII 码值转换为对应的字符。例如，'\103'代表字符 C，'\012 '代表换行，'\376'代表图形字符■。

4．字符串常量

字符串常量是由一对双引号（" "）括起来的字符序列。双引号是字符串常量的定界符。在组成字符串的字符序列中若有双引号时应使用转义字符“\"”来表示。字符串的长度为字符序列中字符的个数，不包括两边的双引号。

例如：

```
"It is fine day."        /*长度为15*/
"12345678.09"            /*长度为11*/
"$10000.00"              /*长度为9*/
" "                      /*引号中有一个空格,长度为1*/
""                       /*引号中什么也没有,长度为0*/
```

因为字符串长度的不确定性，所以字符串常量在内存中存储时，系统自动在每个字符串常量的尾部加一个字符串结束标志字符“\0”（“\0”是一个 ASCII 码为 0 的“空操作”字符，它不引起任何控制动作，也不是一个可显示的字符），以便系统据此判断字符串是否结束。前面已提到，在内存中存储单个字符需要 1 字节，因此，长度为 *n* 的字符串常量在内存中要占用 *n*+1 字节的存储空间，前 *n* 字节存储组成字符串的 *n* 个字符，最后 1 字节存储字符串结束标志“\0”。

例如，"hello"在内存中的存储形式是（字符对应的 ASCII 码十六进制数值）：

104	101	108	108	111	0

为了能直观理解，以后表示字符时，直接用字符本身表示，则上例表示成：

h	e	l	l	o	\0

注意：字符串结束符'\0'是系统自动加上的，在书写字符串时也不必加'\0'，否则就会画蛇添足。在输出一个字符串时，字符串结束符并不输出，例如：

```
printf("hello");
```

执行此语句时从左到右一个字符一个字符地输出，直到遇到最后的'\0'字符，表示字符串结束了，停止输出。了解了这一点，就可以理解字符串常量"b"和字符型常量'b'的区别了。

存储字符型常量'b'只需要 1 字节：

b

存储字符串常量"b"需要2字节：

b	\0

【例2.2】 下列程序能正确输出4种常量。

```
#include "stdio.h"
#define  PI  3.1415
int main( )
{
   printf("整数：%d\n", 123);
   printf("实数：%f\n", 12.3);
   printf("单个字符：%c\n",  'A');
   printf("圆周率(实型数)是：%f\n",  PI);
   printf("字符串：hello!\n");
  return 0;
}
```

2.2.2 变量

变量是指在程序执行过程中其值可以改变的量。在源程序中，变量用标识符标识，表示变量的标识符称为变量名。

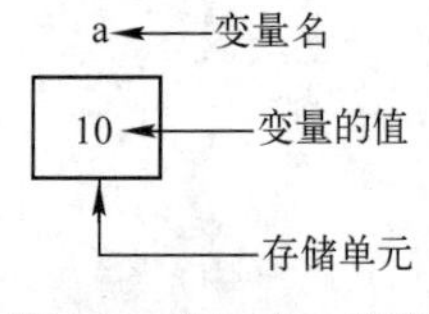

图2.2 变量名、存储单元和变量的值的关系

在内存中，变量和一个存储单元相对应，该存储单元用于存放变量所代表的数据值。变量名、存储单元和变量的值三者之间的关系如图2.2所示。变量所对应存储单元的大小（组成一个存储单元的字节数）取决于变量值的数据类型，所以每个变量都与一个数据类型相联系，类型决定了变量在内存中占据的存储单元的大小，也就决定了变量可以取值的范围和变量值可以参加的运算。另外，变量对应存储单元首字节的编号称为变量的地址。所以变量名、变量类型、变量的值和变量的地址是描述变量的四个要素。

在C语言程序中出现的任何一个变量必须要求一个正确的名字和确定的数据类型，即必须遵循"先定义，后使用"的原则，否则会在编译时出错。

1. 变量的定义和初始化

变量定义的一般形式为：

```
数据类型标识符  变量名1,变量名2,……;
```

变量的定义一般出现在函数体的开头部分，如例2.1主函数中的语句"int num,total;"使用类型标识符int定义了两个整型变量num和total，系统分别为它们各自分配由4字节组成的存储单元，以存放整型数据。

注意：一个定义语句必须以一个";"结束。

根据表2.1给出的基本数据类型标识符，可以定义相应类型的变量。例如：

```
int i,j,k;                  /*定义变量i, j, k为整型*/
long p,l;                   /*定义变量p, l为长整型*/
float x1,x2;                /*定义变量x1, x2为单精度实型*/
double d;                   /*定义变量d为双精度实型*/
char c1,c2;                 /*定义变量c1,c2为字符型*/
```

当按上述方法定义变量时，编译系统仅为所定义的变量分配存储单元，而没有在存储单元中存放任何数据，此时的变量是不能正确使用的，因为变量中的值无意义。

C语言允许在定义变量的同时，对该变量预先设置初值，也称变量的初始化。例如：

```
int i1=6;                /*定义i1为整型变量并赋初值6*/
float f1=2.5,f2=1.23;    /*定义f1、f2为单精度实型变量，并为f1赋初值2.5,f2赋初
                           值1.23*/
char c1='A';             /*定义c1，并为c1赋初值'A'*/
```

也可以为被定义变量的一部分赋初值，例如：

```
int i1,i2,i3=10;         /*定义i1,i2,i3为整型变量，只为i3赋初值10*/
float f1=2.5,f2;         /*定义f1、f2为单精度实型变量，只为f1赋初值2.5*/
char c1='A', c2;         /*定义c1、c2为字符型变量，只为c1赋初值'A'*/
```

如果对几个变量赋以同一个初值，不能写成：

```
int a=b=c=8;
```

而应写成：

```
int a=8,b=8,c=8;
```

说明：经初始化的变量有了一个确定的值，程序中就可以使用该变量了。

2．字符型数据在内存中的存储形式

字符型变量存放一个字符，实际上并不是把该字符本身存放到内存单元中，而是将该字符的ASCII码（ASCII码对照表见附录C）存放到存储单元中。例如，字符'A'的ASCII码为十进制数65，'\n'的ASCII码为10，则下列变量定义并初始化的语句：

```
char c1='A',c2='\n';
```

c1	c2
01000001	00001010

图2.3　字符型数据的存储

执行后，在内存中变量c1和c2的值如图2.3所示。

因为在内存中，字符数据是以ASCII码的形式存储的，它的存储形式与整数的存储形式类似。因此，在C语言中，字符型数据可以与整型数据混合使用。C语言允许对整型变量赋予字符值，也允许对字符变量赋予整型值。一个字符型数据既可以以字符形式输出，也可以以整数形式输出。以字符形式输出时，需要先将存储单元中的ASCII码转换成相应的字符，然后输出。以整数形式输出时，直接将ASCII码作为整数输出，也可以对字符数据进行算术运算，此时相当于对它们的ASCII码进行算术运算。

【例2.3】　字符型数据的输出。

程序代码如下：

```
#include "stdio.h"
int main( )
{  char c1;                        /*定义c1为字符型变量*/
   c1=65;                          /*将65赋给c1，等价于c1='A';*/
   printf("%c,%d\n",c1,c1);        /*c1以字符型和十进制整型两种格式输出*/
  return 0;
}
```

程序运行结果为：

```
A,65
```

该程序中 c1 被定义为字符变量。但在程序中，将整数 65 赋给 c1，就是将整数 65 直接存放到 c1 的内存单元中。如果写成等价语句：

```
c1='A';
```

该语句在执行时，系统首先要将字符'A'转换成其对应的 ASCII 码值 65，然后再存放到 c1 的内存单元中。二者作用是相同的。

程序中设计的输出是按字符型和十进制整型两种格式输出变量 c1 的值。其中“%c”是输出字符的格式符。“%d”是输出十进制整数的格式符。有关输出数据的格式符详见第 3 章。

注意：字符型数据只占 1 字节，所以它只能存放 0～255 范围内的整数。C 语言对字符型数据的这种处理增加了程序设计的自由度和灵活性。例如，实现英文字符的大小写转换、数字字符和数字的相互转换等就变得非常方便。

2.3 算 术 运 算

在 C 语言中，运算符和表达式的数量之多，在高级语言中是少见的。正是丰富的运算符和表达式使 C 语言的功能十分完善，这也是 C 语言的主要特点之一。

C 语言运算符的类别见表 2.3。

表 2.3　C 语言运算符的类别

<table>
<tr><th>运算符的类别</th><th>运 算 符</th></tr>
<tr><td>算术运算符</td><td>+ − * / %</td></tr>
<tr><td>赋值运算符</td><td>=及其扩展赋值运算符</td></tr>
<tr><td>自增、自减运算符</td><td>++ —</td></tr>
<tr><td>关系运算符</td><td>> < == >= <= !=</td></tr>
<tr><td>逻辑运算符</td><td>! && ‖</td></tr>
<tr><td>逗号运算符</td><td>,</td></tr>
<tr><td>位运算符</td><td><< >> | ^ &</td></tr>
<tr><td>条件运算符</td><td>? :</td></tr>
<tr><td>指针运算符</td><td>* &</td></tr>
<tr><td>求字节数运算符</td><td>sizeof</td></tr>
<tr><td>强制类型转换运算符</td><td>（类型标识符）</td></tr>
<tr><td>成员运算符</td><td>. →</td></tr>
<tr><td>下标运算符</td><td>[ ]</td></tr>
<tr><td>其他</td><td>如函数调用运算符( )</td></tr>
</table>

将运算对象（常量、变量、函数等）用运算符连接起来的符合 C 语言语法规则的式子称为 C 语言表达式。为了正确求出表达式的值，C 语言规定了进行表达式求值时，各运算符的优先级和结合性（参见附录 A）。

- 优先级：在一个表达式中如果有多个运算符时，计算是有先后次序的，这种计算的先后次序称为相应运算符的优先级。
- 结合性：当一个运算对象两侧运算符的优先级别相同时，进行运算（处理）的结合方向称为运算符的结合性。按从右向左的顺序运算，称为右结合性；按从左向右的顺序运算，称为左结合性。

在表达式中，各运算对象参与运算的先后顺序不仅要遵守运算符优先级别的规定，还要受运算符结合性的制约，以便确定是自左向右进行运算，还是自右向左进行运算。运算符的结合性也是 C 语言的特点之一。

本节主要介绍最常用的也是最基本的算术运算符以及算术表达式。

2.3.1　算术运算符

算术运算符包括 1 个单目运算符和 5 个双目运算符，其名称、示例及运算功能见表 2.4。

表 2.4　算术运算符

运算符	名称	示例	运算功能
−	取负	−a	使 a 的值为负值
+	加	a+b	求 a 与 b 的和
−	减	a−b	求 a 与 b 的差
*	乘	a*b	求 a 与 b 的积
/	除	a/b	求 a 与 b 的商
%	取余（模）	a%b	求 a 整除 b 的余数（要求 a 和 b 均为整型数据）

说明：

① C 语言中没有幂运算符（整数次幂通常用连乘表示，非整数次幂要用 C 的标准函数）。

② 关于除法运算符/。不能用÷号表示除。另外应注意，两个整数相除结果为整数，例如，7/2 的结果为 3，舍去小数部分。如果参加运算的两个数中有一个数为实数，则结果是 double 型的，因为所有实数都按 double 型进行运算。

③ 关于取余运算符%。运算符两侧的运算对象必须为整型数据（其他运算符的运算对象可以是任意类型数据）。结果按下式计算：余数=被除数−除数*商，余数的符号与被除数相同。例如，7%3 的结果为 1；−7%3 的结果为−1。

思考：如何逆置一个整型数据？比如：已知 25，输出 52。

2.3.2　算术表达式

用算术运算符、圆括号将运算对象连接起来的符合 C 语法规则的表达式称为算术表达式。运算对象可以是常量、变量、函数等。例如，下面是一个合法的 C 语言算术表达式：

```
(a-b)/sqrt(10)+'a'+-15%4
```

说明：sqrt( )是 C 语言提供的开平方标准函数。

1．算术表达式的书写规则

C 语言算术表达式的书写形式与数学表达式的书写形式是有区别的，在使用时要注意以下 4 点。

① C 语言表达式中的乘号不能省略且要用符号*表示乘号。在数学中，$5a$，$5\times a$，$5\cdot a$ 等都是合法的，但在 C 语言中只能写成 5*a，初学者应谨慎。

② C 语言表达式中只能使用合法用户标识符。例如，数学表达式πr^2相应的 C 语言表达式应写成：3.1415926*r*r 或 PI*r*r（PI 预先定义为表示 3.1415926 的符号常量）。

③ C 语言表达式中的所有内容必须书写在同一行上，不允许有分子分母、上下标等形式，必要时要利用圆括号保证运算的顺序。例如，数学表达式$\frac{a+b^2}{c+d}$相应的 C 语言表达式应写成：(a+b*b)/(c+d)。

④ C语言表达式中不允许使用方括号和花括号，只能使用圆括号帮助限定或改变运算顺序。可以使用多层圆括号，但左右括号必须配对，运算时从内层圆括号开始，由内向外依次计算表达式的值。

2. 算术表达式的运算规则

算术表达式的求值过程遵循数学的运算规则。

① 先解括号内再解括号外，多层括号由内向外计算。

② 按运算符的优先级由高到低运算。优先级相同的运算符，按结合性从左到右或从右到左运算。

③ 若一个运算符两侧运算对象的数据类型不同，则先将某个运算对象进行适当的类型转换后再进行运算。

可以看出，要正确求出一个算术表达式的值需要弄清楚两个问题：其一，算术运算符的优先级和结合性是怎样的；其二，如何进行运算对象的数据类型转换。

表2.5所示为括号运算符和算术运算符的优先级和结合性。

表2.5　括号运算符和算术运算符的优先级和结合性

运算种类	结合性	优先级
()	左结合性	高 ↓ 低
-（负号）	右结合性	
*，/，%	左结合性	
+，-		

3. 基本类型数据间的混合运算

如果一个表达式中运算对象的数据类型不同，则应当首先将其转换为同一种类型，然后再进行运算。转换类型的方法有两种，一种是自动类型转换（又称隐式类型转换），另一种是强制类型转换（又称显式类型转换）。

（1）自动类型转换

前已述及，字符型数据可以与整型数据通用，因此，整型、实型（包括单、双精度数据）、字符型数据间可以混合运算。例如，以下表达式：

```
5+'b'-x/2+y*m
```

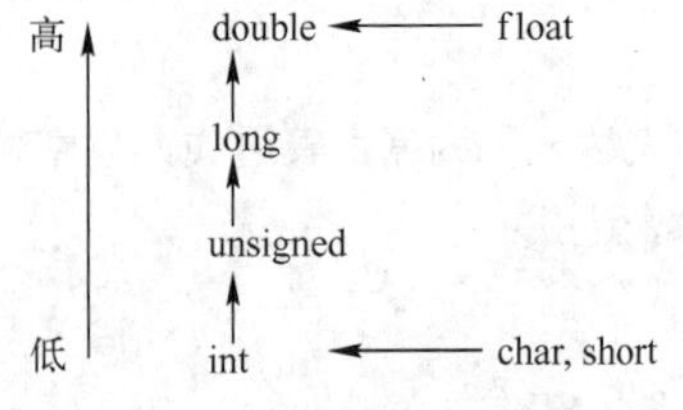

图2.4　自动类型转换规则

是合法的。在运算过程中，C语言遇到两种不同数据类型的数值进行运算时，会将某个数做适当的类型转换，然后再进行运算。自动类型转换规则如图2.4所示。图中，横向箭头为必定的转换，即单精度数或字符型数或短整型数，都必须无条件地转换成横向箭头左侧的数据类型（char型转换为int型，short型转换为int型，float型转换为double型），然后再进行运算。而图中纵向箭头（箭头方向表示数据类型级别的高低，由低向高转换）是当一个运算符两侧的数据类型不相同时，先将级别低的数据类型转换成它们之间级别高的数据类型，然后进行运算。例如，int型与long型数据进行运算，先将int型的数据转换成long型，然后两个同类型（long型）数据进行运算，结果为long型。

假设已指定m为int型变量，x为float型变量，y为double型变量，则表达式：

```
5+'b'-x/2+y*m
```

的运算过程为：

① 进行5+'b'的运算。先将'b'转换成整数98，运算结果为整数103。

② 进行 x/2 的运算。先将 x 与 2 都转换成 double 型，运算结果为 double 型。

③ 将①与②的结果相减。先将整数 103 转换成 double 型（小数点后加若干个 0，即 103.000…00），然后再相减，结果为 double 型。

④ 进行 y*m 的运算。先将 m 转换成 double 型，运算结果为 double 型。

⑤ 将④与③的结果相加，结果为 double 型。

（2）强制类型转换

强制类型转换是通过类型转换运算符来实现的。其一般形式为：

```
(类型标识符) (表达式)
```

其功能是把表达式的运算结果强制转换成类型标识符所表示的类型。

例如：

```
(double)a               /*将 a 转换成 double 型*/
(int)(x+y)              /*将 x+y 的和转换成 int 型*/
(float)(10*5)           /*将 10*5 的积转换成 float 型*/
```

在使用强制转换时应注意以下问题。

① 类型标识符和表达式都必须加括号（单个变量可以不加括号），如果把(int)(x+y)写成(int)x+y，则成了把 x 转换成 int 型之后再与 y 相加。

② 无论是强制转换还是自动转换，都只是为了本次运算的需要而对数据类型进行的临时性转换，并不改变数据定义时的类型。

③ 强制类型转换的优先级高于自动类型转换。

【例 2.4】 编写程序将摄氏温度 25℃转换为相应的华氏温度。

分析：定义实型变量 cel 并初始化为 25；根据公式：9/5*cel+32，计算相应的华氏温度值并显示。

注意：公式中的除法运算，在程序中可将 9 或者 5 写成实型数据格式，按照自动类型转换方式正确求出表达式的值；或者将 9 或 5 强制写成 double 类型，按照强制类型转换的方式正确求出表达式的值。

程序代码如下：

```
/*摄氏温度转换为华氏温度*/
#include "stdio.h"
int main( )
{  float  cel=25;     /*变量的定义和初始化*/
   printf("fah=%f\n",9.0/5*cel+32);
   return 0;
}
```

思考：如果输出时直接写 9/5 结果会如何？请上机验证。

4. 常用数学类标准函数

函数是一段程序，完成一种特定的运算。C 语言中有两类函数：标准函数（库函数）和自定义函数，自定义函数就是用户根据需要定义的函数，详细内容将在第 8 章介绍。

标准函数也称为内部函数由 C 语言系统提供，用户无须定义，也无须了解标准函数的内部处理过程，只需给出函数名和适当的参数，在程序中直接调用就可以得到它的函数值。比如：我们前面用到的 printf()函数就是标准输出函数。实现输出功能的函数代码系统已经定义完成，我们只需调用它即可。C 语言提供了极为丰富的标准函数，并按照函数的功能将标准函数进行分类管理，附录 B 列出了部分常用的标准函数及其对应的头文件名，包括数学函数（头文件名：math.h）、字符串函数（头文件名：

string.h）、输入/输出函数（头文件名：stdio.h）等，其中头文件扩展名的“h”是head的缩写，意为“头”。

用户在调用某一个标准函数之前，必须在源程序的开始处用预处理命令（#include）将该函数所属类别的头文件包含进来。例如，调用数学类函数时，应该在程序的开始处书写以下命令：

```
#include "math.h"
```

注意：#include是预处理命令而不是C语句，因此不能在最后加分号。关于预处理命令的功能请参见第6章。

表2.6列出了常用的数学类标准函数。

表2.6 常用的数学类标准函数

函　数	参数的类型	功　能	示　例	返 回 值	返回值的类型
abs(x)	x为整型	x的绝对值	abs(−2)	2	int型
fabs(x)	x为double类型	x的绝对值	fabs(−2.0)	2.000000	double型
exp(x)	x为double型	e^x	exp(−3.2)	0.040762	double型
log(x)	x为double型	x的自然对数	log(18.697)	2.928363	double型
pow(x,y)	x和y为double型或int型	x^y	pow(2,3)	8.000000	double型
sin(x)	x为弧度	x的正弦	sin(3.1415/6)	0.500000	double型
sqrt(x)	x为double型	x的平方根	sqrt(4.0)	2.000000	double型

标准函数调用的一般格式为：

```
函数名([参数表])
```

比如计算x的平方根为：

```
sqrt(x)
```

其中，sqrt是标准函数名，x为参数，程序运行时，该语句调用标准函数sqrt来求x的平方根，其计算结果由系统返回作为sqrt的函数值。

数学类标准函数调用后一般都会返回一个确定的函数值，以便程序的后续使用和进一步处理。请理解以下标准函数的调用示例：

```
c=sqrt(a*a+b*b)          /*函数sqrt()的返回值直接赋给变量c*/
abs(x)+10                /*函数abs()的返回值作为被加数参与进一步的运算*/
pow(abs(x),y)            /*函数abs()的返回值作为pow()函数的第1个参数*/
```

【例2.5】 已知x=2，计算并输出函数$y=2^x+x+\ln(x)$的值。

分析：本例需要计算2的x次方和x的自然对数。查阅表2.6（或附录B）得知C语言系统提供了相应的标准函数，它们都属于数学类函数，头文件为math.h。其中，计算2的x次方的标准函数名为pow，它有两个参数，第1个参数表示底，第2个参数表示幂，使用方法为pow(2,x)；x的自然对数函数名为log，它有一个参数，使用方法为log(x)。

程序代码如下：

```
#include "stdio.h"          /*输入输出类函数的头文件*/
#include "math.h"           /*数学类标准函数的头文件*/
int main( )
{  int x=2; double y;
   y=pow(2,x)+x+log(x);
   printf("x=%d,y=%lf\n",x,y);
   return 0;}
```

2.4　3 个特殊的运算符

2.4.1　sizeof 运算符

sizeof 运算符是一个单目运算符，它返回变量或数据类型的对应存储单元的长度。其一般形式为：

```
sizeof(类型标识符)
```

或

```
sizeof(变量名)
```

例如，设有下列程序段：

```
float f;
int i;
i=sizeof(f);
```

则变量 i 的值为 4。

2.4.2　逗号运算符

逗号运算符即逗号“,”。在 C 语言中可以用逗号将若干表达式连接起来，构成一个逗号表达式。其一般形式为：

```
表达式 1,表达式 2,表达式 3,……,表达式 n
```

逗号表达式的运算过程是，依次求解表达式 1 的值，表达式 2 的值……最后求解表达式 *n* 的值。整个逗号表达式的值和类型是表达式 *n* 的值和类型。

逗号表达式的计算顺序是自左向右，因此，逗号运算符又称为“顺序求值运算符”。例如：

```
a=36/9,4*a
```

这是一个逗号表达式，由表达式 a=36/9 和 4*a 构成。求值过程先执行 a=36/9，结果为 4，再执行 4*a，结果为 16，所以整个逗号表达式的值为 16。

在有逗号运算符参与的表达式中，逗号运算符是所有运算符中优先级级别最低的。

其实，逗号表达式无非是把若干个表达式串联起来。在许多情况下，使用逗号表达式的目的只是想分别得到各个表达式的值，而并非一定需要得到和使用整个逗号表达式的值，逗号表达式通常用于循环语句（for 语句）中，详见第 5 章。

注意：并不是任何地方出现的逗号都可以作为逗号运算符。例如，在变量说明中的逗号只起间隔符的作用，不构成逗号表达式。

2.4.3　取地址运算符&

取地址运算符&是一个单目运算符，它返回变量的地址。

一般形式为：

```
&变量名
```

例如，下列程序段将显示变量 x 的值和操作系统为 x 分配的存储单元的地址：

```
int x=10;
printf("x 的值为：%d，x 的地址为：%d\n",x, &x);
```

本 章 小 结

1．C 语言的数据类型包括：基本类型、构造类型、指针类型和空类型。

2．常量是指在程序运行过程中其值不发生改变的量。基本类型数据常量有：整型常量（整数；长整数，后缀为 l 或 L；无符号数，后缀为 u 或 U）、实型常量（单精度和双精度数）、字符常量、字符串常量。符号常量必须使用预处理命令#define 定义后才能使用。

3．变量是指在程序运行过程中其值可发生改变的量。C 语言中的变量必须先定义再使用。在变量定义的同时可直接给变量赋初值。当定义了一个变量之后，编译系统就会根据该变量的数据类型为其分配一定大小的存储空间。变量的 4 个要素为：变量名、变量的类型、变量的值和变量的地址。

4．表达式是由运算符连接常量、变量、函数所组成的式子。根据运算符的不同，表达式可分为不同类型，如算术表达式、逗号表达式等。每个表达式都有一个确定的值和类型。表达式求值依照运算符的功能及运算符的优先级和结合性规则进行。

5．基本数据类型转换分为自动转换和强制转换。

自动转换：在不同类型数据的混合运算中，由系统自动实现由少字节类型向多字节类型的转换。

强制转换：由强制转换运算符完成的转换。

6．标准函数也称为内部函数，可看成是一个黑盒子，参数就是对黑盒子的输入，函数的返回值是黑盒子的输出，编程时用户只需正确给出函数名和适当的参数，在程序中直接调用就可以得到它的函数值。同时，还必须在源程序的开始处用预处理命令#include 将该函数对应的头文件包含进来。

习　题　2

2.1　思考题

选择题讲解视频

1．C 语言提供了哪些数据类型？请列出基本数据类型的标识符和存储单元的长度。

2．下面给出的常量中哪些是错误的 C 语言常量表示?

12L，−10，1 900，123U，0123，078，1.234，1.2E-10，45.2e2.3，.123e-02，e5，"a"，'1'，'\n'，'\101'，"a123"，'\'

3．什么是符号常量？如何定义符号常量？请举例说明。

4．试确定下列数据的数据类型，并写出一个实例常量。

填空题讲解视频

（1）一个月的天数________；实例常量为：________。

（2）学生成绩的平均值________；实例常量为：________。

（3）胶州湾海底隧道的长度________；实例常量为：________。

（4）用 M/F 描述一个人的性别________；实例常量为：________。

（5）你的姓名________；实例常量为：________。

4．写出下列数学表达式对应的 C 语言算术表达式。

（1）$\sqrt{x^2+y^2}$　　（2）$\sqrt[3]{\dfrac{a+ab}{a-b}}$

（3）$a^4-\dfrac{3ab}{3+a}$　　（4）$\sqrt[3]{x^3}+\sqrt{x+y}$

5．确定下列算术表达式的值。

（1）表达式 2*3/12*8/4 的值为：________。

（2）表达式 50%20 的值为：________。

（3）表达式 10+15/2+4.3 的值为：________。

（4）表达式 sizeof("hello")的值为：________。

（5）表达式'H'−'A'+'0'的值为：________。

6．为下列问题编写变量定义并初始化的语句。

（1）定义一个表示年龄的变量，并初始化为 18：________。

（2）定义两个表示圆半径和圆面积变量，并将半径初始化为 2.57：________。

（3）定义一个表示学生性别的变量，并初始化为'M'：________。

7．假设有变量定义语句：int a=5,b=7;float x=2.5,y=5.4，请确定下列表达式的值。

（1）x+a%2− (int)x+b%2/4

（2）(float)(a+b)/2+(int)(x+y)%2/4

2.2 编程题

1．编写程序，计算并显示 56、32.3、78.2、22.1 和 98.5 的平均值。

2．编写程序，计算并显示坐标为（3,8）和（7,10）的两点的距离。

3．编写程序，计算并显示一个圆环的面积，已知外半径为 25cm，内半径为 15cm。要求将圆周率用符号常量 PI 表示。

第3章 顺序结构

C 语言是一种结构化程序设计语言，具有结构化程序设计语言的一切特点。顺序结构是最简单的 C 语言程序结构，它不需要专门的语句来控制流程。本章所介绍的语句，将按它们在程序中出现的先后顺序逐条执行，在执行这些语句的过程中不会发生程序流程的转移，由这样的语句构成的程序结构就是顺序结构。

3.1 C 语言程序的语句

在第 1 章中介绍过，C 语言程序由函数构成，一个 C 语言函数通常由函数的首部和函数体两部分组成，而函数体一般包括说明部分（由若干条说明语句组成）和执行部分（由若干条执行语句组成）。C 语言的任何语句都必须以“;”作为语句的结束标志，“;”是 C 语句的必要组成部分。

3.1.1 说明语句

C 语言规定，函数中使用的所有变量（或数组）必须在使用前进行定义，否则会在编译时出错。如果程序中不使用变量（或数组），当然也可以没有变量定义语句。说明语句包括变量（或数组）定义语句和函数声明语句两种，最常用的是变量（或数组）定义语句。通常是通过变量定义语句来确定变量的类型与初值的。例如：

```
char ch1,ch2;            /*定义 ch1,ch2 为字符型*/
int x,y,z=1;             /*定义 x,y,z 为整型,z 初值为 1*/
float a,b,c;             /*定义 a,b,c 为单精度浮点型*/
double d1,d2;            /*定义 d1,d2 为双精度型*/
```

3.1.2 执行语句

程序的功能是由若干条执行语句实现的。执行语句可分为 5 类：表达式语句、函数调用语句、复合语句、空语句和控制语句。

1．表达式语句

表达式语句由任意表达式加上语句结束符分号“;”组成，其一般形式为：

```
表达式;
a+b;                  /*加法运算语句。但计算结果不能保留,无实际意义*/
a=10,b=20,c=a+b;      /*逗号表达式语句*/
```

在 C 语言中，表达式语句的表达能力很强，使用也很方便。

2．函数调用语句

由函数调用表达式加上分号即构成了函数调用语句。例如：

```
printf("What are you doing?");        /*输出语句*/
scanf("%d",&x);                       /*输入语句*/
```

3. 复合语句

在 C 语言中，复合语句也可称为“语句块”，将若干条语句用一对花括号“{}”括起来便构成了复合语句。花括号内可以包含任何 C 语言语句，其一般形式如下：

```
{
    语句 1
    语句 2
    ……
    语句 n
}
```

例如：

```
{ i=5; j*=i; }
```

说明：

① 一条复合语句在语法上作为一条语句处理，在一对花括号中的语句数量不限。在 C 语言程序中，凡是可以出现单语句的地方，都可以使用复合语句。

② 在书写复合语句时，要注意花括号必须配对。复合语句中右花括号的后面不加分号。

③ 在复合语句中，不仅可以有执行语句，还可以有说明语句，说明语句应该出现在可执行语句的前面。例如：

```
{ int a=5; b=a*a; }
```

4. 空语句

只有一个分号“;”组成的语句，被称为空语句。例如：

```
main( )
{ ; }
```

空语句的语义是什么也不执行。在程序设计中有时需要加上一个空语句来表示存在一条语句，有待后续开发。但是随意加上分号会造成逻辑上的错误，所以应该慎用。

5. 控制语句

顾名思义，控制语句的作用是控制程序的流程，以实现程序的分支结构和循环结构。C 语言只有 9 种控制语句，可分成以下 3 类：

① 条件语句，用于控制分支结构的语句，例如，if 语句、switch 语句；

② 循环语句，用于控制循环结构的语句，例如，while 语句、do while 语句、for 语句；

③ 转移语句，用于调整程序流程的语句，例如，goto 语句、break 语句、continue 语句、return 语句。

3.2 赋值运算

3.2.1 赋值运算符和赋值表达式

1. 赋值运算符

在 C 语言中，称“=”为简单赋值运算符，简称赋值运算符。在赋值运算符之前加上双目运算符（中间不能有空格）构成的新的自运算符称为复合赋值运算符，参见表 3.1。

表 3.1　赋值运算符

类　　别	运　算　符	名　　称	示例表达式	等价表达式
（简单）赋值运算符	=	赋值运算	a=10	
（算术）复合赋值运算符	+=	加赋值	a+=b	a=a+b
	−=	减赋值	a−=b	a=a−b
	*=	乘赋值	a*=b	a=a*b
	/=	除赋值	a/=b	a=a/b
	%=	取余赋值	a%=b	a=a%b

说明：赋值运算符均为双目运算符，优先级仅高于逗号运算符，其结合性为右结合性。

2．赋值表达式

用赋值运算符将一个变量和一个表达式连接起来的式子称为赋值表达式，参见表 3.1 中的示例。赋值表达式的一般形式为：

变量 赋值运算符 表达式

例如：a=10;

a+=10;

赋值运算的功能：将赋值运算符右边表达式的值存放到以左边变量名为标识的存储单元中。对于（算术）复合赋值运算来说，它实现的操作是将其左边变量的值与右边表达式的值进行加（或减、乘、除、求余等）运算后再存放到以左边变量名为标识的存储单元中。

赋值表达式的值就是被赋值后赋值号左边变量的值。

例如，赋值表达式“a=10”运算后，有两层意思：一是使变量 a 的值为 10，即将 10 放到变量 a 对应的存储单元中，不论变量 a 的原值是多少，执行上述赋值操作后（或称赋值运算），a 的值更新为 10；二是求得赋值表达式“a=10”的值为 10。

将赋值表达式作为表达式的一种，不仅可以形成赋值表达式语句，而且可以以表达式形式出现在其他语句（如循环语句）中，这是 C 语言灵活性的一种表现。

3.2.2　赋值语句

赋值语句实际上就是在赋值表达式末尾加上分号，它的一般形式为：

赋值表达式;

例如，分析下列程序段的输出结果：

```
float lengh,width,area;        /*定义变量*/
length=12.5;                   /*下面通过 3 条赋值语句为 3 个变量赋值*/
width=7.6;
area=length*width;
printf("area=%f\n",area);
```

关于赋值语句说明几点：

① 赋值运算符“=”的左边必须是变量，右边的表达式可以是单一的常量、变量、函数调用或表达式。例如，下面都是合法的赋值语句：

```
x=10;
y=x+10;
```

```
z=sqrt(2);
```

② 赋值运算符“=”不同于数学中使用的等号，它没有相等的含义。

例如，x=x+1；其含义是取出变量 x 中的值加 1 后，再存入变量 x 中。

③ 赋值运算符的结合性为“右结合性”。

例如： x=y=z=8; 等价于 x=(y=(z=8));

运算时，先求赋值表达式“z=8”的值（得 8），其值再赋给变量 y（得 8），再把表达式“y=8”的值赋给变量 x（得 8）。

④ 赋值语句的主要功能就是给变量赋值，在程序中可给一个变量多次赋值，但应注意变量的当前值。

例如，分析下列程序段执行后，注意变量 a 的值的变化：

```
int a, b, c;
a=5 ;                       /*a 的值为 5*/
a=(b=a+2);                  /*a 的值为 7*/
a=(b=b+1)+(c=3);            /*a 的值为 11*/
```

⑤ 关于复合赋值运算，请注意是将赋值运算符左侧变量的值和右边整个表达式的值进行适当运算后再赋值。

例如，赋值语句：x*=y+8； 等价于 x=x*(y+8);

对于初学者来说，容易错误地认为等价于语句： x=x*y+8;

又如，分析下列程序段执行后，各变量的值更新为多少？

```
int i=2, j=12, k=10;
k+=j+=i+8;
```

分析：上述语句中“+”优先级高于“+=”，故先运算 i+8 值为 10；同一优先级的两个复合赋值运算符“+=”因结合性为右结合性，所以先运算右面的“+=”（即 j+=10 的值为 22），再运算左面的“+=”（即 k+=22 的值为 32）。

C 语言采用这种复合赋值运算符，一是为了简化程序，使程序精练，二是为了提高编译效率，因为从编译的角度来看，它可以生成更短小的汇编代码。

⑥ 赋值运算中的类型转换。

当赋值运算符左边变量的类型和右边表达式值的类型一致时，直接赋值。如果类型不一致，首先要把赋值运算符右边表达式值的类型强制转换为左边变量的类型，然后再进行赋值。转换规则见表 3.2。

表 3.2 赋值运算中数据类型的转换规则

左边变量的类型	右边表达式值的类型	转 换 说 明
int	double	将实型数据的小数部分截去后再赋值
double	int	将整型数据转换成实型数据后再赋值
int	char	值不变，高 24 位补 0，或进行符号扩展
long,int	short	值不变，高 16 位进行符号扩展
int,short	long	右侧的值不能超过左侧数据值的范围，否则将导致意外的结果
unsigned	signed	按原样赋值。但是如果数据范围超过相应整型数据的范围，将导致意外的结果
signed	unsigned	

3.2.3 自增、自减运算符

当复合赋值运算是自加 1 或自减 1 的时候，C 语言提供了更为优化的运算符——自增（++）、自减（--）运算符。

设整型变量 a，初值为 10。要实现对其加 1，已知可以有以下两种写法。

方法 1：a=a+1;

方法 2：a+=1;

现在还有方法 3，并且是最好的方法，即“++a;”或者“a++;”。

也就是说，只有在自加 1 的情况下，代码 a++或++a 可以生成最优化的汇编代码。

同样，自减 1 操作也有对应的运算符：--a 或 a--。

设 a 原值为 10，则执行--a 或者 a--后，a 的值都为 9。

所以，自增“++”和自减“--”运算符的作用是使运算对象的值增 1 或减 1，它们是两个单目运算符，可置于运算对象的左侧或右侧，例如，++i、i++、--i、i--等都属于合法的表达式。参加自增、自减运算的运算对象只能是变量而不能是表达式或常量。表 3.3 列出了自增、自减运算符的种类和功能。

表 3.3 自增、自减运算符的种类和功能

运 算 符	名 称	例 子	相 当 于
++	自增	i++或++i	i=i+1 或 i+=1
--	自减	i--或--i	i=i-1 或 i-=1

自增、自减运算符出现在变量之前（如++i 和--i），称为前置（prefix）运算，出现在变量之后（如 i++和 i--），称为后置（postfix）运算。对一个变量 i 实行前置运算或后置运算，其运算结果是一样的，即都使变量的值增 1 或减 1，但作为表达式来说却有着不同的值。例如，假设 i 的初值等于 3，则：

```
++i   /*先使 i 的值加 1,然后再使用 i,表达式的值是 i 加 1 之后的值为 4*/
i++   /*先使用 i 的值,然后再使 i 的值加 1,表达式的值是 i 加 1 之前的值为 3*/
```

所以赋值表达式 j=++i 相当于 i=i+1 和 j=i，赋值表达式的值是 4，变量 i 的值也是 4。而赋值表达式 j=i++则相当于 j=i 和 i=i+1，赋值表达式的值是 3，变量 i 的值是 4。

例如，已知定义语句：

```
int a=3,b=5,c;
```

则有：

（1）c=(++a)*b;　　　　等价于：a=a+1;
　　　　　　　　　　　　　　　c=a*b;

结果：c 的值为 20。

（2）c=(a++)*b;　　　　等价于：c=a*b;
　　　　　　　　　　　　　　　a=a+1;

结果：c 的值为 15。

【例 3.1】 自增、自减运算符使用示例。

程序代码如下：

```
#include "stdio.h"
int main( )
{  int i=5,j,k;
```

```
    j=++i;                          /*i 的值自加 1 变为 6, j 的值为 6*/
    i=5;
    k=i++;                          /*k 的值为 5,i 的值为 6*/
    printf("i=%d,j=%d,k=%d\n",i,j,k);
   return 0;
  }
```

程序运行结果如下：

```
i=6, j=6, k=5
```

说明：

① 自增、自减运算符（++、--）只能用于变量，不能用于常量和表达式，例如，2++或(x+y)++都是不合法的。

② ++和--的结合方向是“右结合性”，其优先级高于基本算术运算符，与负号运算符为同一优先级。例如，-i++，因为“-”运算符和“++”运算符优先级相同，而结合方向为“自右至左”，即它相当于-(i++)。

3.3　数据的输入和输出

将数据通过计算机外部设备送到计算机内存中的操作称为输入，反之，将数据从计算机内存送到计算机外部设备的操作称为输出。在这里，操作系统默认的标准输入/输出设备是键盘和显示器。

首先说明，C 语言本身不提供输入/输出语句，它的输入/输出操作都是通过调用 C 语言系统提供的输入/输出标准函数来实现的。例如：

```
printf("What are you doing?");
scanf(“%d”,&x);
```

是函数调用语句，而不是 C 语言提供的输入/输出语句。

C 语言提供的输入/输出标准函数被存放在标准函数库中，输入/输出类函数的头文件为 stdio.h，如果要使用这些输入/输出函数，必须在源程序的开始处使用编译预处理命令：#include "stdio.h"（关于 C 语言的预处理功能详见第 6 章）。

本节主要介绍两类常用的标准输入/输出函数：一类是用于单个字符的输入/输出函数 getchar( )和 putchar( )；另一类是用于各类数据的格式化输入/输出函数 scanf( )和 printf( )，其中最后一个字符 f 是 format 的缩写，即格式的意思。

3.3.1　单个字符的输入和输出函数

1. 单个字符输入函数 getchar( )

getchar( )函数调用的一般形式为：

```
变量=getchar( );
```

该函数的功能是从标准输入设备（键盘）上输入一个字符，按回车键后，getchar( )将接收该字符作为函数的值。通常将 getchar( )函数得到的值通过赋值运算符赋给某个字符型变量。

例如：

```
char ch;
ch=getchar( );
ch++;
```

当程序执行到“ch=getchar( );”语句时，程序会暂停，等待用户从键盘输入一个字符，然后继续执行后面的语句。

注意：getchar( )只能接收一个字符，而且只有在用户按回车键<Enter>后，读入才开始执行。

2. 单个字符输出函数 putchar ( )

putchar( )函数调用的一般形式为：

```
putchar(ch)
```

函数的功能是向标准输出设备（显示器）输出一个字符（即 ch 的值），其中，ch 可以是字符型常量、变量或整型变量。

【例 3.2】 从键盘输入一个字符并显示该字符。

```
#include "stdio.h"
int main( )
{  char ch;
   ch=getchar( );
   putchar(ch);
   return 0;
}
```

该程序在运行到“ch=getchar( );”语句时会暂停，等待用户从键盘上输入一个字符。如果用户从键盘输入：c <Enter>，就会在屏幕上看到字符 c。执行情况如下：

输入：c <Enter>
输出：c

注意：getchar( )函数得到的字符可以赋给一个整型变量或字符型变量，也可以不赋给任何变量而作为表达式的一部分。例如，可以将例 3.2 程序中的后两行用下面的语句代替：

```
putchar(getchar( ));
```

需要说明的是，getchar( )函数可接收任何键盘输入，请仔细阅读并理解下面程序示例。

【例 3.3】 单个字符输入、输出函数示例。

```
#include "stdio.h"
int main( )
{  char a,b;
   a=getchar();
   b=getchar();
   putchar(a);putchar(b);
   return 0;
}
```

第 1 次运行程序：

（1）输入：AB<Enter>

输出：AB

第 2 次运行程序：

（2）输入：A□B<Enter>

输出：A□

说明：“□”表示空格。

解释：第1次运行程序，通过键盘用户输入了3个字符AB<Enter>，两次getchar( )调用，顺序读取A和B赋给变量a和b; 第2次运行程序，通过键盘用户输入了4个字符A□B<Enter>，两次getchar( )调用，顺序读取A和□赋给变量a和b。

putchar( )函数也可以输出转义字符，例如，putchar('\n') 输出一个换行符。如果将例3.3中程序的最后一行改为：

```
putchar(a); putchar ('\n');putchar (b);
```

则运行结果为：

```
输入：AB<Enter>
输出：A
     B
```

putchar( )函数还可以输出其他转义字符，例如：

```
putchar ('\102');          /*输出字符“B”，显示内容为：B   */
putchar ('\");             /*输出单引号字符“ ' ”，显示内容为：'    */
putchar ('\012');          /*输出换行符*/
```

3.3.2 格式化输入和输出函数

1. 格式化输出函数printf( )

putchar( )函数只能输出单个字符。如果用户在程序中需要输出若干个任意类型的数据，就要使用在前面章节中用到的格式输出函数printf( )来实现。printf( )函数在整个C语言程序设计中应用非常广泛，希望大家能够很好地掌握。

printf( )函数调用的一般形式如下：

```
printf("控制字符串",输出项列表);
```

printf( )函数的功能是，按控制字符串规定的输出格式，将输出项列表中的各输出项的值依次输出到系统指定的标准输出设备（显示器）上。

下面分别介绍printf( )函数中各参数的含义。

（1）控制字符串

控制字符串是用双引号括起来的字符串，也称转换控制字符串，它包含格式说明和普通字符两种信息。

① 格式说明

格式说明由“%”和跟随其后的一个格式字符组成。它的作用是将要输出的数据转换为指定的格式输出。格式说明总是由“%”字符开始，以一个格式字符作为结束，对不同类型的数据应使用不同的格式字符控制其输出格式。C语言提供的printf( )格式字符及其功能如表3.4所示。

表3.4 printf( )格式字符及其功能

格式字符	意义
d	以十进制有符号形式输出整型数据
o	以八进制无符号形式输出整型数据（不带前导0）
x	以十六进制无符号形式输出整型数据（不带前导0x）
u	以十进制无符号形式输出整型数据
c	输出一个字符

续表

格式字符	意　义
s	输出字符串中的字符，直到遇到“\0”，或者输出由精度指定的字符数
f	以小数形式输出单精度和双精度数据，隐含的小数位数为6
e	以规格化的指数形式输出单精度和双精度数据，隐含的小数位数为6
g	按e和f格式中宽度较短的一种输出，不输出无意义的0

在一些系统中，这些格式字符只允许使用小写字母，因此建议读者统一使用小写字母，使程序具有通用性。此外，还可以根据需要在“%”和格式字符之间插入“宽度说明”“左对齐符号-”“前导零符号0”等附加格式说明，格式为：

```
%[+][-][0][#][m.n][l]格式字符;
```

printf( )附加格式说明符及其功能如表3.5所示。

表3.5　printf( )附加格式说明字符及其功能

字　符	意　义
字母l	用于long和double型数据的输出，可加在格式符d、o、x、u、e、f前面
m（正整数）	指定输出数据所占的宽度，若输出的数据位数大于 m，为保证数据的正确性，则按实际位数输出；如果数据的位数小于m，则多出的位数补空格
.n（正整数）	.n 称为精度。对于实数，表示输出n位小数；对于字符串，表示截取的字符个数；对于整数，指定必须输出的数字个数，若输出的数字少于指定的个数，则前面补0，否则按原样输出
-	输出的数字或字符左对齐
+	使输出的数字总是带＋或－号
0	在输出的数据前加前导0
#	使输出的八进制数（或十六进制数）带前导0（或0x）。注意：#只对o格式字符和x格式字符起作用

② 普通字符

普通字符是需要原样输出的字符，它包含可打印的字符和不可打印的字符。可打印的字符在“控制字符串”中直接用字符符号表示，如a、b等；不可打印的字符用转义字符表示，如换行'\n'，横向跳格'\t'、响铃'\a'等。

（2）**输出项列表**

输出项列表是需要输出的一些数据，可以是一个或者多个输出项。当有多个输出项时，各输出项之间用逗号“，”隔开。输出项可以是常量、变量或表达式。

输出项与控制字符串中的格式说明从左到右在类型上必须一一对应匹配。如果不匹配将导致数据不能正确输出。

另外，输出项的个数与控制字符串中格式说明的个数应该相同。如果输出项的个数多于格式说明的个数，则多余的输出项不输出；如果输出项的个数少于格式说明的个数，则对于多余的格式说明将输出不定值（或0值）。

例如，以下程序段：

```
int x=10;double y=2.5;
printf("x=%d,y=%lf,s=%s\n",x+5,y, "End");
```

输出结果为：

```
x=15,y=2.500000,s=End
```

其中：输出项 x+5 与%d 相对应；y 与%lf 相对应，"End"与%s 相对应；按照相应的格式输出；而"x="、"y="、"s="、"\n "及逗号为普通字符，将原样输出。

pritnf( )中如果省略输出项，且控制字符串中也没有格式说明，其结果是将该字符串原样显示。

例如，以下程序段：

```
printf("What is your name? \n");
printf("My name is Li li. \n");
```

该程序段执行后，屏幕显示：

```
What is your name?
My name is Li li.
```

【例 3.4】 格式输出函数示例。

```
#include "stdio.h"
int main( )
{  int a=5,b=8;
   printf("%d%d%d\n",a,b,a+b);
   printf("%d %d %d\n",a,b,a+b);
   printf("%d,%d,%d\n",a,b,a+b);
   printf("a=%d,b=%d,a+b=%d\n",a,b,a+b);
   return 0;
}
```

程序运行结果如下：

```
5813
5 8 13
5,8,13
a=5,b=8,a+b=13
```

从输出结果可以看出，清晰度越来越好，恰当地设计输出样式可以得到友好的输出结果。

另外，如果希望输出字符“%”，使用特殊格式说明“%%”。例如：

```
printf("%d%%\n",10);
```

执行后将输出：

```
10%
```

2. 格式化输入函数 scanf( )

scanf( )函数调用的一般形式为：

```
scanf ("控制字符串", 输入项地址列表)
```

scanf( )函数的功能是，按控制字符串规定的输入格式，从系统指定的标准输入设备（键盘）上将输入的数据依次存到输入项地址列表所指定的内存单元中。

下面分别介绍 scanf( )函数中各参数的含义。

（1）控制字符串

控制字符串是用双引号括起来的字符串，也称转换控制字符串，它规定了输入数据的输入格式。它包含格式说明和普通字符两种信息。

① 格式说明

与printf( )函数中的格式说明类似，scanf( )函数的格式说明也是以“%”开始，以一个格式字符结束的，中间可以插入附加格式说明符。表3.6列出了scanf( )函数用到的格式字符，表3.7列出了scanf( )函数常用的附加说明符（修饰符）。

表3.6 scanf( )格式字符

格式字符	意义
d	输入一个十进制整型数据
i	输入一个整型数据，该数据也可以是带前导0的八进制数或带前导0x的十六进制数
o	以八进制形式输入一个整型数据（可以带前导0，也可以不带前导0）
x	以十六进制形式输入一个整型数据（可以带前导0x，也可以不带前导0x）
u	输入一个无符号十进制整型数据
c	输入一个字符型数据
s	输入一个字符串，将字符串送到一个字符数组中，在输入时以非空格字符开始，以第一个空格字符结束
f	以小数形式或指数形式输入单精度数
e	与f的作用相同

表3.7 scanf( )附加的格式说明符

字符	意义
l	用于输入long型数据（%ld,%lo,%lx）和double型数据（%lf或%le）
m（正整数）	指定输入数据所占的宽度（列数）

② 普通字符

普通字符在输入数据时要求原样输入相同的字符。一般情况下，最多只在格式字符之间加逗号普通字符。

（2）**输入项地址列表**

输入项地址列表是由若干个地址组成的列表，可以是变量的地址或字符串的首地址等。若为多项，各项之间用逗号隔开。

例如：
```
int a,b;
    scanf ("%d,%d",&a ,&b);
```

初学者往往写成：

```
scanf ("%d,%d",a ,b);
```

这是错误的，因为a和b不是地址形式。需要说明的是，虽然语句是错的，但是编译时并不报错，只是变量a和b会得到一个错误的值。

为了能正确地通过键盘输入数据，说明如下：

① 当调用scanf( )函数从键盘输入数据时，最后一定要按下回车键，scanf( )函数才开始接收从键盘上输入的数据，并且输入项地址列表与控制字符串中的格式说明从左到右在个数和类型上必须一一对应匹配，如果不匹配将得不到正确的数据。

② 当指定输入数据所占的宽度为m时，系统自动按宽度m截取所需数据，但不能对实型数据指定小数位的宽度。例如，以下程序段：

```
int a,b;
scanf ("%2d%3df",&a, &b );
printf ("a=%d,b=%d\n",a, b );
```

键盘输入：`123456<Enter>`

输出：a=12,b=345

而“scanf ("%6.3f",&a); ”是不合法的，不能企图输入以下信息而使 a 的值为 123.456：

```
123456<Enter>
```

③ 在输入数据时，遇到下列情况之一时认为该数据项结束：

- 空格符（空格键）、制表符（Tab 键）或回车符（回车键）；
- 宽度结束，如“%2d”，则只取两列；
- 非法输入。

④ 当输入的数据少于输入项的个数时，程序等待输入，直到输入的数据个数与输入项的个数相同为止；当输入的数据多于输入项的个数时，多于的数据将留作下一个输入函数的输入数据。

⑤ 特别强调：

- 地址表列问题，如：

```
scanf(“%d,%f”,a,b);                    //忘记&运算符
```

编译时系统并不报错，只是变量获得的是不确定的错误值

- 普通字符问题，如：

```
scanf(“%d,%f\n”,&a,&b);                //换行符\n在这被当做两个普通字符\和n
```

输入的数值序列应该是：

```
12,12.5\n
```

【例 3.5】　格式输入函数示例。

```
#include "stdio.h"
int main( )
{  int a,b; char c;
   scanf("%d%c%d",&a,&c,&b);
   printf("%d,%d,%c\n",a,b,c);
   return 0;
}
```

程序运行结果如下：

```
输入：33a66 <Enter>    (输入 a、c、b 的值)
输出：33,66,a          (输出 a、b、c 的值)
```

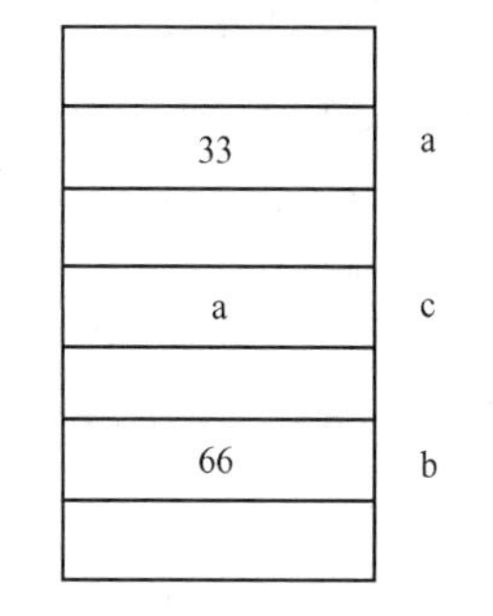

图 3.1　变量 a、b、c 中的值

其中，根据 scanf( )函数的功能，将从键盘上输入的 3 个数据 33、66 和字母 a 分别存入系统为变量 a、b、c 分配的内存单元中，如图 3.1 所示。第一个数据对应格式%d 输入 22 之后遇字母 a，因此认为数据项 22 后已没有数字了，第 1 个数据到此结束，把 22 赋给变量 a；第 2 个数据对应格式%c，因此将字符 a 赋给变量 c；第 3 个数据 66 后面是回车键，认为此数据项到此结束，则将 66 赋给变量 b。

3.4　程序举例

【例 3.6】　已知 a=5.0，b=2.5，c=7.8，计算

$$y = \frac{\pi ab}{a + bc}$$

分析：由已知条件定义变量 a、b、c 为实型且赋初值，定义符号常量 PI 表示圆周率π，定义 y 为实型变量来存储以上公式的计算结果。

程序代码如下：

```
#include "stdio.h"
#define PI 3.14
int main( )
{  double a=5.0,b=2.5,c=7.8,y;
   y=PI*a*b/(a+b*c);                     /*适当使用括号写出正确的 C 表达式*/
   printf("y=%lf\n",y);
   return 0;
}
```

程序运行结果为：

```
y=1.602041
```

【例 3.7】　从键盘输入两个整数赋给变量 a 和 b，要求交换变量 a 和 b 中的值。

分析：定义 3 个整型变量 a、b 和 t，a 和 b 两个变量分别存储从键盘输入的两个整数，这两个整数可以调用 scanf( )函数实现输入。

交换 a 和 b 中值的方法是，首先将 a 中的值用临时变量 t 保存起来（在此可通过赋值语句“t=a;”来实现），然后将 b 的值赋给 a（即“a=b;”），再把保存在临时变量 t 中的值赋给 b（即“b=t;”）。根据此思路编写程序代码如下：

```
#include "stdio.h"
int main( )
{    int a,b,t;
     scanf("%d%d",&a,&b);
     printf("a=%d,b=%d\n",a,b);
     t=a;a=b;b=t;        /*注意 3 条赋值语句的顺序*/
     printf("a=%d,b=%d\n",a,b);
     return 0;
}
```

程序运行结果为：

```
输入: 22  66<Enter>
输出: a=22,b=66
      a=66,b=22
```

【例 3.8】　从键盘输入一个大写字母，要求改用小写字母输出，并输出大写字母和小写字母的 ASCII 码值。

分析：定义 c1、c2 两个字符型变量来分别存储大写字母和小写字母，大写字母可以用 getchar( )函数实现输入。大小写字母间转换的方法前面已经介绍过。根据此思路编写程序代码如下：

```
#include "stdio.h"
int main( )
{  char c1,c2;   c1=getchar( );
   printf("%c,%d\n",c1,c1);
```

```
    c2=c1+32;
    printf("%c,%d\n",c2,c2);
    return 0;
}
```

程序运行结果为：

```
输入：A<Enter>
输出：A, 65
      a, 97
```

【例 3.9】 从键盘输入一个 5 位正整数，求出个位数和百位数并输出，如输入 12345，则输出 35。

分析：定义 3 个整型变量 a、b 和 m。m 变量用于存储从键盘输入的 5 位正整数，这个整数可以调用 scanf( )函数实现输入；a 和 b 两个变量分别存储求出的个位数和百位数。

求个位数的方法：用 m 除以 10 的余数就是个位数（在此可通过表达式“m%10”来实现）。

求百位数的方法：用 m 除以 100 的商再除以 10 的余数就是百位数（在此可通过表达式“m/100%10”来实现）。根据此思路编写程序代码如下：

```
#include "stdio.h"
int main( )
{  int  a, b, m ;
   scanf("%d",  &m );
   a=m%10;  b=m/100%10;
   printf("%d%d\n", b, a);
   return 0;
}
```

程序运行结果为：

```
输入：12345<Enter>
输出：35
```

【例 3.10】 设一元二次方程为 $ax^2+bx+c=0$，输入 3 个系数 a、b、c（设 a 不为 0，且 $b^2>4ac$），求两个实根。

分析：定义变量 a、b、c 为实型，代表方程的 3 个系数，可以用 scanf( )函数实现数据的输入；定义 $x1$、$x2$ 两个实型变量来存储两个实数根。

一元二次方程的求根公式为：

$$x1=\frac{-b+\sqrt{b^2-4ac}}{2a} \qquad x2=\frac{-b-\sqrt{b^2-4ac}}{2a}$$

程序代码如下：

```
#include "stdio.h"
#include "math.h"
int main( )
{  double a,b,c,x1,x2;
   scanf("%lf%lf%lf",&a,&b,&c);
   x1=(-b+sqrt(b*b-4*a*c))/(2*a);
   x2=(-b-sqrt(b*b-4*a*c))/(2*a);
   printf("x1=%5.2lf\nx2=%5.2lf\n",x1,x2);
   return 0;
}
```

程序运行结果为：

```
输入：2.3  6.7   3.1<Enter>
输出：x1=-0.58
      x2=-2.34
```

本例中，sqrt( )是求平方根函数，其头文件为math.h，所以在程序的开头加#include "math.h"语句。

从本节的例题可以看出，顺序程序结构是一种按照语句书写顺序执行的简单的程序结构，可解决一些简单的问题。

本 章 小 结

1．C语言的任何语句都必须以“;”作为语句的结束标志，“;”是C语句的必要组成部分。

2．C语言的语句可分为说明语句和可执行语句两类，其中可执行语句分为表达式语句、函数调用语句、复合语句、空语句和控制语句5种。

3．赋值语句是程序设计中使用最频繁的语句，主要功能是给变量赋值。

4．C语言中没有提供专门的输入/输出语句，所有的输入/输出操作都是由调用标准函数库中的输入/输出函数来实现的。

- getchar( )和scanf( )函数是输入函数，用于接收来自键盘的输入数据。getchar( )函数是字符输入函数，只能接收单个字符；scanf( )是格式输入函数，可按指定的格式输入若干个任意类型的数据。
- putchar( )和 printf( )函数是输出函数，在显示器屏幕上输出信息。putchar( )函数是字符输出函数，只能显示单个字符；printf( )是格式输出函数，可按指定的格式输出若干个任意类型的数据。

习 题 3

3.1 思考题

选择题讲解视频

填空题讲解视频

1．赋值的含义是什么？请给出下列赋值语句（序列）的功能。

（1）a=10; 功能：________________

（2）a*=3+5; 功能：________________

（3）a+=b; b=a-b; a=a-b; 功能：________________

（4）a=b%10*10+b/10; 功能：________________

（5）a='A'+32; 功能：________________

（6）a=36%10+'0'; 功能：________________

2．给定下列变量的定义语句。

```
int num;
double score, sum;
```

判定并修改下列scanf( )函数调用语句的错误。

（1）scanf("%d",num);

（2）scanf("%d,%d",&score,sum);

（3）scanf("%d,%f,%lf",&num,&score,sum);

（4）scanf(&num,"%d");

3．请为下列scanf( )函数调用编写适当的键盘输入数据序列（要求给i赋10，给j赋20，给c赋'A'）。

（1）scanf("%d,%d",&i,&j);

（2）scanf("%d%d",&i,&j);

（3）scanf("i=%d,j=%d",&i,&j);

（4）scanf("%d,%c,%d",&i,&c,&j);

4．按要求写出正确的语句。

（1）输入3个double型数据给变量a,b,c。输入数据时用一个空格间隔，写出正确的scanf( )语句。

（2）输出double型变量a,b,c的平均值，保留3位有效位，写出正确的printf( )语句。

（3）设用char型变量ch保存一大写字母，输出该大写字母本身及其ASCII码值，写出正确的printf( )语句。

（4）设有double a=1.25, b=2.32; 编写printf( )语句（多个），输出下面的算式。

```
  1.25
+1.32
------
  2.57
```

3.2 读程序写结果题

1.
```
char c1='b',c2='e';
printf("%d,%c\n",c2-c1,c2-'a'+'A');
```

输出结果是：________。

2.
```
double x1, x2;
 x1=3/2;
 x2=x1/2;
 printf("%d,%f", (int)x1, x2) ;
```

输出结果是：________。

3.
```
#include "stdio.h"
int main( )
{ double d=3.2; int x,y;
  x=1.2;y=(x+3.8)/5.0;
  printf("%d \n", d*y);
  return 0;
}
```

输出结果是：________。

4.
```
#include "stdio.h"
int main( )
{ int a=1, b=2;
  a=a+b; b=a-b; a=a-b;
  printf("%d,%d\n", a, b );
  return 0;
}
```

输出结果是：________。

5.
```
#include "stdio.h"
int main()
{ char a='4',b='6',c='3';
  int x,y,z,m=0;
  x=a-'0';
  y=b-'0';
  z=c-'0';
```

```
    m=m*10+x;
    m=m*10+y;
    m=m*10+z;
    printf("x=%d,y=%d,z=%d,m=%d\n",x,y,z,m);
    return 0;
  }
```

输出结果是：________。

3.3 **程序填空题**：按照要求，请在下面画线处填写适当的内容。

1．要求下列程序的输出结果是16.00。

```
#include "stdio.h"
int main( )
{ int a=9, b=2;   double x=____, y=1.1,z;
   z=a/2+b*x/y+1/2;
   printf("%6.2lf\n", z );
   return 0;
}
```

2．以下程序的功能是输入两个整型数后计算其商。例如，输入5/2<回车>，则输出“5/2=2.50”。

```
#include "stdio.h"
int main( )
{ int a,b;  double c;
  scanf("________",&a,&b);
  c=(double)a/b;
  printf("__________",a,b,c);
  return 0;
}
```

3.4 **编程题**

1．编写程序实现从键盘输入两个十进制整型数据10和8给变量x和y，并按下列格式输出。

	x	y
十进制数	10	8
八进制数	12	10
十六进制数	A	8

2．编写一个程序，输入一个大写英文字母（'B'～'Y'），输出它的前导字母、该字母本身及其后续字母。

3．编写一个程序，输入一个3位正整数，要求反向输出对应的整数，如输入123，则输出321。

4．某工种按小时计算工资：

总工资=每月的劳动时间×每小时工资

从总工资中扣除10%公积金，剩余的为应发工资。编程从键盘输入劳动时间和每小时工资，打印出应发工资数额。

5．编写程序，读入3个整数给变量a、b、c，然后交换它们的值，把a原来的值给b，把b原来的值给c，把c原来的值给a。

第4章 选 择 结 构

选择结构是结构化程序设计的3种基本结构（顺序、选择、循环）之一，其作用是根据所给定的条件是否满足，决定程序的不同流程。本章主要介绍如何利用C语言实现选择结构程序设计。

4.1 关 系 运 算

关系运算就是比较运算，即将两个数据进行比较，判断是否满足给定的条件。如果满足给定的条件，则称关系运算的结果为逻辑值“真”；如果不满足给定的条件，则称关系运算的结果为逻辑值“假”。

例如，x>0 是比较运算，也就是关系运算，“>”是一种关系运算符。如果 x 的值为 1，那么 x>0 条件满足，就是说关系运算 x>0 的结果为“真”。如果 x 的值为−1，那么 x>0 条件不满足，也就是说关系运算 x>0 的结果为“假”。

4.1.1 关系运算符

在C语言中有6种双目关系运算符，见表4.1。

表4.1 双目关系运算符

运 算 符	名 称	示 例	结果	优 先 级	结 合 性
<	小于	5<0	0	相同（高）	左结合性
<=	小于等于	10<='a'	1		
>	大于	65>80	0		
>=	大于等于	10>='A'	0		
==	等于	1==0	0	相同（低）	
!=	不等于	15!=0	1		

关系运算符的优先级关系如下：

① 关系运算符的优先级前4种（<，<=，>，>=）相同，后两种（==，!=）相同，且前4种的优先级高于后两种。

② 关系运算符的优先级低于算术运算符，高于赋值运算符。例如：

```
c>a+b        等价于        c>(a+b)
a==b<c       等价于        a==(b<c)
a=b>c        等价于        a=(b>c)
```

4.1.2 关系表达式

用关系运算符将两个常量、变量或任意有效的表达式（如算术表达式、赋值表达式、关系表达式等）连接起来所构成的符合C语言规则的式子，称为关系表达式。关系表达式的一般形式为（参见表4.1的“示例”一列）：

表达式 关系运算符 表达式

例如：

```
a+b>c-d
(x=1)==3/2
'a'+1<c
 a>(b>c)
a!=(c==d)
```

等都是合法的关系表达式。

关系表达式的值是一个逻辑值，即“真”或“假”。C语言没有提供逻辑型数据，它以数字1代表逻辑“真”，以数字0代表逻辑“假”，所以关系表达式的值只能是1或0两种值，参见表4.1的“示例”和“结果”两列。

例如：5>0的值为“真”，即为1；而(a=3)>(b=5)的值为“假”，即为0。

【例4.1】 关系运算符示例。

```
/*关系运算符示例*/
#include "stdio.h"
int main( )
{  char c='b';
   int i=1,j=2,k=3;
   printf("%d,",'a'+1<c);
   printf("%d,",1<j<5);
   printf("%d\n",k==j==i+5);
   return 0;
}
```

程序运行结果为：

```
0,1,0
```

在进行关系运算时应注意以下事项。

① 应避免对实数做相等或不等的判断。

例如，关系表达式：1.0/3.0*3.0==1.0 的值为0（假）。因为通常存放在内存中的实型数是有误差的，因此不可能精确相等或不等。

可将上式改写为：fabs(1.0/3.0*3.0−1.0)<1e−6。其中，fabs ( )是求绝对值的标准函数，如果两个实型数之间相差一个很小的正数，就可以认为两者是相等的。

② 注意区分赋值运算符“=”与关系运算符“==”两种运算符的写法和它们的含义。

③ 对于形如“10<=x<=20”的关系表达式，从语法上来说，C语言是允许的，但是在程序设计时它并不能正确地表示用户的意图。比如，当用户希望x的值在[10,20]范围内时，表达式值为1，否则值为0，那么当x=1时，按照运算符的运算规则，先计算10<=x，因为x为1，所以结果为0，再计算0<=20，结果为1，显然结果不对。其实无论x的值为多少，按照C语言的运算规则，表达式“10<=x<=20”的值都是1。

4.2 逻辑运算

关系运算处理的是简单的比较运算，而逻辑运算处理的是复杂的关系运算。例如，要求x大于等于10且小于等于20时，这样的条件如果要正确表示就要用到逻辑运算。

4.2.1 逻辑运算符

在C语言中有3种逻辑运算符，见表4.2。

表4.2 逻辑运算符

运算符	名称	示例	结果	优先级	结合性
!	逻辑非	!(65>80)	1	高	右结合性
&&	逻辑与	5>0 &&10>-20	1	较高	左结合性
||	逻辑或	5>0 || 10>20	1	低	

其中，“&&”和“||”为双目运算符；“!”为单目运算符，应出现在运算对象的左边。

（1）逻辑运算符的优先级

① 在3种逻辑运算符中，逻辑非“!”的优先级最高，逻辑与“&&”次之，逻辑或“||”最低。

② 逻辑运算符“&&”和“||”的优先级低于关系运算符，而“!”的优先级高于算术运算符。

例如：

a>b&&x>y　　　等价于　　　(a>b)&&(x>y)

!a+1||a>b　　　等价于　　　((!a)+1)|| (a>b)

（2）逻辑运算的规则

① 逻辑与“&&”：参与运算的两个量都为真时，结果才为真，否则为假。例如，5>2 && 4>0，由于5>2为真，4>0为真，所以相与的结果也为真。

② 逻辑或“||”：参与运算的两个量只要有一个为真，结果就为真。两个量都为假时，结果为假。例如，5>0||5>6，由于5>0为真，相或的结果也就为真。又如，5<2||5>6，由于5<2和5>6均为假，相或的结果也就为假。

③ 逻辑非“!”：参与的运算量为真时，结果为假；参与的运算量为假时，结果为真。例如，!(5<2)，由于(5<2)为假，非的结果就为真。

逻辑运算的规则可用逻辑运算真值表表示，见表4.3。

表4.3 逻辑运算真值表1

a	b	a&&b	a||b	!a	!b
真	真	真	真	假	假
真	假	假	真	假	真
假	真	假	真	真	假
假	假	假	假	真	真

4.2.2 逻辑运算的值

逻辑运算的值有真和假两种，C语言编译系统在给出逻辑运算值时，以“1”代表真，“0”代表假。

判断一个量为真还是假时，以数值0代表假，以非0的数值代表真。例如，由于5和2均为非0，因此表达式5&&2的值为真，即为1。又如，由于!5为假，即0，所以!5||0的值为假，即0（参见表4.2的“示例”和“结果”一列）。

所以逻辑运算真值表可以改为表4.4。

表 4.4　逻辑运算真值表 2

a	b	a&&b	a‖b	!a	!b
非 0	非 0	1	1	0	0
非 0	0	0	1	0	1
0	非 0	0	1	1	0
0	0	0	0	1	1

4.2.3　逻辑表达式

逻辑表达式是指用逻辑运算符将运算对象连接起来的符合 C 语言规则的式子（参见表 4.2 的“示例”一列）。逻辑表达式的一般形式为：

[表达式]　逻辑运算符　表达式

例如：

```
x>10 && x<20
4&&0||(a=2)
'c' &&'d'
! a<b
```

注意：逻辑表达式的值只能是 0 或 1，不可能是其他数值。而在逻辑表达式中参与逻辑运算的运算对象却可以是任意数据类型的数据（如字符型、实型、指针型等）。

【例 4.2】　逻辑运算示例。

程序代码如下：

```
/*逻辑运算示例*/
#include "stdio.h"
int main( )
{  char c='b';
   int i=1,j=2,k=3;
   printf("%d,",!i*!j);
   printf("%d,",i<j&&'a'<c);
   printf("%d\n",i==5&&c&&(j=8));
   return 0;
}
```

程序运行结果为：

```
0,1,0
```

需要强调的是，在逻辑表达式的求解中，并不是所有的逻辑运算符都被执行，只是在必须执行下一个（右侧）逻辑运算符才能求出表达式的值时，才执行该运算符。例如，下列逻辑表达式：

```
a&&b&&c
```

在求其值时有以下 4 种情况：

- 只有 a 为真时，才需要判断 b 的值；
- 只有 a、b 都为真时，才需要判断 c 的值；
- 如果 a 为假，则此时整个表达式已经确定为假，就不必判断 b 和 c 了；
- 如果 a 为真，b 为假，则不必判断 c。

请思考，下列程序段执行后的输出结果是什么？

```
int a=1,b=2,c=3,d=4,m=1,n=1;
printf("%d,%d,%d\n", (m=a>b)&&(n=c>d),m,n);
```

根据运算符的运算规则及优先级和结合性，由于“a>b”为假（0），则赋值表达式“m=a>b”的值为0，变量m的值也为0，此时整个表达式的结果已知（为0），不再进行表达式“n=c>d”的计算，所以n的值依然是1，并未改变。程序段的输出结果为：0,0,1。

又如下列逻辑表达式：

```
a||b||c
```

- 只要a为真，则整个表达式已经确定为真，就不必判断b和c了；
- 如果a为假，b为真，则整个表达式已经确定为真，就不必判断c了；
- 只有a、b都为假时才判断c。

请思考，下列程序段执行后的输出结果是什么？

```
int a=1,b=2,c=3,d=4,m=1,n=1;
printf("%d,%d,%d\n", (m=a>b)||(n=c>d),m,n);
```

根据运算符的运算规则及优先级和结合性，由于“a>b”为假（0），则赋值表达式“m=a>b”的值为0，变量m的值也为0，此时整个表达式的结果还不能确定，所以继续进行运算符“||”右侧表达式的计算，由于“c>d”为假（0），则赋值表达式“n=c>d”的值为0，变量n的值也为0，此时整个表达式的结果已知（为0）。程序段的输出结果为：0,0,0

掌握C语言的关系运算符和逻辑运算符后，就可以表示一个复杂的条件了。例如，判断某一年是否是闰年。判断闰年的方法是看是否符合下面两个条件之一：①能被4整除，但不能被100整除；②能被400整除。假设用标识符year表示某一年，则第一个条件可表示为：

```
year%4==0 && year%100!=0
```

第二个条件可表示为：

```
year%400==0
```

综合起来，判断闰年的条件可以用一个逻辑表达式表示：

```
(year%4==0&&year%100!=0)||year%400==0
```

表达式为真，闰年条件成立，是闰年；否则不是闰年。

4.3 if语句

在C语言中可以用if语句构成选择结构。if语句的语义是，根据给定条件的值，以决定执行某个分支程序段，所以也称为条件语句。

4.3.1 if语句的3种形式

1. 基本if语句

基本if语句的格式为：

```
if (表达式)    语句;
```

这是if语句最简单的一种形式。其中，if是关键字标识符；表达式可以是任何类型的表达式，一般是关系表达式或逻辑表达式，表达式两侧的括号不能省略；if 的内嵌语句也叫 if 子句，可以是任何符合 C 语言语法的语句，但应是逻辑上的一条语句。如果 if 子句需要多条语句，则应写成复合语句的形式，使其在语法上作为一条语句，这就是复合语句的重要语法作用之一。

该语句的语义是，如果表达式的值为非 0（真），则执行 if 子句；否则跳过 if 子句，执行 if 语句的后续语句，参见图 4.1。

例如：

```
if (x>0)
  printf("%f\n",sqrt(x));          /*sqrt( )是求平方根的标准函数*/
```

【例 4.3】 输入两个整数，输出其中较大的数。

分析：定义 3 个整型变量 a、b 和 max，其中 a、b 用于表示从键盘输入的任意两个整数，max 表示其中较大的数。首先假设 a 是较大的数，即先把 a 赋予变量 max，再用基本 if 语句判别 max 和 b 的大小，如果 max 小于 b，则把 b 赋予 max。因此，max 中总是较大的数，最后输出 max 的值，其 N-S 流程图如图 4.2 所示。

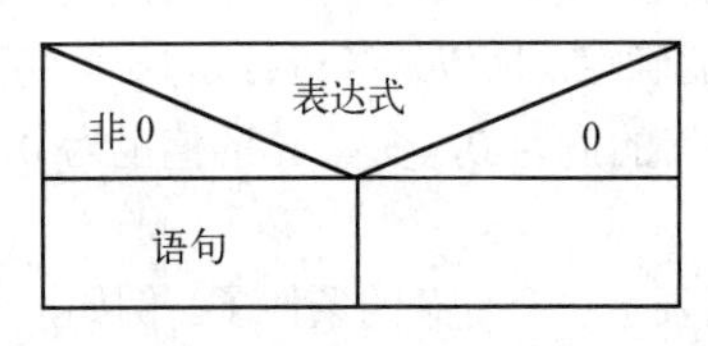

图 4.1 基本 if 语句的语义

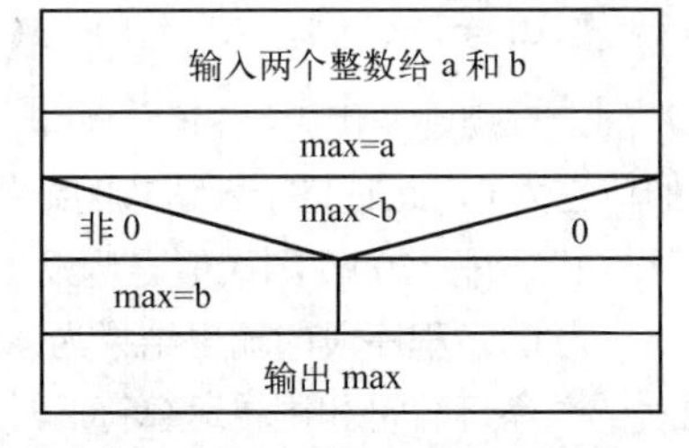

图 4.2 例 4.3 的 N-S 流程图

程序代码如下：

```
/*输入两个整数，输出其中较大的数*/
#include "stdio.h"
int main( )
{   int a,b,max;
    printf("\n input two numbers: ");
    scanf("%d,%d",&a,&b);
    max=a;
    if (max<b)
      max=b;
    printf("max=%d\n",max);
    return 0;
}
```

程序运行结果如下：

```
输入：4,3
输出：max=4
```

【例 4.4】 分析下面程序的输出结果。

```
#include "stdio.h"
int main( )
{   int a,b,t;
    printf("\n input two numbers: ");
```

```
    scanf("%d,%d",&a,&b);
    printf("%d,%d\n",a,b);
     if (a<b)
     {   t=a;
         a=b;
         b=t;
     }
    printf("%d,%d\n",a,b);
    return 0;
}
```

请思考，如果将上例的 if 子句中的花括号去掉，程序的运行结果是什么？

2．if-else 语句

if-else 语句的格式为：

```
if (表达式)
  语句 1;
else
  语句 2;
```

该语句的语义是，如果表达式的值为非 0（真），则执行语句 1；否则执行语句 2，见图 4.3。语句 1 和语句 2 也称为 if 子句和 else 子句，它们应是逻辑上的一条语句。

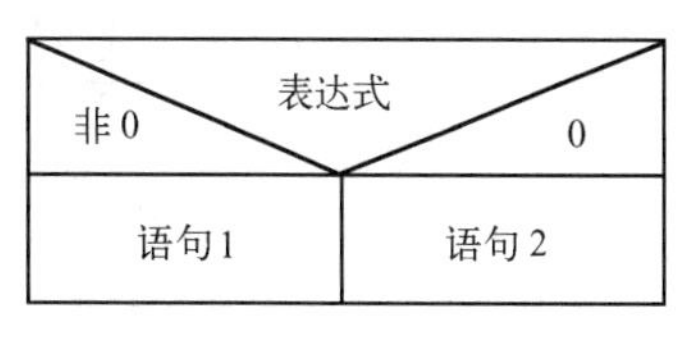

图 4.3　if-else 语句的语义

对于例 4.3，也可以利用 if-else 语句实现程序要求。如果 a>b，则将 a 赋给 max，否则将 b 赋给 max。改写例 4.3 的程序代码如下：

```
/*输入两个整数，输出其中较大的数*/
#include "stdio.h"
int main( )
{   int a, b,max;
    printf("input two numbers: ");
    scanf("%d,%d",&a,&b);
    if(a>b)
      max=a;
    else
      max=b;
    printf("max=%d\n",max);
    return 0;
}
```

3．if-else if-else 语句

if-else if-else 语句的格式如下：

```
if(表达式 1)
  语句 1;
else if(表达式 2)
  语句 2;
else if(表达式 3)
  语句 3;
  ……
else if(表达式 n-1)
```

```
    语句n-1;
  else
    语句n;
```

该语句的语义是，依次判断各表达式的值，当出现某个表达式的值为非 0（真）时，则执行其对应的内嵌语句，然后跳到整个 if 语句之外继续其后续语句，如果所有表达式均为 0（假），则执行 else 子句（语句 *n*），然后继续执行后续语句，参见图 4.4。

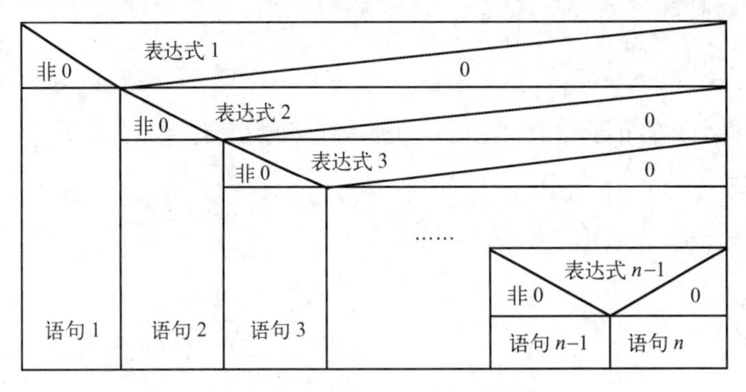

图 4.4　if-else if-else 语句的语义

例如：

```
if(number>100)
  cost=0.15;
else if(number>50)
  cost=0.10;
else if(number>10)
  cost=0.075;
else
  cost=0;
```

【例 4.5】　编写程序判断从键盘输入的字符是控制字符、数字字符、大写英文字母、小写英文字母，还是其他字符。

分析：定义一个字符型变量 c，接收从键盘输入的字符，然后根据 c 的 ASCII 码值来判别输入字符的类型。各种类型字符的 ASCII 码值情况如表 4.5 所示。

表 4.5　各种类型字符的 ASCII 码值情况

字 符 类 别	ASCII 码值
控制字符	小于 32
数字字符“0”到“9”	48～57
大写英文字母“A”到“Z”	65～90
小写英文字母“a”到“z”	97～122
其他字符	除上述值外的其他值

程序代码如下：

```
#include "stdio.h"
int main( )
{ char c;
  printf("input a character:");
```

```
    c=getchar( );  /*也可使用语句: scanf ("%c",&c);*/
     if(c<32)
       printf("This is a control character\n");
     else if(c>=48 && c<=57)
       printf("This is a digit\n");
     else if(c>=65 && c<=90)
       printf("This is a capital letter\n");
     else if(c>=97 && c<=122)
       printf("This is a small letter\n");
     else
       printf("This is an other character\n");
     return 0;
}
```

程序运行结果如下：

```
输入: a
输出: This is a small letter
```

因为在 C 语言中，字符型数据和整型数据通用，所以例 4.5 中的 if 语句也可改写为下列形式：

```
if(c<32)
   printf("This is a control character\n");
else if(c>='0'&&c<='9')
   printf("This is a digit\n");
else if(c>='A'&&c<='Z')
   printf("This is a capital letter\n");
else if(c>='a'&&c<='z')
   printf("This is a small letter\n");
else
   printf("This is an other character\n");
```

【例 4.6】　已知学生的百分制成绩，编写程序按百分制分数进行分段评定，分出相应的等级：

- 如果分数大于等于 90，则评定为 A；
- 如果分数在 80～89 范围内，则评定为 B；
- 如果分数在 70～79 范围内，则评定为 C；
- 如果分数在 60～69 范围内，则评定为 D；
- 如果分数小于 60，则评定为 E。

分析：这是一个典型的多分支选择问题。定义一个实型变量 score 表示从键盘输入的学生百分制成绩，定义一个字符型变量 grade 表示相应的等级，用 if-else if-else 语句判断分数所在的范围，给字符型变量 grade 赋予相应的评定等级值，最后输出 score 和 grade 的值。

程序代码如下：

```
#include "stdio.h"
int main( )
{  double score; char grade;
   printf("Please input the student's score: ");
   scanf("%lf",&score);                    /*请注意该语句中的格式说明*/
   if(score>=90)
     grade='A';
   else if(score>=80)
```

```
        grade='B';
      else if(score>=70)
        grade='C';
      else if(score>=60)
        grade='D';
      else
        grade='E';
      printf("%lf,%c\n",score,grade);          /*请注意该语句中的格式说明*/
      return 0;
    }
```

程序运行结果如下：

```
输入: 85
输出: 85.000000, B
```

4．在使用 if 语句时应注意的问题

① 在 if 语句的 3 种形式中，if 关键字之后必须有一对括号，把表示判断条件的表达式括起来。

② 在 if 语句的 3 种形式中，表示判断条件的表达式通常是关系表达式或逻辑表达式，也可以是其他表达式，如算术表达式、赋值表达式等，还可以是单个常量或变量（单个常量或变量可看成是表达式的特殊情况）。C 语言关心的只是表达式的值是 0 还是非 0 而不是表达式的形式，所以只要表达式的值为非 0，就执行其后的内嵌语句。

例如：

```
if(a=b)        /*表示条件的表达式是赋值表达式*/
   printf("%d",a);
else
   printf("a=0");
```

本语句的语义是，把 b 值赋予 a，如为非 0 则输出该值，否则输出"a=0"字符串。

③ 在 if 语句的 3 种形式中，所有的内嵌语句应为单个语句，如果希望在满足条件时执行一组（多个）语句，则必须把这一组语句用一对花括号“{}”括起来组成一个复合语句，但要注意在右花括号“}”之后不能再加分号。

例如，下列语句完成“如果 a>b，则将 a 和 b 的值交换”的功能：

```
if(a>b)
{ t=a;a=b;b=t;}
```

④ 无论 if 语句的形式如何，从 C 语言的语法上来说，它们都是一条完整的控制语句。

4.3.2　if 语句的嵌套

C 语言允许 if 语句嵌套，即在 if 语句的内嵌语句中出现一个或多个其他的 if 语句，这种形式被称为 if 语句的嵌套结构。采用嵌套结构的实质其实是为了实现多分支选择。嵌套结构的一般形式可表示如下：

```
if(表达式 1)
   if( 表达式 2 )语句 1;                /*内嵌 if 语句*/
   else  语句 2;
else
   if(表达式 3)  语句 3 ;               /*内嵌 if 语句*/
   else 语句 4;
```

该语句的语义是，如果表达式1和表达式2的值均为非0，则执行语句1；如果表达式1的值非0，而表达式2的值为0，则执行语句2；如果表达式1的值为0，而表达式3的值为非0，则执行语句3；如果表达式1和表达式3的值均为0，则执行语句4。所以该语句实现了4个分支的选择。

由于if语句有多种形式，所以其嵌套形式也有多种，根据实际情况可实现多种分支选择结构。在使用if的嵌套形式时应当注意的是if与else的配对关系。根据C语言的语法，关键字if可以没有对应的关键字else（如基本if语句），但关键字else必须要有对应的关键字if。C语言规定从最内层开始，else总是与位于它前面最近的（未曾配对的）if配对。

【例4.7】 用if语句的嵌套形式完成下列分段函数的计算：

$$y=\begin{cases}-1, & x<0\\ 0, & x=0\\ 1, & x>0\end{cases}$$

分析：这是一个3分支问题，从键盘得到x的值，根据x值的范围求出函数y的值并输出。程序代码如下：

```
#include "stdio.h"
int main( )
{  double x,y;
   scanf("%lf",&x);
   if(x==0)
     y=0;
   else
      if(x>0)        /*嵌套的if-else语句*/
        y=1;
      else
        y=-1;
  printf("%lf,%lf",x,y);
  return 0;
}
```

程序运行结果如下：

```
输入: 10
输出: 10.000000，1.000000
```

程序中使用了if-else语句结构，其中的else子句又是一个if-else语句结构。

请思考，请用if-else if-else语句结构实现例4.7分段函数的计算，并仔细分析和体会两种语句结构的语法含义和使用规则。

4.3.3 条件运算符和条件表达式

在if-else语句中，当if子句和else子句都只是给同一个变量赋值的单个赋值语句时，可以使用C语言提供的条件表达式来代替if-else语句，实现给变量赋值的目的。这样不但使程序简洁，也提高了运行效率。条件表达式的一般形式为：

表达式1? 表达式2:表达式3

其中，“? :”为条件运算符，它们是一个三目运算符，不能分开单独使用。条件运算符的优先级低于关系运算符和算术运算符，但高于赋值运算符。结合方向为右结合性。

条件表达式的求值规则为，先求解表达式1，如果表达式1的值为非0，则条件表达式的值为表达式2 的值，否则为表达式3的值。

条件表达式通常用于赋值语句之中。

例如，下列if-else语句实现了将a和b中较大的数赋给max。

```
if(a>b)
  max=a;
else
  max=b;
```

改写上述if-else语句为赋值语句如下：

```
max=(a>b)?a:b;        /*利用条件表达式给变量max赋值*/
```

该语句的语义为，如a>b为真，则把a赋予max，否则把b赋予max。

例4.7中的分段函数的计算也可以用条件表达式实现给变量y赋值，请看下列赋值语句：

```
y=x>0?1:x==0? 0:-1
```

该语句应理解为：

```
y=x>0?1:(x==0? 0:-1)
```

这是条件表达式嵌套的情形，即其中的表达式3又是一个条件表达式。

4.4 switch语句

从上面的介绍可知，利用嵌套的if语句结构可以处理实际问题中常常遇到的多分支选择结构。但同时也应看到如果分支较多，则嵌套的if语句层数较多，程序冗长，可读性降低，而且编写程序容易出错。对此C语言提供的switch语句，可以很方便、直接地处理多分支选择。switch语句被称为多分支选择语句，也称为开关语句，其一般形式为：

```
switch(表达式)
{
  case 常量表达式1:  语句1;
  case 常量表达式2:  语句2;
  ……
  case 常量表达式n:  语句n;
  default :    语句n+1;
}
```

该语句的语义为，程序执行时首先计算表达式的值，并由第一个 case 分支开始将其逐个与 case 后的常量表达式值进行比较，当表达式的值与某个case分支的常量表达式值相等时，则执行case后的内嵌语句，然后不再进行判断，继续执行后面case分支的内嵌语句，直到遇到break语句（关于break语句，将在第5章介绍）。当表达式的值与所有case分支的常量表达式均不相同时，则执行default后的内嵌语句。

注意：使用switch语句的主要优势是它避免使用相等符号“==”（可能无意中输入为赋值运算符导致的常见编译错误），另外其中所有的内嵌语句都可以是无须带有花括号的复合语句。

【例4.8】 编写程序，输入1～10之间的任意一个数字，输出相应的英文单词。

分析：定义一个整型变量a接收从键盘输入的数字，并作为switch语句的表达式，设计10个case子句，其常量表达式分别为1～10，对应的case子句为输出相应的英文单词的语句。程序代码如下：

```
#include "stdio.h"
int main( )
{
  int a;
  printf("input integer number: ");
  scanf("%d",&a);
  switch (a)
  { case 1:  printf("One\n");
    case 2:  printf("Two\n");
    case 3:  printf("Three\n");
    case 4:  printf("Four\n");
    case 5:  printf("Five\n");
    case 6:  printf("Six\n");
    case 7:  printf("Seven\n");
    case 8:  printf("Eight\n");
    case 9:   printf("Nine\n");
    case 10:  printf("Ten\n");
    default:  printf("error\n");
    }
    return 0;
}
```

程序运行结果如下：

```
输入: 8
输出: Eight
      Nine
      Ten
      error
```

本来要求输入一个数字，只输出对应的英文单词即可，但是当输入 8 之后，却执行了 case 8 及以后的所有内嵌语句，输出了 Eight 及以后的所有单词，这当然是不希望的。为什么会出现这种情况呢?这恰恰说明了 switch 语句的一个特点。在 switch 语句中，case 常量表达式只相当于一个语句标号，表达式的值和某个语句标号（常量表达式的值）相等则转向该标号执行其后的内嵌语句，但不能在执行完该标号的内嵌语句后自动跳出整个 switch 结构，所以出现了继续执行所有后面 case 内嵌语句的情况。这是与前面介绍的 if 语句完全不同的，应特别注意。为了避免上述情况的发生，可以使用 C 语言提供的 break 语句适时跳出 switch 结构。break 语句只有关键字 break，没有参数，在第 5 章将详细介绍。修改例 4.9 的程序，在每一个 case 语句之后增加 break 语句，使之执行每一个 case 子句后均可跳出 switch 结构，从而避免输出不应有的结果。程序代码如下：

```
#include "stdio.h"
int main( )
{
  int a;
  printf("input integer number: ");
  scanf("%d",&a);
  switch (a)
  { case 1:  printf("One\n");   break;
    case 2:  printf("Two\n");   break;
    case 3:  printf("Three\n");   break;
    case 4:  printf("Four\n");   break;
```

```
        case 5:  printf("Five\n");   break;
        case 6:  printf("Six\n");    break;
        case 7:  printf("Seven\n");  break;
        case 8:  printf("Eight\n");  break;
        case 9:  printf("Nine\n");   break;
        case 10:  printf("Ten\n");  break;
        default:  printf("error\n");
        }
        return 0;
    }
```

在使用 switch 语句时还应该注意以下几点：

① 在 case 后的各个常量表达式的值不能相同，否则会出现错误。

② 在 case 和 default 后，允许有多条语句，可以不用“{}”括起来，也允许没有语句。

③ case 和 default 子句的先后顺序可以变动，而不会影响程序执行结果，且 default 子句可以省略不用。

④ 从语法上来说，switch 语句也是一条完整的控制语句。

⑤ break 语句的作用是使控制立即跳出 switch 结构，恰当地使用 break 语句，可以控制一段程序的执行入口和出口点。例如：

```
switch(i)
  { case 1: 语句1;
    case 2: 语句2;break;
    case 3: 语句3;
    case 4: 语句4;
    case 5: 语句5;break;
    default: 语句6;
}
```

当 i 等于 1 时，从语句 1 执行到语句 2；i 等于 2 时，执行语句 2；i 等于 3 时，从语句 3 执行到语句 5；i 等于 4 时，从语句 4 执行到语句 5；i 等于 5 时，执行语句 5；i 为其他值时，执行语句 6。所以根据 i 的值，可以实现从不同的入口开始执行一段代码后从不同的出口退出，以满足程序的要求。

4.5 程序举例

【例 4.9】 输入 3 个整数，输出 3 个数中的最大数和最小数。

分析：本例可以用基本 if 语句实现。

- 定义 5 个整型变量 a、b、c、max 和 min，其中 a、b、c 用于表示从键盘输入的任意 3 个整数，max 表示其中的最大数，min 表示其中的最小数。
- 假设 a 是大数，即把 a 先赋予变量 max。
- 用 if 语句判断 max 和 b 的大小，如果 max 小于 b，则把 b 赋予 max。
- 用 if 语句判断 max 和 c 的大小，如果 max 小于 c，则把 c 赋予 max。因此，max 中总是较大的数。
- 输出 max 的值。

类似的方法可以求出最小值 min。

程序代码如下：

```
/*输出3个数中的最大数和最小数*/
#include "stdio.h"
int main( )
{  int a,b,c,max,min;
  printf("input three numbers: ");
  scanf("%d%d%d",&a,&b,&c);
  max=a; min=a;
  if (max<b) max=b;
  if (min>b) min=b;
  if (max<c) max=c;
  if (min>c) min=c;
  printf("max=%d\nmin=%d\n",max,min);
  return 0;
}
```

本例还可这样考虑：

- 用 if-else 语句比较 a 与 b 的大小，把大数装入 max 中，小数装入 min。
- 用基本 if 语句比较 max 和 min 与 c 的大小，若 max 小于 c，则把 c 赋予 max；若 min 大于 c，则把 c 赋予 min。因此 max 内总是最大数，而 min 内总是最小数。
- 输出 max 和 min 的值即可。

程序代码如下：

```
/*输出3个数中的最大数和最小数*/
#include "stdio.h"
int main( )
{ int a,b,c,max,min;
  printf("input three numbers:");
  scanf("%d%d%d",&a,&b,&c);
  if (a>b)
     {max=a; min=b;}
  else
     { max=b; min=a;}
  if (max<c) max=c;
  if (min>c) min=c;
  printf("max=%d\nmin=%d",max,min);
  return 0;
}
```

【例 4.10】 计算器程序。输入运算数和四则运算符，输出计算结果。

分析：本例实现算术四则运算。

- 定义 3 个实型变量 a、b 和 s，a 和 b 表示输入的两个运算数，s 表示运算结果；定义一个字符变量 c，表示输入的运算符。
- 利用 switch 语句判断运算符的类别，然后输出运算值。当输入的运算符不是“+、−、*和/”时给出错误提示。

```
/*计算器程序*/
#include "stdio.h"
```

```
int main( )
{ double a,b,s; char c;
 printf("input expression: a+( ,*,/)b:\n");
 scanf("%lf%c%lf",&a,&c,&b);
 printf("%lf%c%lf=",a,c,b);
 switch(c)
 { case '+':  s=a+b;  printf("%lf\n",s);  break;
   case '-':  s=a-b;  printf("%lf\n",s);  break;
   case '*':  s=a*b;  printf("%lf\n",s);  break;
   case '/':  s=a/b;  printf("%lf\n",s);  break;
   default:  printf("input error\n");
 }
 return 0;
}
```

程序运行结果如下：

```
input expression: a+(-,*, /)b:
输入：1+2<Enter>
输出：1.000000+2.000000=3.000000
```

【例 4.11】 若 x 为实型量，计算分段函数：

$$y=\begin{cases}3+2x, & 0.5\leqslant x<1.5\\ 3-2x, & 1.5\leqslant x<2.5\\ 3\times 2x, & 2.5\leqslant x<3.5\\ \dfrac{3}{2x}, & 3.5\leqslant x<4.5\end{cases}$$

分析：这是一个 4 分支问题，可用 if-else if-else 语句求解，也可用 switch 语句求解。

首先用 if 语句编程，程序代码如下：

```
#include "stdio.h"
int main( )
{ double x,y;
  scanf("%lf",&x);
  if(x<0.5 || x>=4.5)
     printf("x error\n");
  else
    { if(x<1.5)
         y=3+2*x;
      else if(x<2.5)
              y=3-2*x;
           else if(x<3.5)
                   y=3*2*x;
                else
                   y=3/(2*x);
      printf("y=%lf\n",y);
    }
 return 0;}
```

用 switch 语句编程，程序代码如下：

```
#include "stdio.h"
int main( )
{ double x,y;
  scanf("%lf",&x);
  switch((int)(x+0.5))
  { case 1:  y=3+2*x;  break;
    case 2:  y=3-2*x;  break;
    case 3:  y=3*2*x;  break;
    case 4:  y=3/(2*x);  break;
    default:  printf("x error\n");  exit(0);
  }
  printf("y=%lf",y);
  return 0;}
```

显然switch语句使程序更简明易读。在switch的表达式中，将x进行了舍入并取整，使实型量x可以在所在的4个区间分别转换为整型量1、2、3和4，再与case后的常量比较，进行相应的计算。

【例4.12】　编写程序实现屏幕菜单。

要求程序运行后首先在屏幕上显示如下的菜单选项：

```
Enter your selection:
1: Find square of number
2: Find cube of a number
Enter number(1 or 2):
```

通过键盘输入1或2后分别完成求一个数的平方数和立方数。

分析：该题目用switch语句实现比较简单。首先通过C语言的输出函数在屏幕上输出菜单功能，然后设计switch语句的每一个case分支为用户提供一种选择功能，使程序可以按照用户的输入执行不同的程序段以完成不同的任务。程序代码如下：

```
#include "stdio.h"
int main( )
{  float x; int a;
  printf("Enter your selection:\n");      /*以下3条输出语句实现屏幕菜单的显示*/
  printf("1:Find square of a number\n");
  printf("2:Find cube of a number\n");
  printf("Enter number(1 or 2):");
  scanf("%d",&a);
  switch(a)                                /*根据用户的输入进行不同操作*/
  { case 1:
      printf("Enter a number\n");
      scanf("%f",&x);
      printf("The square of %f is %f\n",x,x*x); break;
    case 2:
      printf("Enter a number\n");
      scanf("%f",&x);
      printf("The cube of %f is %f\n",x,x*x*x);break;
    default: printf("Invalid selection");
    }
   return 0;
}
```

本 章 小 结

1．逻辑运算的值为逻辑型数据“真”和“假”。C语言编译系统在给出逻辑运算值时，以“1”代表“真”，以“0”代表“假”，而判断一个量为“真”还是“假”时，以数值“0”代表“假”，以“非0”的数值作为“真”。

2．关系运算就是比较运算，C语言提供了6种常用的关系运算符实现关系运算。逻辑运算可以实现复杂的关系运算，C语言提供了3种常用的逻辑运算符实现逻辑运算。关系表达式和逻辑表达式的值只能是0或1。

3．条件运算符是C语言中唯一的一个三目运算符，具有“右结合性”。条件表达式经常用于替代if-else语句，实现给同一个变量赋值的目的。这样不但使程序简洁，也提高了运行效率。

4．C语言提供了各种形式的条件语句以实现选择结构。

① 基本if语句主要用于单分支选择。

② if-else语句主要用于双分支选择。

③ if-else if-else语句、嵌套的if语句和switch语句用于多分支选择。

习 题 4

4.1　思考题

选择题讲解视频

填空题讲解视频

1．C语言没有提供逻辑数据类型，那么在进行逻辑运算时C语言是如何判断操作数的“真”和“假”？又是如何表示逻辑值的“真”和“假”。

2．请写出下列问题的关系或逻辑表达式。

（1）整型变量x、y中有且只有1个值为0：________________。

（2）a或b中有一个大于零：__________。

（3）x大于零，并且x小于等于10：__________。

（4）a、b和c同时等于1.5：__________。

（5）p小于a或p小于b或p小于c：__________。

（6）ch表示大写英文字母：__________。

（7）ch表示数字字符：____________。

3．写出下列各逻辑表达式的值，设int a=3,b=6,c=8。

（1）a+b>c &&b==c：__________。

（2）a||b+c && b−c：__________。

（3）!(a>b)&& ! c||1：__________。

（4）!(x=a)&&(y=b)&& 1：__________。

（5）!(a+b)−c && b+c/2：__________。

4．画出下面程序段对应的N-S流程图。

（1）if(a<b)　t=a; a=b; b=t;

（2）if(a<b)　{t=a; a=b; b=t;}

（3）if(a<b)　t=a;

　　else　a=b;　b=t;

5. 写出合适的条件语句。

（1）写出以下分段函数对应的条件语句:

当 x<0 时，y=x+1

当 0<=x<1 时，y=1

当 x>=1 时，y=x*x*x

（2）写出下面 N-S 流程图对应的 if 语句

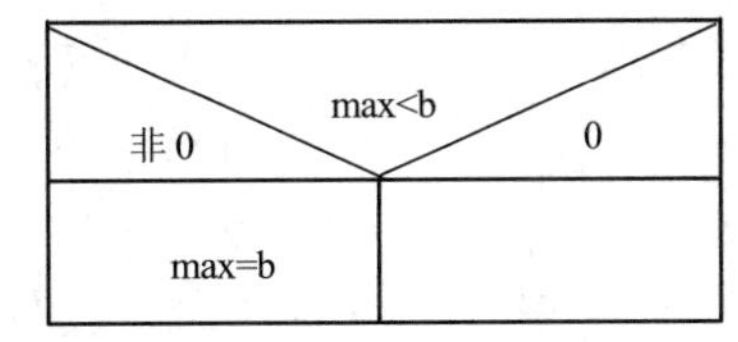

（3）设 a,b,c 为三角形的三条边，写出下面 N-S 流程图对应的 if 语句

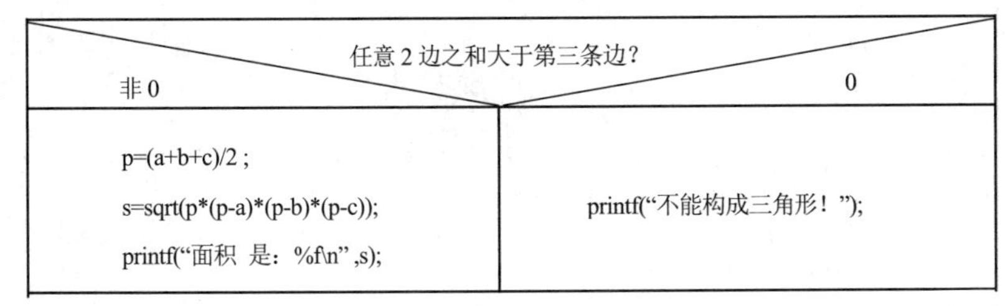

4.2 读程序写结果题

1.
```
#include "stdio.h"
int main( )
{int k=1,s=0;
switch(k) {
  case 1: s+=10;
  case 2: s+=20; break;
  default: s+=3;
   }
printf("%d\n",s);
return 0 ;}
```

输出结果是：________。

2.
```
#include "stdio.h"
int main( )
  {int a=5,b=4,c=3;
    if(a>b)
          if (a>c)
             printf("%d\n",a);
          else
             printf("%d\n",c);
    else if (b>c)
             printf("%d\n",b);
          else
             printf("%d\n",c);
   return 0 ;}
```

输出结果是：________。

3.
```
#include "stdio.h"
int main( )
{ char x='A';
  x=(x>='A'&& x<='Z')? (x+32): x ;
  printf("%c\n", x);
  return 0 ;}
```

输出结果是：_______。

4.
```
#include "stdio.h"
int main( )
{    int n=0,m=1,x=2;
     if(!n) x-=1;
     if(m) x-=2;
     if(x) x-=3;
     printf("%d\n",x);
     return 0 ;}
```

输出结果是：_______。

5.
```
#include "stdio.h"
int main( )
{ int a=4,b=3,c=5,t=0;
   if(a<b)   { t=a;a=b;b=t;}
   if(a<c)   {t=a;a=c;c=t;}
   if(b<c)   {t=b;b=c;c=t;}
   printf("%d,%d,%d\n",a,b,c);
   return 0 ;}
```

输出结果是：_______。

6.
```
#include<stdio.h>
int main()
{int a=0,b=1,c=2;
 if(a>0||b>0)   c++;
 printf("%d,%d,%d",a,b,c);
 return 0 ; }
```

输出结果是：________。

4.3　**程序填空题**：按照要求，请在下面画线处填写适当的内容。

1. 要求当 c 的值等于 a+b 的值时，输出字符串“yes”，否则输出字符串“no”。

```
#include <stdio.h>
int main()
{int a,b,c;
______________;
if ( ______)   printf("yes\n");
else           printf("no\n");
return 0 ;}
```

2. 将一个 50000 以内的正整数逆序。例如，输入 1234，输出 4321。

```
#include "stdio.h"
int main()
{    int a,b=0,c,n;
     printf("请输入一个整数（1-50000 之间）:");
     scanf("%d",&a);
     if(a>10000) n=5;
     ______(a>1000)   n=4;
     ______(a>100)    n=3;
     ______(a>10)     n=2;
```

```
______ n=1;
switch( ______)
{ case 5:c=a%10;a/=10;b=b*10+c;
 case 4:c=a%10;a/=10;b=b*10+c;
 case 3:c=a%10;a/=10;b=b*10+c;
 case 2:c=a%10;a/=10;b=b*10+c;
 case 1:c=a%10;a/=10;b=b*10+c;
}
printf("结果是:%d",b);
return 0 ;}
```

3. 输入一个整数，判断它能否同时被 3、5、7 整除，并输出“yes”或“no”字样。

```
#include "stdio.h"
int main()
{int x;
printf("输入一个整数:");
scanf("%d",&x);
if ( ________________)
      printf("yes!%d 能同时被 3、5、7 整除.\n",x);
else
      printf("no!%d 不能同时被 3、5、7 整除.\n",x);
return 0 ;}
```

4. 某公司招聘条件如下：

- 熟练使用 C 语言；
- 具有三年以上工作经验或者重点大学毕业；
- 年龄在 35 岁以下。

以下程序段将根据用户输入的条件，判断该应聘者是否符合条件。

```
#include "stdio.h"
int main()
{char cvb,collage; int work,age;
 printf("是否熟练 C (y/n)");
 cvb=getchar();
 printf("已工作几年");
 scanf("%d",&work);
 printf("是否重点大学毕业 (y/n)");
 collage=getchar();
 printf("请输入您的年龄"); scanf("%d",&age);
 if(_____________)    printf("符合条件\n");
 else                 printf("不符合条件\n");
 return 0 ;}
```

4.4　编程题

1. 输入 3 个实型数值 a、b、c，如果能用它们作为三角形的 3 条边形成一个三角形，则输出三角形的面积，并画出实现该算法的 N-S 流程图并编程实现。

2. 输入整数 x、y，若 $x^2+y^2>1000$，则输出 x^2+y^2 百位以上的数字，否则输出两数之和。

3. 对任意输入的 x，用下式计算并输出 y 的值。

$$y=\begin{cases}x^2-\sin(x), & x<-2\\ 2^x+x, & -2\leqslant x\leqslant 2\\ \sqrt{x^2+x+1}, & x>2\end{cases}$$

提示：正弦函数、幂函数、开平方函数的 C 语言标准函数见附录 B。

4．编写程序输入一个 5 位整数，判断它是不是回文数。回文数是指一个数从右到左和从左到右的对应数码相同，如 12321 是回文数，个位与万位相同，十位与千位相同。

5．编写程序用于计算某运输公司的运费。设每千米每吨货物的基本运费为 p，货物重量为 w，路程为 s（单位为 km），折扣为 d，总费用计算公式为：f=p*w*s*(1−d)。运费计算标准见表 4.5。

表 4.5　某运输公司运费计算标准

s<250	不　打　折
250<=s<500	折扣 2%
500<=s<1000	折扣 5%
1000<=s<2000	折扣 8%
2000<=s<3000	折扣 10%
s>=3000	折扣 15%

6．编写程序实现产品保修额的计算。如果是本公司的产品，则使用期在 1 年（含 1 年）以内，免收保修额；使用期在 1 年以上且在 8 年以下（含 8 年），收取保修额 50 元；使用 8 年以上，收取保修额 100 元。如果不是本公司的产品，则一律收取保修额 200 元。根据用户输入的信息，计算保修额。

提示：是否是本公司产品的选项值（字符型）和使用年数（整型）从键盘输入，然后系统开始判断。

输入输出样例：

- 是否是本公司产品（y/n）：y
- 产品使用的年限：6
- 产品保修额是：50 元

7．编写程序实现银行 ATM 自动取款机的功能，取款机内只有 100 元和 50 元两种面值，要求支取金额都在 2000（包含 2000）元以内。该取款机将用户输入的金额按照人民币从大到小的面值进行折合计算。先算出最大可以出多少 100 元，剩下的再计算最多可以出多少 50 元。例如，用户要取款 650 元，则取款机应付出的钱的种类及个数为：6 个 100 元、1 个 50 元。如果用户输入的钱数不是 50 的倍数，显示“输入钱数必须是 50 的倍数”。

输入输出样例：

- 请输入取款额（≤2000）：750
- 需支付 100 元：7 张
- 需支付 50 元：1 张
- 请输入取款额（≤2000）：530
- 输入钱数必须是 50 的倍数!

第 5 章　循 环 结 构

循环结构是结构化程序设计的 3 种基本结构之一，其特点是，在给定条件成立时，反复执行某程序段，直到条件不成立为止。给定的条件称为循环条件，反复执行的程序段称为循环体。循环的基本要素有 3 个：循环入口（即循环的初始化条件）、循环出口（即循环的终止条件）和循环体（反复执行的部分）。在设计循环结构时，应当准确地定义循环的三要素，严格控制循环执行的次数，使得循环在有限次内完成。如果一个循环执行过程无法结束，就会出现无限循环的情形，称为死循环。程序中应避免死循环的出现。C 语言提供了 3 种循环语句实现循环结构，即 while 语句、do-while 语句和 for 语句。

5.1　while 语句

while 语句是一个能够在多种编程情形中普遍使用的通用循环语句。while 语句的一般形式为：

```
while(表达式) 语句;
```

其中，while 是关键字，表达式是循环条件；语句为循环体。例如：

```
while(i<100) sum+=i++;
```

表达式	
	语句

图 5.1　while 语句的语义

while 语句的语义是，计算表达式的值，当值为非 0（真）时，执行循环体。重复上述操作，直到表达式的值为 0（假）时，跳出循环，转而执行 while 语句的后续语句。其执行过程如图 5.1 所示。

【例 5.1】　计算 $\sum_{i=1}^{n} i$。

分析：题目要求计算自然数 1～n 的累加和，即 1+2+3+…+n。这个问题可以看成是进行 n−1 次加法运算的结果，也就是说要反复进行形如“sum=sum+i”的相加并赋值运算，只是每次相加的两个操作数不同而已。

定义整型变量 n 表示累加的自然数的个数，是已知量，从键盘输入；定义整型变量 i 作为循环变量，记录做加法的次数，即记数器；定义整型变量 sum 用来存放和数，用每一次相加的数值更新 sum，即累加器。

首先，使 i=1，sum=0，反复执行“sum=sum+i；i++;”，每完成一次累加运算，i 的值增 1，直到 i 的值大于 n 时，循环累加才结束。其中，i=1，sum=0 是循环初值，“sum=sum+i；i++;”是循环体。循环的结束条件就是 i>n。最后输出 sum 的值，就是要求的 $\sum_{i=1}^{n} i$。

算法如下：

① 定义变量 sum 和 i，并分别赋初值 0 和 1；
② 如果 i>n 则转向④，否则执行③；
③ 执行语句“sum=sum+i; i++;”后转向②；
④ 输出计算结果 sum。

共 N-S 图如图 5.2 所示。

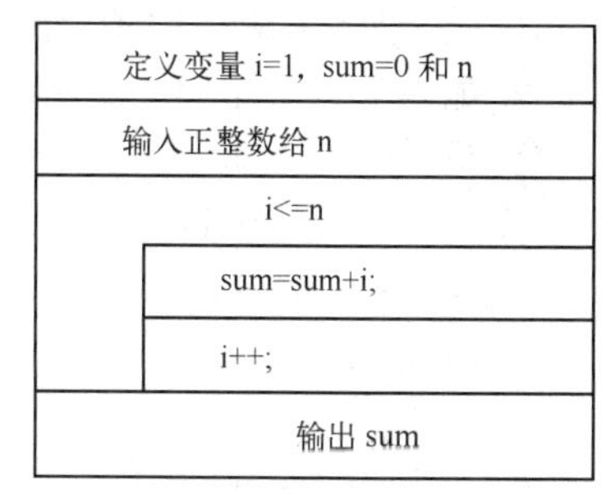

图 5.2　例 5.1N-S 图

程序代码如下：

```
/*求 n 个自然数的累加和*/
#include "stdio.h"
int main( )
{  int n, i=1, sum=0;
   printf("Enter a number :");
   scanf("%d", &n);
   while  (i<=n)
   {    sum+=i;
        i++;
   }
  printf("Sum is %d\n", sum);
  return 0;
}
```

程序运行结果如下：

```
Enter a number : 100<Enter>
Sum is 5050
```

请注意，例 5.1 中整型变量 i 和 sum 的用法。这些变量在定义时初始化为 1 和 0（或在进入循环之前赋值 1 和 0），在循环体中利用具有自加性质的赋值表达式语句“sum+=i;”和“i++;”进行数据更新。在程序设计中将这种变量称为累加器（计数器），累加器在使用之前一定要有确定的值，一般初始化为 0。

【例 5.2】　求 $\prod_{i=1}^{n} i$。

分析：题目要求计算自然数 1～n 的累乘（或阶乘 $n!$），即 $1\times2\times3\times\cdots\times n$，问题可以看成是进行 $n-1$ 次乘法运算的结果，也就是说要反复进行形如“ride= ride *i”的相乘，并进行赋值运算，只是每次相乘的两个操作数不同而已。

定义整型变量 n 表示需累乘的自然数个数，是已知量，从键盘输入；定义整型变量 i 作为循环变量，记录做乘法的次数，即记数器；定义整型变量 ride 用来存放积数，用每一次相乘的数值更新 ride，即累乘器。

令 i=1，ride =1，反复执行“ride=ride*i；i++;”，每完成一次累乘运算，i 的值加 1，直到 i 的值大于 n 时，循环累乘才结束。其中，i=1，ride=1 是循环初值，“ride=ride *i；“i++; ”是循环体。循环的结束条件是 i>n。最后输出 ride 的值，就是要求的 $\prod_{i=1}^{n} i$。

算法如下：

① 定义变量 ride 和 i 并赋初值 1；

② 如果 i>n 则转向④，否则执行③；

③ 执行语句“ride=ride*i; i++;”后转向②；

④ 输出计算结果 ride。

其 N-S 图如图 5.3 所示。

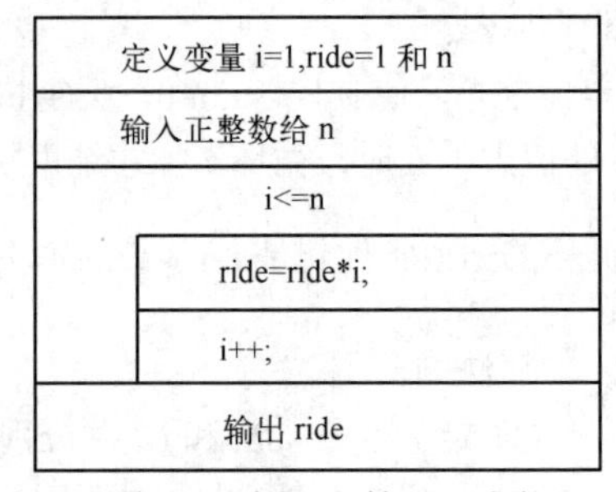

图 5.3　例 5.2 的 N-S 图

程序代码如下：

```
/*求 n!*/
#include "stdio.h"
int main()
```

```
{ int n, i=1, ride=1;
  printf("Enter a number :");
  scanf("%d", &n);
  while (i<=n)
   { ride *=i;
     i++;   }
 printf("Ride is %d\n", ride);
 return 0;
}
```

程序运行结果如下：

```
Enter a number :5<Enter>
Ride is 120
```

请注意例 5.2 中整型变量 ride 的用法，变量在定义时初始化为 1（或在进入循环之前赋值 1），在循环体中利用具有自乘性质的赋值表达式语句“ride*=i;”进行数据更新，在程序设计中将这种变量称为累乘器。累乘器在使用之前一定要有确定的值，一般初始化为 1。

使用 while 语句应注意以下几点：

① while 语句中的表达式可以是任意表达式，一般是关系表达或逻辑表达式，只要表达式的值为非 0，则继续循环。例如，下列循环语句：

```
while (n--) printf("%d", n);
```

在进入循环前若 n 不等于 0，在该循环将执行 n 次，每执行一次，n 值减 1，循环体输出变量 n 的值，直到 n 为 0。

② 循环体如果包括一个以上的语句，则必须用“{}”括起来，组成复合语句。

③ 应注意循环条件的选择以避免死循环。例如，下列循环语句：

```
while(n=10) printf("%d", n++);
```

while 语句的循环条件为赋值表达式 n=10，该表达式的值永远为真，而循环体中又没有其他中止循环的手段，因此该循环将无休止地进行下去，形成死循环。

④ while 语句从语法上来说是一条完整的控制语句。

⑤ 允许 while 语句的循环体语句又是 while 语句，从而形成循环嵌套。例如，下列程序段：

```
i=1;
while(i<=9)                    /*外循环*/
  { j=1;
    while(j<=i)                /*内循环*/
      { printf("%4d ", i*j);
        j++;
      }
    i++;
    printf("\n");
  }
```

仔细分析可以看出，上述程序段输出的是我们非常熟悉的九九乘法表。

（6）while 语句实现的循环结构特点是，先判断循环条件，后执行循环体。若一开始循环条件就不成立，则循环体一次也不执行，这就是所谓的“当型”循环结构。例如，下列程序段的循环体一次也不执行：

```
int i=0;
while(i>100) sum+=i;
```

5.2 do-while 语句

do-while 语句的一般形式为：

```
do
    语句;
while(表达式);
```

其中，do 和 while 都是关键字，必须联合使用；语句是循环体；表达式是循环条件。

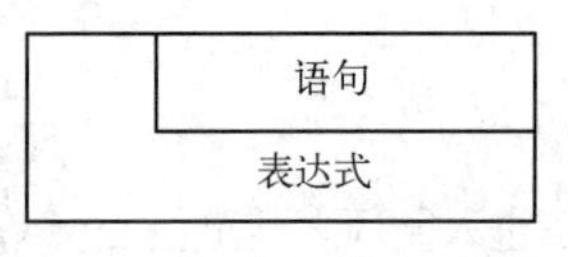

图 5.4　do-while 语句的语义

do-while 语句的语义是，先执行循环体语句一次，再判断表达式的值，若为非 0（真）则继续执行循环体语句，否则终止循环，转而执行 do-while 语句后面的语句，其 N-S 图如图 5.4 所示。

do-while 语句和 while 语句的区别在于，do-while 是先执行后判断，因此 do-while 至少要执行一次循环体，而 while 是先判断后执行，如果条件不满足，则一次循环体语句也不执行。用 do-while 语句实现的循环结构就是所谓的“直到”型循环结构。

while 语句和 do-while 语句一般情况下是可以相互改写的。

例如，用 do-while 语句改写例 5.1 和例 5.2 的程序代码如下：

```
/*求 n 个自然数的累加和*/
#include "stdio.h"
int main( )
{  int n, i=1, sum=0;
   printf("Enter a number :");
   scanf("%d", &n);
   do
    {  sum+=i;
       i++;
    } while ( i<=n ) ;
  printf ("Sum is %d\n", sum ) ;
  return 0;
}
/*求 n!*/
#include "stdio.h"
int main( )
{  int n, i=1, ride=1;
   printf("Enter a number :");
   scanf("%d", &n);
   do
    { ride*=i;
      i++;
    }while (i<=n) ;
  printf("Ride is %d", ride);
  return 0;
}
```

对于 do-while 语句还应注意以下几点：

① 在 while 语句中，表达式后面不能加分号，而在 do-while 语句的表达式后面则必须加分号。

② do-while 语句也可以组成多重循环，而且也可以和 while 语句相互嵌套。

③ 在 do 和 while 之间的循环体由多条语句组成时，必须用“{ }”括起来组成一条复合语句。

④ do-while 语句从语法上来说是一条完整的控制语句。

下面再看一个用 do-while 语句实现循环结构程序设计的例子。

【例 5.3】 下面是一个人口统计程序。1980 年世界人口已达 45 亿，按年增长率 1%计算，问从什么年份开始世界人口突破 100 亿大关。

分析：定义变量 p 表示世界人口数，初值为 45 亿（1980 年的世界人口基数）；变量 year 表示年份，初值为 1980；变量 rate 表示人口年增长率，值为 0.01。当变量 year 不断增长时，可反复通过公式 p=p*(1+1%)计算第 year 年的人口总数，当 p>100 亿时，输出对应的年份 year。

程序代码如下：

```
#include "stdio.h"
int main( )
{  int year=1980;
   double rate=0.01, p=4.5e+09;
   do
    { p=p*(1+rate) ;
      year++;
    }
  while(p<1e+10) ;
  printf("year=%d, %e\n", year, p) ;
  return 0;
}
```

程序运行结果如下：

```
year=2061, 1.007497e+010
```

5.3　for 语句

for 语句是 C 语言提供的一种功能更强、使用更广泛的循环语句，它与 while 语句的功能相似，但使用不同的形式，在许多情形中，特别是那些使用一个计数器控制循环的情形中，for 语句将更容易使用。for 语句的一般形式为：

```
for(表达式 1; 表达式 2; 表达式 3) 语句;
```

其中，for 为关键字标识符；语句为循环体，可以是空语句、单语句或用花括号括起来的复合语句；表达式 1 一般为赋值表达式，也可以是其他表达式，用来实现循环的初始化，通常用于给循环变量赋初值，所以也称为初值表达式，也允许在 for 语句外给循环变量赋初值，此时可以省略表达式 1；表达式 2 一般为关系表达式或逻辑表达式，也可以是其他表达式，作为控制循环结束的条件，又称为终值表达式；表达式 3 一般为赋值表达式，也可以是其他表达式，通常使用自增或自减运算来修改循环变量的值，又称为增值表达式。3 个表达式都是可选项，都可以省略。

for 语句的语义如下：

① 计算表达式 1 的值；

② 计算表达式 2 的值，若值为非 0（真），则执行循环体一次，否则跳出循环；

③ 计算表达式 3 的值，转回第②步重复执行。

在整个 for 循环过程中，表达式 1 只计算一次，表达式 2 和表达式 3 则可能计算多次。循环体可能多次执行，也可能一次都不执行。for 语句的执行过程如图5.5所示。

利用 for 语句改写例5.1和例5.2，程序代码如下：

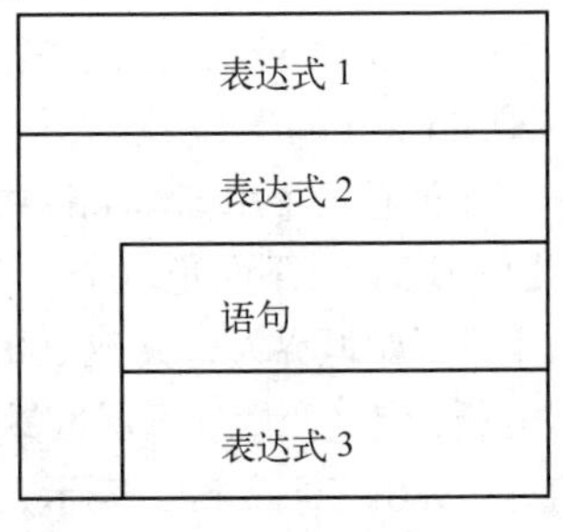

图5.5 for 语句的执行过程

```c
/*求n个自然数的累加和*/
#include "stdio.h"
int main( )
{ int n, i=1, sum=0;
  printf("Enter a number :");
  scanf("%d", &n);
  for (i=1; i<=n;i++)
      sum+=i;
  printf ("%d\n", sum );
  return 0;
}

/*求n!*/
#include "stdio.h"
int main( )
{ int n, i=1, ride=1;
  printf("Enter a number :");
  scanf("%d", &n);
  for (i=1; i<=n; i++ )
      ride*=i;
  printf ("%d", ride );
  return 0;
}
```

【例5.4】 编程计算正整数1～*n*中的奇数之和及偶数之和。

分析：要计算1～*n*中的奇数之和及偶数之和，需要引入4个整型变量：整型变量n表示从键盘输入的数据个数，整型变量o_sum存放奇数之和，整型变量e_sum存放偶数之和，整型变量i作为循环变量。

关于奇偶数的判断可利用算术运算符“%”来实现，当表达式i%2的值为0，则表明i能整除2，自然是偶数，否则就是奇数。程序N-S流程图如图5.6所示。程序代码如下：

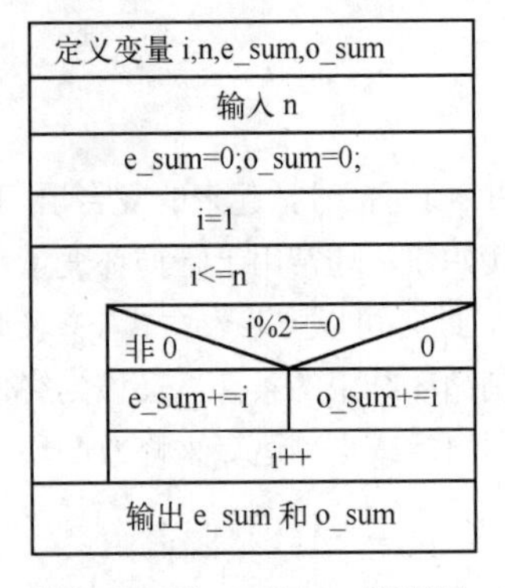

图5.6 例5.4的N-S流程图

```c
/*计算正整数1～n中的奇数之和及偶数之和*/
#include "stdio.h"
int main()
{ int i,n,o_sum,e_sum;
  scanf("%d",&n);
  e_sum=0;o_sum=0;
  for(i=1;i<=n;i++)
    if(i%2==0)  e_sum+=i;
    else      o_sum+=i;
  printf("o_sum=%d,e_sum=%d\n",o_sum,e_sum);
  return 0;
}
```

程序运行结果如下：

```
输入：100<Enter>
输出：o_sum=2500，e_sum=2550
```

【例 5.5】 一个球从 100 米高度自由落下，每次落地后反弹回原高度的一半再落下，求它在第 10 次落地时，共经过多少米，第 10 次反弹多高。

分析： 题目的第 1 问就是进行累加运算，将每次落地后球经过的距离累加。注意到第 1 次落地的距离为初值 100 米，其后每次落地后球要先反弹然后再自由落下，所以累加的一般项为前一项的一半的两倍。定义变量 sn 表示经过 10 次落地后共经过的米数，初值为 100；定义变量 hn 为累加项，初值为 sn/2；定义变量 n 为循环变量，初值为 2。程序代码如下：

```
#include "stdio.h"
int main()
{ double sn=100.0, hn=sn/2;
  int n;
  for(n=2; n<=10; n++)
     { sn=sn+2*hn;              /*第 n 次落地时共经过的米数*/
       hn=hn/2;                 /*第 n 次反跳高度*/
     }
  printf("the total of road is %lf meter \n",sn);
  printf("the tenth is %lf meter\n",hn);
  return 0;
}
```

程序运行结果如下：

```
the total of road is 299.609375 meter
the tenth is 0.097656 meter
```

在使用 for 语句时应注意以下几点：

① for 语句中的各表达式都可以省略，但分号间隔符不能少。例如：

```
for(; 表达式 2; 表达式 3)语句; 省略了表达式 1。
for(表达式 1;; 表达式 3)语句; 省略了表达式 2。
for(表达式 1; 表达式 2; )语句; 省略了表达式 3。
for(;; )语句; 省略了全部表达式。
```

若循环变量在 for 语句之前已赋初值，这时可省去表达式 1，例如：

```
/*程序段 1*/
i=1;
for(;i<100;i++) sum+=i;
```

由于变量 i 已在进入 for 循环语句之前进行了赋值，所以在 for 语句中省略了表达式 1。

如果省略表达式 2 或表达式 3，则有可能造成无限（死）循环，这时应在循环体内有相应的控制手段以设法结束循环。

```
/*程序段 2*/
i=1;
for(;i<100;) sum+=i++;
```

程序段 2 同时省略了表达式 1 和表达式 3。在循环体内，由语句“sum+=i++”中的 i++部分对循环变量 i 进行了增值处理（等效于表达式 3 的作用），以控制循环次数。在此情况下，for 语句等效于 while 语句。

```
/*程序段 3*/
```

```
i=1;
for (;;)
   {sum+=i++;
   if (i>=100) break;}
```

在程序段3中，for语句的3个表达式全部省略。省略表达式2，C语言系统认为循环条件始终为“真”，所以该程序段由循环体中的语句实现循环变量的增值处理和循环条件的判断。利用if语句实现当i值超过100时，执行break语句终止循环，转去执行for以后的语句。在此情况下，for语句等效于while(1)语句。

② 循环体可以是空语句。

例如：

```
for (i=1;i<=100;sum+=i++);
```

在for语句的表达式3中同时完成了数据的累加和循环变量的增值，因此循环体是空语句。应注意的是，空语句后的分号不可少，如果缺少此分号，就把后续的语句当成循环体了。反过来说，如果循环体不是空语句时，绝对不能在表达式的括号后加分号，这样又会认为循环体是空语句而不能反复执行循环体。这些都是编程中常见的错误，要十分注意。

③ for语句也可与while或do-while语句相互嵌套，构成多重循环。以下语句形式都构成了合法的循环嵌套结构。

```
for( )              do                  while( )            for( )
  {…                { …                 {…                  {  …
   while( )           for( )              for( )              for( )
     {…}                {…}                 {…}                 {…}
   …                  …                   …                   …
  }                 }while( );          }                   }
```

从上面的介绍可知，C语言中的for语句功能很强，可以把循环体和一些与循环控制无关的操作也都作为表达式1或表达式3 的内容写进for语句中，这样程序可以显得短小、简洁。但过分地利用这一特点会使for语句显得杂乱，可读性降低。建议尽量不要把与循环控制无关的内容放到for语句中，以减少程序错误。

【例5.6】 有1、2、3三个数字，编写程序输出由这3个数组成的互不相同且无重复数字的两位数，即输出12、13、21、23、31、32。

分析：可填在十位、个位的数字都是1、2、3。求出组成所有的排列后再去掉不满足条件的排列即可。

程序代码如下：

```
#include "stdio.h"
int main( )
{ int i,j,k;
  printf("\n");
  for(i=1;i<4;i++)                /*以下为二重循环*/
  for(j=1;j<4;j++)
    { if (i!=j)                   /*确保i、j两位互不相同*/
       { k=i*10+j;
         printf("%d  ",k);}
    }
```

```
    return 0;
}
```

程序运行结果如下：

```
12  13  21  23  31  32
```

【例 5.7】 编程打印三角形表示的九九乘法表：

```
1
2  4
3  6   9
4  8   12  16
5  10  15  20  25
6  12  18  24  30  36
7  14  21  28  35  42  49
8  16  24  32  40  48  56  64
9  18  27  36  45  54  63  72  81
```

分析：屏幕输出时是从屏幕的左上角开始自上而下、自左而右输出，所以在输出具有图形特征的信息时要注意控制光标的位置。本题可使用一个二重 for 循环结构实现，外循环控制输出的行数，内循环控制每一行输出的数据个数以及数据值，同时注意内层 for 循环的表达式写法以实现输出三角形的形状，内循环结束还要换行。

程序代码如下：

```
/*九九乘法表*/
#include "stdio.h"
int main( )
{ int i,j,p;
  for(i=1;i<=9;i++)              /*循环 9 次，打印 9 行*/
  {
    for(j=1;j<=i;j++)            /*循环 i 次，计算并打印 i 个数据*/
      { p=i*j;
        printf("%4d",p);
      }
    printf("\n");                /*每行打印完成后要换行*/
  }
  return 0;
}
```

5.4 转 移 语 句

程序中的语句通常总是按顺序方向或语句功能所定义的方向执行，如果需要改变程序的正常流向，可以使用 C 语言提供的 4 种转移语句来实现。

C 语言提供的 4 种转移语句为：break、continue、return 和 goto。

其中，return 语句只能出现在被调函数中，用于返回主调函数。return 语句将在第 8 章中具体介绍。在结构化程序设计中一般不主张使用 goto 语句，以免造成程序流程的混乱，使理解和调试程序都产生困难。所以我们只在这介绍 break 和 continue 两条语句的用法。

5.4.1 break 语句

break 语句的一般形式为：

```
break;
```

break 语句只能用在 switch 语句或循环语句中，其作用是跳出 switch 语句或跳出本层循环，转去执行后面的程序语句。由于 break 语句的转移方向是明确的，所以该语句只有关键字。

使用 break 语句可以使循环语句有多个出口，在一些场合下使编程更加灵活、方便。

【例 5.8】 检查输入的一行字符中有无两个字符相同的情形。

分析：定义两个字符变量 a 和 b，首先读入第一个字符给 b，然后进入循环，读入下一字符给 a，比较 a、b 是否相等，若相等则输出提示串和相同的字符并终止循环，若不相等则把 a 中的字符赋予 b，进入下一次循环。

程序代码如下：

```
#include"stdio.h"
int main( )
{ char a,b;
  printf("input a string:");
  b=getchar( );
  while((a=getchar( ))!='\n')      /*换行符为一行信息的的结束标志*/
  { if(a==b){ printf("same character %c\n",a);
          break;}
    b=a;
  }
  return 0;
}
```

程序运行结果如下：

```
input a string:asddsa<Enter>
same character d
```

5.4.2 continue 语句

continue 语句的一般格式为：

```
continue;
```

continue 语句只能用在循环体中，其作用是结束本次循环，即不再执行循环体中 continue 语句之后的语句，转入下一次循环条件的判断与执行。由于 continue 语句的转移方向是明确的，所以该语句也只有关键字。

应注意的是，本语句只结束本层本次的循环，并不跳出循环。

【例 5.9】 输出 100 以内能同时被 5 和 7 整除的数。

分析：对 7～100 的每一个数进行测试，如果该数不能被 7 或 5 整除，则由 continue 语句转去下一次循环；如果该数能同时被 5 和 7 整除，则输出该数，再进入下一次循环。

程序代码如下：

```
#include "stdio.h"
int main( )
```

```
    { int n;
      for(n=5;n<=100;n++)
      { if (n%7!=0 || n%5!=0) continue;
        printf("%4d ",n);
      }
      return 0;
    }
```

程序运行结果如下：

```
35   70
```

5.5　程 序 举 例

【例 5.10】　求 $s=a+aa+aaa+aaaa+\cdots+aa\cdots a$ 的值，其中 a 是 1～9 范围内的一个数字，例如，当 a=2 时，前 5 项和为 s=2+22+222+2222+22222。a 的值和累加的项数由键盘输入。要求用 while 语句实现。

分析：这是一个累加问题，问题的关键是找出累加项的一般式。可以看出，后一个累加项是将前一个累加项的值扩大 10 倍后再加上一个 a，即 $t_{n+1}=t_n\times 10+a$。

算法如下：

① 定义变量 count、tn、sum、n 和 a，并进行变量的初始化，使得 count=1，sum=0，tn=0。其中，count 用于记录循环的次数，tn 表示累加的一般项，sum 用于求和，n 表示累加的项数。

② 若 count>n，则执行④。

③ 执行“tn=tn*10+a；sum=sum+tn; count++;”转向②。

④ 输出结果 sum。

程序代码如下：

```
#include "stdio.h"
int main( )
{  int a,n,count=1;
   long sum=0, tn=0;
   printf("please input  a and n: \n");
   scanf("%d,%d",&a,&n);
   while(count<=n)
       {  tn=tn*10+a;
          sum=sum+tn;
          count++;
       }
   printf("a+aa+…=%ld\n",sum);
   return 0;
}
```

程序运行结果如下：

```
please input a and n
输入：2,3
输出：a+aa+…=246
```

【例 5.11】　Fibonacci 数列问题。假定一对刚出生的兔子，一个月后长大，再过一个月后开始生小兔子，并且都是生一对小兔子（一雌一雄），问在没有死亡的情况下，有一对初生的小兔子，在 3

年后变成了多少对兔子？并且打印出各月兔子的对数。

分析：仔细分析后不难发现各月兔子的对数依次为：

1，1，2，3，5，8，13，…

这是 Fibonacci 数列，满足如下规律（设 n 表示月份，F_i 表示第 i 月的兔子对数）：

$$\begin{cases} F_1 = 1, & n = 1 \\ F_2 = 1, & n = 2 \\ F_n = F_{n-1} + F_{n-2}, & n \geqslant 3 \end{cases}$$

程序代码如下：

```
#include "stdio.h"
int main( )
{ long f1,f2;int i;
  f1=1,f2=1;
  for(i=1;i<=18;i++)
    { printf("%12ld %12ld",f1,f2);
      if(i%2==0)printf("\n");     /*控制每行打印 4 个数据*/
      f1=f1+f2;
      f2=f2+f1;
    }
   return 0;
}
```

程序运行结果如下：

```
           1            1            2            3
           5            8           13           21
          34           55           89          144
         233          377          610          987
        1597         2584         4181         6765
       10946        17711        28657        46368
       75025       121393       196418       317811
      514229       832040      1346269      2178309
     3524578      5702887      9227465     14930352
```

for 循环体中 if 语句的作用是使输出 4 个数后换行。因为 i 是循环变量，当 i 为偶数时换行，而 i 每增值 1，就要计算和输出两个数（f1 和 f2），因此 i 每隔 2 换一次行相当于每输出 4 个数后换行。

【例 5.12】 有一个古老的传说（棋盘上的麦粒）：有一位宰相发明了国际象棋，国王打算奖赏他。国王问他想要什么，宰相对国王说："陛下，请您在棋盘上的第一小格里，赏给我 1 粒麦子，第 2 个小格里给 2 粒，第 3 个小格里给 4 粒，以后每一小格给的麦子都是前一个小格的 2 倍。您像这样把棋盘上的 64 个小格用麦粒摆满，就把这些麦粒赏给我吧！"请问国王需要拿出多少粒麦子？

分析：问题等价于求解下列多项式的和：

$$1+2+4+8+16+\cdots+2^{62}+2^{63}$$

定义变量 p 和 sum，p 表示累加的一般项，初值为 1，可以看出，后一个累加项是前一个累加项的 2 倍，即 p*=2。sum 为累加和，初值为 1。

程序代码如下：

```
#include "stdio.h"
int main( )
{ int i;
  double p=1,sum=1;
  for(i=1;i<64;i++)
     {p*=2;
      sum+=p;
     }
  printf("%le",sum);
  return 0;
}
```

程序运行结果如下：

```
1.844674e+19
```

【例5.13】 编写程序查找并输出通过键盘输入的30个正整数中的最大值。

分析：问题可通过在循环体中使用scanf( )函数接收用户的输入，并通过if语句对输入的数据的大小进行判定来实现。算法如下：

- 设变量x接收每一次循环时用户输入的整数；变量max保存已经输入的数中的最大值，初值为–1。i为循环变量。
- 设计这样的for语句来实现所要求的功能：

```
for(i=1;i<=30;i++)
 { scanf("%d",&x);
   if (x>max) max=x;}
```

程序代码如下：

```
#include "stdio.h"
int main( )
{ int i,x,max=-1;
  for(i=1;i<=30;i++)
     { scanf("%d",&x);
       if (x>max)   max=x; }
  printf("max= %d\n",max);
  return 0;
}
```

【例5.14】 36块砖，36人搬，男搬4，女搬3，两个小孩抬1砖，要求一次全搬完。问需男、女、小孩各若干？

分析：题目要求找出符合条件的男生、女生和小孩的人数。由题意可知：每个男生一次可以搬4块砖，所以至少要有1个男生，至多有9个男生。同理至少要有1个女生，至多有12个女生。因为两个小孩抬一块砖，所以至少要有两个小孩，至多有36个小孩。注意小孩的人数必须为偶数。

假设男生人数为x，女生人数为y，小孩人数为z。由题意可知x、y、z必须要同时满足两个条件：

① 总的工作量是36块砖，即4x+3y+z/2=36；

② 需要的总人数是36人，即x+y+z=36。

用逻辑表达式描述出来就是：4*x+3*y+z/2==36 && x+y+z==36。满足这个条件的x、y、z的值就是问题的答案。可以构建这样一个三重循环：

```
for (x=1;x<=9;x++)
```

```
for (y=1;y<=12;y++)
  for (z=2;z<=36;z+=2)
       循环体
```

程序代码如下：

```
#include "stdio.h"
int main( )
{ int x,y,z;
  for (x=1; x<=9; x++)
     for (y=1; y<=12 ; y++)
       for (z=2; z<=36; z+=2)
           if (4*x+3*y+z/2==36 && x+y+z==36) printf("%d,%d,%d\n",x,y,z);
  return 0;
}
```

程序运行结果如下：

```
3,3,30
```

【例 5.15】 输出 2～100 以内的素数。

分析：素数是只能被 1 和其本身整除的数。

测试一个数 *n* 是否为素数的基本思想是，对数 *n* 用 2～*n*–1 之间的整数逐个去除，只要有一个数能将 *n* 整除，就说明 *n* 不是素数，立即跳出循环。可设计这样一条 for 语句来实现：

```
for(i=2;i<n;i++)
   if(n%i==0) break;
```

如果所有的数都不能将 *n* 除尽，也就是说上述循环语句正常退出时，说明 *n* 为素数。

题目要求输出 2～100 之间的所有素数，这就需要对 2～100 之间的整数进行一个一个的测试，显然这是一个需要进行重复测试的过程，同样需要使用循环结构处理。

因此这个问题需要使用二重循环嵌套来解决。

程序代码如下：

```
#include "stdio.h"
int main( )
{ int n,i;
  for(n=2;n<=100;n++)                /*外循环变量 n 取 2～100 之间的所有整数*/
    { for(i=2;i<n;i++)               /*内循环测试 n 是否是素数*/
          if(n%i==0) break;          /*若条件满足，则 n 不是素数*/
      if(i>=n) printf("%d\t",n);     /*退出内循环后，若条件满足则 n 是素数*/
    }
  return 0;
}
```

程序运行结果如下：

```
2   3   5   7   11   13   17   19   23   29
31  37  41  43  47   53   59   61   67   71
73  79  83  89  97
```

实际上，2 以上的所有偶数均不是素数，因此循环时去掉 *n* 为偶数的循环，此外只需对数 *n* 用 2～$\sqrt{n}$ 去除就可判断该数是否为素数了。这样就将大大减少了循环次数，缩短了程序运行时间。

程序代码如下：

```
#include "stdio.h"
#include "math.h"
int main( )
{ int n,i,k;
   for(n=2;n<=100;n++)
  { if(n!=2 && n%2==0)continue; /*去掉 2 以上的所有偶数*/
    k=sqrt(n);
    for(i=2;i<=k;i++)
      if(n%i==0) break;
    if(i>k) printf("%d\t",n);
  }
  return 0;
}
```

本 章 小 结

1．一段根据条件重复执行的代码成为循环。在进入循环之前循环条件必须明确设置，在循环体中必须有一个改变循环条件的语句，以便在适当的时机退出循环。C 语言提供了 3 种循环语句用于实现循环结构。

① for 语句一般用于实现给定循环变量初值、步长增值和循环次数的循环结构。

② 当循环次数及循环控制条件要在循环过程中才能确定的循环，可用 while 或 do-while 语句。

③ 3 种循环语句可以相互嵌套组成多重循环，循环之间可以并列但不能交叉。

④ 3 种循环语句分析：

- 用 while 和 do-while 循环时，循环变量的初始化操作应在循环之前进行，而 for 循环是在表达式 1 中进行的；
- while 循环和 for 循环都是先判断表达式，后执行循环体，而 do-while 循环是先执行循环体后判断表达式，也就是说 do-while 的循环体最少被执行了一次，而 while 循环和 for 循环就不一定了；
- 这 3 种循环都可以使用 break 语句跳出循环，或使用 continue 语句结束本次循环，而 goto 语句与 if 构成的循环，不能用 break 和 continue 语句进行控制。

⑤ 循环程序中应避免出现死循环。

2．在结构化程序设计中，3 种基本结构并不是彼此孤立的：在循环结构的循环体中可能出现选择结构、顺序结构；在选择结构的内嵌语句中也可能出现循环、顺序结构；如果把循环语句和选择语句看成是一条完整的语句时，它们本身又是构成顺序结构的一个元素。因此合理使用这三种基本结构，就能实现各种算法。

3．C 语言执行语句小结见表 5.1。

表 5.1　C 语言可执行语句小结

类　别	名　称	一般形式	例　句
简单语句	表达式语句	表达式;	x=a+b; x+y; i++

续表

类　别	名　称	一 般 形 式	例　句
简单语句	空语句	;	;
	复合语句	{语句;}	{ t=a; a=b; b=t;}
条件语句	if 语句	if(表达式)语句;	if (a>b) { t=a; a=b; b=t;}
		if(表达式)语句 1 ; else 语句 2;	if (a>b)　m=a; else　m=b;

		if(表达式 1)语句 1;
		else if(表达式 2)语句 2
		……
		else 语句 n;
			if (x>0)y=1
			else if (x==0) y=0
			else
			y=-1

	switch 语句	switch(表达式)
		{
		case 常量表达式:语句;
		……
		default:语句;
		}
			switch(x)
			{
			case 1: printf("x>0");break;
			case 0 : printf("x=0");break;
			case -1: printf("x<0");break;
			default: printf("error")
			}

循环语句	while 语句	while(表达式)语句;	while(i<=100) sum+=i++;

	do-while 语句	do
		语句;
		while(表达式);
			do
			sum+=i++;
			while(i<=100);

	for 语句	for(表达式 1;表达式 2;表达式 3) 语句;	for(i=1;i<=100;i++) sum+=i;

转移语句	break 语句	break;	while(1)
			if (sum>1000) break;
			else {sum+=i++;}

	continue 语句	continue;	while(i<100)
			if (i++%2) continue;
			else {sum+=i;}

	goto 语句	goto 语句标号;	loop : sum+=i++; if (i<100) goto loop;
	return 语句	return 表达式;	return x;

习　题　5

5.1　思考题

1．什么是“当型”循环结构和“直到型”循环结构？C 语言是用什么语句处理这两种循环结构的？

2．请分别用 while、do-while 和 for 语句写出求 5!的程序。

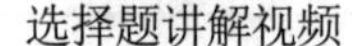

选择题讲解视频

填空题讲解视频

3. 画出下面程序段对应的N-S流程图。

(1) for(i=1;i<10;i+=2) s+=i;

(2) i=1;

```
do { s=s+i*i;
     i++;
   }while(i<7);
```

(3) for(k=1;k<3;k++)

```
    t=t*10+x;
printf("%d",t);
```

4. 用合适的循环语句写出对应的程序段。

(1) 用while或for语句实现。

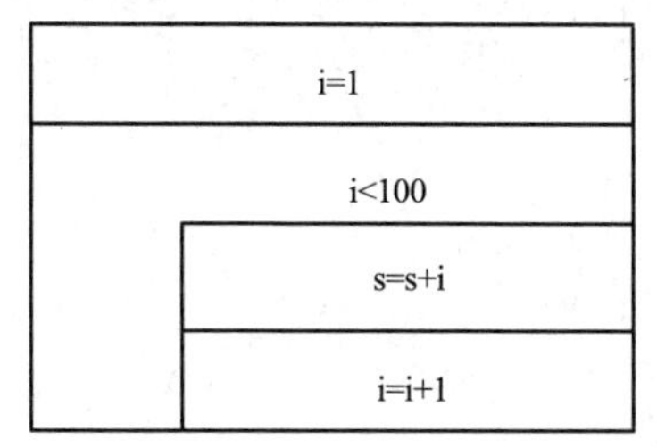

(2) 用do-while语句实现。

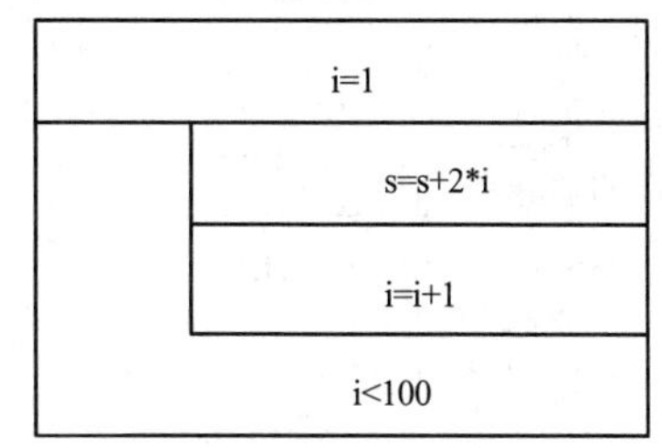

(3) 从键盘依次输入10个学生成绩给变量x，写出对应的循环语句。

(4) 判断一个数n是否是素数，输出判断结果，写出对应的程序段。

5.2 读程序写结果题

1.
```
#include "stdio.h"
int main()
{int i,j;
  for(i=0,j=1;i<=j+1;i+=2,j--)  printf("%d \n",i);
  return 0 ;
}
```

输出结果是：__________。

2.
```
#include "stdio.h"
int main( )
{int i;
  for(i=0;i<3;i++)
    switch(i)
    { case 1:printf("%d",i);
      case 2: printf("%d",i);
      default: printf("%d",i);
   }
  return 0 ;
}
```

输出结果是：__________。

3.
```
#include "stdio.h"
int main( )
{ int x=0,y=5,z=3;
  while(z>0&&x<5)
   { y=y-1;
```

```
        z-- ;
        x++ ;
      }
    printf("%d,%d,%d\n",x,y,z);
    return 0 ;
  }
```

输出结果是：__________。

4.
```
#include "stdio.h"
int main( )
{ int i,s=0;
  for(i=1;i<10;i+=2) s+=i;
  printf("%d\n",s);
  return 0 ;
}
```

输出结果是：__________。
程序的功能是：__________。

5.
```
#include "stdio.h"
int main ()
{ int i,s=0;
  for(i=3;i<5;i++)  {s+=i;}
  printf ("%d",s) ;
  return 0 ;
}
```

输出结果是：__________。

6.
```
#include "stdio.h"
int main( )
{ int i=0,s=0;
  for ( ;i<9;i++ )
    { if(i==3||i==5) continue;
       if (i==6) break;
       i++;
       s+=i;
     }
  printf("%d\n",s);
  return 0 ;
}
```

输出结果是：__________。

7.
```
#include "stdio.h"
int main ()
 {  int i;
    for(i='A';i<'I'; i++,i++) printf("%c",i+32);
    printf(" \n");
    return 0 ;
}
```

输出结果是：__________。

8.
```
#include "stdio.h"
int main ()
{  int m, n;
   printf("Enter m,n;");  scanf("%d,%d", &m,&n);
   while (m!=n)
   { while (m>n)m-=n;
     while (n>m)n-=m;
   }
   printf("m=%d\n",m);
   return 0 ;
}
```

输入 65，14 后，输出结果是：__________。

9.
```
#include "stdio.h"
int main ()
{ int k,x,t;  x=3; t=x;
  for(k=1;k<3;k++)    t=t*10+x;
  printf("%d",t);
  return 0 ;
}
```

输出结果是：________。

5.3 **程序填空题**：按照要求，在下画线处填写适当的内容。

1. 下面程序的功能是输出以下形式的金字塔图案。

```
   *
  ***
 *****
*******
```

```
#include "stdio.h"
int main( )
{ int i,j;
  for(i=1;i<=4;i++)
  {  for(j=1;j<=4-i;j++)    printf(" ");
     for(j=1;j<=______;j++)   printf("*");
     printf("\n");
  }
  return 0 ;
}
```

2. 输出 100 以内能被 3 整除且个位数为 6 的所有整数。

```
#include <stdio.h>
int main( )
{  int i, j;
   for(i=0; ________; i++)
   {  j=i*10+6;
      if(_______) continue;
      printf("%d",j);
   }
   return 0 ;
}
```

3．输入1个正整数n，计算并输出s的前n项的和：

$$s=1/2-2/3+3/4-4/5+\cdots+(-1)^{n-1}n/(n+1)$$

```
#include <stdio.h>
int main( )
{  int k, flag=1,n;
   double s=0;
   scanf("%d", &n);
   for(k=1;k<=n;k++)
   {  s=s+_______;
      _____________;
   }
   printf("sum=%f\n",s);
   return 0 ;
}
```

4．输入以-1结束的一批整数，输出其中的最大值。

例如，输入“3 8 10 -1”后，输出“max=10”。

```
#include <stdio.h>
int main( )
{   int max, x;
    scanf("%d", &x);
    if(x!=-1)
    { _______;
      while(____)
        {
           if(max<x) max=x;
           _____;
        }
      printf("max=%d\n", max);
    }
    return 0 ;
}
```

5．现有鸡和兔9只，已知兔的腿数比鸡的腿数多12只，以下程序段的功能是计算鸡、兔的只数。

```
int x,y;                 /*x、y分别为兔和鸡的只数*/
for(x=3; _____;x++)
   {________;
    if(4*x-2*y==12)     printf("兔为%d只，鸡为%d只\n",x,y);
   }
```

6．计算：s=1+1/2+1/3+…+1/n

```
#include "stdio.h"
int main()
{int i,n; float s;
 s=1.0;
 printf("Enter a number :");
 scanf("%d", &n);
 for(i=n;i>1;i--)
 s=s+ _____;
 printf("%6.4f\n",s);
 return 0 ;
}
```

5.4　编程题

1．用 3 种循环语句编写程序实现下列算式：

（1）1+2×2+3×3+…+100×100

（2）$e=1+\frac{1}{1!}+\frac{1}{2!}+\frac{1}{3!}+\cdots+\frac{1}{n!}+\cdots$，当最后一项的值小于 10^{-6} 时为止。

2．编写程序求两个正整数的最大公约数。

3．编写程序求一个整数的任意次方的最后 3 位数，即求 x^y 的最后 3 位数。

4．百鸡问题。用 100 元钱买 100 只鸡，其中，公鸡每只 5 元，母鸡每只 3 元，小鸡每 3 只 1 元。编写程序输出各种买法。

5．编写程序分别打印如下图形：

6．请编写程序求 100～999 之间所有的水仙花数。水仙花数的含义是指这样的一个 3 位数，其各位数字的立方和等于该数本身。例如，$371=3^3+7^3+1^3$，所以 371 是一个水仙花数。

7．学校有近千名学生，在操场上排队，5 人一行余 2 人，7 人一行余 3 人，3 人一行余 1 人，编写一个程序求该校的学生人数。

8．小明今年 12 岁，他的母亲比他大 20 岁，编写一个程序计算出他母亲在几年后比他的年龄大一倍，那时他们两人的年龄各是多少？

9．一筐鸡蛋：1 个 1 个拿，正好拿完。2 个 2 个拿，还剩 1 个。3 个 3 个拿，正好拿完。4 个 4 个拿，还剩 1 个。5 个 5 个拿，还剩 4 个。6 个 6 个拿，还剩 3 个。7 个 7 个拿，正好拿完。 8 个 8 个拿，还剩 1 个。9 个 9 个拿，正好拿完。问筐里至少有多少鸡蛋？

第6章 编译预处理

编译预处理的功能是C语言的又一个重要特色，它是C语言编译系统的一个组成部分。所谓编译预处理，就是在C语言编译系统对C语言源程序进行通常的编译（包括词法和语法分析、代码生成、优化等）之前，先对程序中以“#”开头的特殊命令进行预处理的过程，然后将预处理的结果与源程序一起再进行通常的编译处理，以得到目标代码。

C语言提供的预处理功能主要有3种，即宏定义、文件包含和条件编译，分别用宏定义命令、文件包含命令和条件编译命令来实现。从语法角度看，这些命令并不是真正属于C语言的语句，为了与一般C语言的语句相区别，这些命令以符号#开头，命令末尾不用分号。它们可以出现在程序的任何位置，有效范围从他们的出现点开始，通常宏定义和文件包含命令出现在文件的开头。

恰当地使用C语言的预处理功能，可以编写出易读、易改、易于移植和方便调试的C语言程序。本章将重点介绍宏定义和文件包含。

6.1 宏 定 义

在C语言源程序中允许使用宏，即用一个指定的标识符表示一个字符串。其中标识符称为宏名，字符串称为宏体。在编译预处理时，对程序中所有出现的宏名，都用宏体去替换，这个替换过程称为宏代换或宏展开。C语言中的宏定义分为两种：不带参数的宏定义和带参数的宏定义。

6.1.1 不带参数的宏定义

不带参数的宏定义的一般形式为：

```
#define  宏名  宏体
```

其中，宏名由标识符定义，宏体为一个字符串。实际上这就是第2章介绍的符号常量的定义形式。例如：

```
#define  PI  3.1415926
```

它的作用是用宏名PI来代替“3.1415926”这个字符串，在编译预处理时，把程序中在该命令以后出现的PI用“3.1415926”替换。这种方法使用户能以一个简单的名字代替一个长的字符串。

【例6.1】 计算圆的面积和周长。

程序代码如下：

```
#include "stdio.h"
#define PI 3.141593
int main( )
{ float l,s,r;
  scanf("%f",&r);
  l =2*PI*r;
  s=PI*r*r;
  printf("r=%10.4f\nl=%10.4f\ns=%10.4f\n",r,l,s);
  return 0;}
```

该程序在编译预处理时，语句“l=2*PI*r;”变为“l=2*3.141593*r;”，语句“s=PI*r*r;”变为“s=3.1415926*r*r;”。

程序运行结果如下：

```
Input radius r:3 <Enter>
r=   3.0000
l=    18.8496
s=   28.2743
```

说明：

① 宏定义是用宏名代替一个字符串，在预处理时仅做简单的替换，不做语法检查。如果有错误，只有在编译宏展开后的源程序时才报错。

② 在编写程序时，用宏名代替一个字符串，可以减少程序中重复书写某些字符串的工作量，而且便于修改，同时可以提高程序的可移值性。

③ 宏名通常用大写字母表示，这并不是语法规定，只是为了与变量名区别。

④ 宏定义不是 C 语言语句，在行末不必加分号。如果加上分号，则连分号一起进行替换。例如：

```
#define  PI 3.141593;
L=2*PI*r;
```

经过宏展开后，该语句为：

```
L=2*3.141593; *r;
```

显然出现语法错误。

⑤ 通常宏定义的位置写在程序的开头，作为文件的一部分，其作用域为从宏定义位置开始到此文件结束。但可以用#undef 命令终止宏定义的作用域，这样可以灵活控制宏定义的作用范围。例如：

```
#define SIZE 100
main( )
{
……
#undef SIZE
……
}
```

SIZE 的作用域到#undef 处为止。

⑥ 宏定义允许嵌套。即在进行宏定义时，可以在宏体中使用已定义的宏名，在预处理时进行层层替换。

改写例 6.1，程序代码如下：

```
#include "stdio.h"
#define R 2.5
#define PI 3.14159
#define L 2*PI*R
#define S PI*R*R
int main( )
{  printf("L=%f\nS=%f\n",L,S);
   return 0;
}
```

运行情况如下：

```
L=15.707950
S=19.634938
```

⑦ 出现在字符串中的宏名，在预处理时不对其进行替换。例如：

```
#define  MM  "abcd"
    int main( )
    { printf("MM%s",MM);}
```

在以上程序段中定义宏名MM表示字符串"abcd",但在printf语句中第1个MM被双引号括起来，不做宏代换，第2个MM则需要进行宏替换。

程序运行结果如下：

```
MMabcd
```

⑧ 若用户标识符中的一部分与宏名相同，则在预处理时不对其进行替换。例如：

```
#define  LT  200
    int main( )
    { int PLTER=10;……}
```

宏名LT不会替换变量名PLTER中的LT。

⑨ 同一个宏名不能重复定义。

6.1.2 带参数的宏定义

带参数的宏定义不仅进行字符串的替换，还要进行参数的替换，其定义的一般形式为：

```
#define  宏名(形式参数表)  宏体
```

其中，宏体中应包含在括号中所指定的形式参数。例如：

```
#define AS(x,y,z) x+y+z
sum=AS(3,4,5);
```

预处理时，编译系统首先进行宏展开，用宏体x+y+z代替AS(3,4,5)，再将实参“3,4,5”分别代替宏定义中的形式参数“x,y,z”，即用3+4+5代替AS(3,4,5)。因此赋值语句展开为：

```
sum=3+4+5;
```

【例6.2】 带参数的宏示例。

程序代码如下：

```
#include "stdio.h"
#define MIN(a,b) a<b?a:b
int main( )
{ float x,y,min;
  scanf("%f%f",&x,&y);
  min=MIN(x,y);
  printf("min=%f\n",min);
  return 0;
}
```

程序运行结果如下：

```
3.4  5.6<Enter>
min=3.400000
```

赋值语句“min=MIN(x,y);”，经宏展开后为“min=x<y?x:y;”。

说明：

（1）带参数的宏定义中，宏名与左括号“(”之间不能有空格。例如，如果把“#define MIN(a,b) a<b?a:b”写成：

```
#define MIN (a,b) a<b?a:b
```

将被认为 MIN 是不带参数的宏名，它代表字符串“(a,b) a<b?a:b”。如果在程序中有语句：

```
min=MIN(x,y);
```

则被展开为：

```
min=(a,b) a<b?a:b(x,y);
```

这显然是错误的。

（2）与不带参数的宏定义一样，同一个宏名不能重复定义。

（3）注意区分带参数的宏与函数的不同。

有些读者容易把带参数的宏和函数混淆。的确，它们之间有相似之处，比如，它们都有实参和形参，也要求实参与形参的数目相等，但是带参数的宏定义与函数是不同的，主要区别在于：

① 带参数的宏在预处理时只是进行简单的字符串替换。而函数在调用时是先求出实参表达式的值，然后传值给形参。

② 宏展开是在编译预处理时进行的，因此宏展开不占运行时间。而函数调用是在程序运行时进行的，需要占用一定的运行时间。

③ 函数中的形参和实参都是有类型的，而且二者的类型要求一致，如果不一致，要进行类型转换。而宏不存在类型问题，宏名没有类型要求，它的参数也没有类型要求，只是一个符号代表，宏展开时代入指定的字符串即可。宏定义时，字符串可以是任何类型的数据。例如：

```
#define  CH  abcdef       /*字符串*/
#define  PA  200          /*数值*/
```

CH 和 PA 不需要定义类型，在程序中所有出现 CH 的都以 abcdef 替换，所有出现 PA 的都以 200 替换。同样，对于带参数的宏：

```
#define S(r) PI*r*r
```

形参 r 也不是变量，如果在语句中有 S(2.5)，则展开后为 PI*2.5*2.5，语句中没有出现 r，也就不必定义 r 的类型。

④ 调用函数只能得到一个返回值，而用宏可以设法得到多个值。

【例 6.3】 带参数的宏示例。

程序代码如下：

```
#include "stdio.h"
#define CL(s1,s2,s3) s1=a+b;s2=a-b;s3=a*b
int main( )
{ float a,b,sum,sub,mut;
  scanf("%f%f",&a,&b);
  CL(sum,sub,mut);
  printf("sum=%10.2f,sub=%10.2f,mut=%10.2f",sum,sub,mut);
  return 0;
}
```

经编译预处理后的程序如下：

```
#include "stdio.h"
int main( )
{ float a,b,sum,sub,mut;
  scanf("%f%f",&a,&b);
  sum=a+b;sub=a-b;mut=a*b;
  printf("sum=%10.2f,sub=%10.2f,mut=%10.2f",sum,sub,mut);
  return 0;
}
```

程序运行结果如下：

```
6.5  4<Enter>
sum=    10.50,sub=     2.50,mut=    26.00
```

由此可见，从宏得到 3 个值。实质上，这只是字符替换而已。

⑤ 函数调用不会使源程序变长，而宏展开后会使源程序变长。

6.2 文件包含

文件包含是指在一个源文件中将另外一个源文件的全部内容包含进来。C 语言提供了#inciude 命令用来实现文件包含的功能。其一般形式为：

```
#include "文件名" 或 #include <文件名>
```

该命令的功能是用指定文件中的全部内容来替换该命令行，使之成为源程序的一部分。其中，被包含的文件可以是 C 语言标准文件，也可以是用户自定义的文件。例如，在程序中要使用标准函数库中的基本数学函数时，就要使用命令：

```
#include "math.h"
```

将 math.h 文件包含进来，math.h 文件中有基本数学函数的一些宏定义。

在程序设计中，文件包含命令是很有用的，它可以节省程序设计人员的重复劳动。例如，一个大型程序往往分成若干个模块，由多个编程人员分别进行编写。对于有些公用的符号常量，如 G=9.81，PI=3.141593，E=2.718 等，可以单独把这些宏定义命令组成一个文件。每个编程人员都可以用#include 命令将这些符号常量包含到自己所编写的源文件中，这样就可以不必重复定义这些符号常量，从而节省时间，并减少出错。

说明：

① 一个#inc1ude 命令只能指定一个被包含文件，如果要包含多个文件，则需要用多个#include 命令。

② 文件包含可以嵌套，即在一个被包含文件中又可以包含另一个文件。例如，如果 file1.c 包含 file2.c，而 file2.c 中要用到 file3.c 的内容，则可以在 file2.c 中用“#include"file3.c"”命令将 file3.c 包含进来，或者在 file1.c 中用两个#include 命令分别包含 file2.c 和 file3.c，而且 file3.c 应该出现在 file2.c 之前，即在 file1.c 中定义：

```
#include "file3.c"
#include "file2.c"
```

在 file2.c 中不必再用“#include "file3.c"”命令。这样，file1.c 和 file2.c 就都可以使用 file3.c 的内容了。

③ 当包含文件修改后，对包含该文件的源程序必须重新进行编译连接处理。

④ 在#include 命令中，文件名可以用双引号或尖括号括起来。二者的区别是：用双引号时，系统先在源程序文件所在的目录中寻找要包含的文件，若找不到，再按系统指定的标准方式检索指定目录；用尖括号时，系统不检查源程序文件所在的文件目录而直接按系统标准方式检索指定目录。一般来说，用双引号比较保险，不会找不到（除非不存在此文件）。

6.3　条件编译

C 语言源程序中所有的内容都应该进行编译后，才能形成目标文件。但是有时希望对其中一部分内容只在满足一定条件时才进行编译，也就是对一部分内容指定编译的条件，满足指定条件时就编译，否则就不编译，这就是条件编译。条件编译在程序调试阶段很有用。

条件编译命令有以下 3 种形式。

形式 1：

```
#ifdef 标识符
    程序段 1
#else
    程序段 2
#endif
```

它的功能是，当标识符已经被定义时（一般是用#define 命令定义），则对程序段 1 进行编译，否则对程序段 2 进行编译，其中#else 部分可以没有。

形式 2：

```
#ifndef 标识符
    程序段 1
#else
    程序段 2
#endif
```

它的功能是，若标识符未被定义时，则对程序段 1 进行编译，否则对程序段 2 进行编译。这种形式与第一种形式的作用相反。

形式 3：

```
#if 常量表达式
    程序段 1
#else
    程序段 2
#endif
```

它的功能是，当指定的常量表达式的值为真（非零）时，就对程序段 1 进行编译，否则对程序段 2 进行编译。

本章小结

本章介绍的预编译功能（宏定义、文件包含、条件编译）是 C 语言特有的，有利于程序的可移植性，增加了程序的灵活性。正确使用编译预处理功能可以有效地提高程序开发效率，为结构化程序设计提供了便利和帮助。

1．C 语言中的宏定义分为两种：不带参数的宏定义和带参数的宏定义。

2．使用标准库函数时，应当包含相应的头文件。也可设计自己的头文件，将常用内容包含进去。

3．条件编译就是对一部分内容指定编译的条件，满足指定条件时就编译，否则就不编译。

习 题 6

6.1 思考题

1．设有以下宏定义：

```
#define     WIDTH        80
#define     LENGTH1      WIDTH+20
#define     LENGTH2      (WIDTH+20)
#define     LENGTH3(n)   ((WIDTH+1)*n)
```

执行赋值语句：

```
v1=LENTH1*20;
v2=LENTH2*20;
v3=2 * (WIDTH+LENGTH3(5+1))
```

请确定执行赋值语句后整型变量v1、v2和v3的值分别是多少？

2．程序中头文件type1.h的内容是：

```
#define N 5
#define M1 N*3
```

以下程序编译后运行的输出结果是：________。

```
#include "type1.h"
#define M2 N*2
#include "stdio.h"
int main( )
{  int i;
   i=M1+M2;
   printf("%d\n",i);
   return 0;
}
```

6.2 读程序写结果题

1．
```
#define N 2
#define M N+1
#define NUM 2*M+1
#include "stdio.h"
int main( )
{  int i;
   for(i=1;i<=NUM;i++)printf("%d\n",i);
   return 0;
}
```

输出结果是：__________。

2．
```
#define  f(x)  x*x
#include "stdio.h"
int main( )
{  int  a=6,b=2,c;
```

```
    c=f(a)/f(b) ;
    printf("%d \n",c) ;
    return 0;
}
```

输出结果是：__________。

3.
```
#define MA(x)  x* (x-1)
int main( )
{ int a=1,b=2;
  printf("%d \n",MA(1+a+b));
  return 0;}
```

输出结果是：__________。

4.
```
#define SQR(X) X*X
#include "stdio.h"
int main( )
{ int a=16, k=2, m=1;
  a/=SQR(k+m)/SQR(k+m);
  printf("%d\n",a);
  return 0;
}
```

输出结果是：__________。

5.
```
#define M(x,y,z) x*y+z
#include "stdio.h"
int main( )
{ int a=1,b=2, c=3;
  printf("%d\n", M(a+b,b+c, c+a));
  return 0;
}
```

输出结果是：__________。

6.
```
#define  MAX(x,y)  (x)>(y)?(x):(y)
#include "stdio.h"
int main( )
{ int a=2,b=2,c=3,d=3,t;
  t=MAX(a+b,c+d) *10;
  printf("%d\n",t);
  return 0;
}
```

输出结果是：__________。

7.
```
#define  N  10
#define  s(x)  x*x
#define  f(x)  (x*x)
#include "stdio.h"
int main()
{ int i1,i2;
  i1=1000/s(N);i2=1000/f(N);
  printf("%d %d\n",i1,i2);
  return 0;
}
```

输出结果是：__________。

8.
```
#define  MCRA(m)  2*m
#define  MCRB(n,m)  2*MCRA(n)+m
#include "stdio.h"
int main( )
{  int i=2,j=3;
   printf("%d\n",MCRB(j,MCRA(i)));
   return 0;
}
```

输出结果是：__________。

6.3　编程题

1．试定义一个带参宏 swap(x,y)，以实现两个整数之间的交换，并用它编程实现将 3 个整数按从小到大的顺序排序。

2．编写程序计算下列公式中的 f 值，使用带参数的宏来实现。

$$f=\frac{4.5}{e^{2x}+\sqrt{3e^{2x}+2e^{x}+1}}+\cos^{2}x+\sqrt{3\cos^{2}x+2\cos x+1}+\frac{x+\sqrt{3x+2\sqrt{x}+1}}{x^{4}+\sqrt{3x^{4}+2x^{2}+1}}$$

提 高 篇

第 7 章 数　　组

前面几章使用的数据都属于 C 语言的基本数据类型（整型、字符型、实型），所使用的变量都有一个共同特点，每个变量一次只能存储一个数值。除了这些基本数据类型，C 语言还提供了几种构造类型的数据，它们是数组类型、结构体类型、共用体类型等。构造类型数据是由基本类型数据按一定规则组织而成的，因此也可以称为导出类型。

本章将介绍其中的一种构造类型数据——数组。

在处理实际问题时，常常需要处理同一类型的成批数据。例如，处理 100 个学生某门课程的考试成绩，数学上可以使用“s_1，s_2，…，s_{100}”这样带下标的符号来表示每个学生的成绩，从符号的形式上使人们感觉到这是一批彼此相关（同样的字母 s）又有区别（不同的下标数字）的数据。在 C 语言中沿袭了数学上的这种表示方式，语法规定可以用形如“s[0]，s[1]，s[2]，…，s[99]”这样的标识符来分别代表每个学生的成绩，其中 s[0]代表第 1 个学生的成绩，s[1]代表第 2 个学生的成绩……。这里，s[0]，s[1]，s[2]，…，s[99]称为下标变量。显然，用一批具有相同名字、不同下标的下标变量来表示类型相同的一组数据，比用不同名字的同类型的简单变量将更为方便，更能清楚地表示它们之间的关系。在实际应用中，用一组具有相同名字、不同下标的下标变量来代表具有相同性质的一组数据，就是数组。数组是同类型数据的集合，集合中的每个数据称为数组元素或下标变量，数组元素的类型相同、个数确定。下标变量中如果只用 1 个下标，则称为一维数组，用 2 个下标则称为二维数组，用 3 个下标称为三维数组，依次类推。C 语言规定数组必须先定义再使用。

本章将详细介绍 C 语言中如何定义和使用数组，主要内容有：一维数组的定义和使用，二维数组的定义和使用，字符数组的定义和使用。

7.1 一 维 数 组

一维数组（one-dimensional array）描述了由若干个同类型数据组成的一个数据序列。一维数组中的各个数组元素用一个统一的数组名和不同的下标来标识，下标从 0 开始递增，指示该数组元素在数组中的位序。一维数组通常与单循环配合，将循环变量与数组下标相关联，实现对数组元素的逐个处理。

7.1.1 一维数组的定义

一维数组的定义形式为：

　　[存储类别] 类型标识符 数组名[常量表达式],……;

例如：

```
int a[6];
double x[100],y[100];
```

说明：

①“类型标识符”表明了数组元素的数据类型，称为数组的基类型。数组元素的类型可以是基本数据类型，也可以是构造数据类型。类型标识符确定了每个数组元素占用的内存字节数。

② 数组名用标识符规则来命名。

③ 常量表达式是由常量、符号常量和运算符组成的表达式，它的值规定了数组中数组元素的个数，数组元素的个数也称为数组的长度，同时它还限定了数组元素下标的范围。下标的有效范围是：0～常量表达式的值-1。

例如，定义语句：　`int a[6];`

定义了一个数组名为a、长度为6的一维整型数组，数组下标的有效范围为0～5。6个数组元素（下标变量）是：a[0]、a[1]、a[2]、a[3]、a[4]、a[5]。

C语言不检查数组下标越界，但是使用时，一般不能越界使用，否则结果难以预料，严重时可造成系统崩溃。常量表达式中不能含有变量。也就是说，C语言不允许对数组的大小做动态定义，即数组的大小不依赖于程序运行过程中变量的值。例如，下面这样定义数组是错误的：

```
int n;
scanf("%d",&n);
int a[n];
```

注意：在定义数组之前，可以将数组元素的个数定义为符号常量，然后使用符号常量定义数组是一个良好的编程习惯。如：

```
#define NUM 6
int a[NUM];
```

④ 数组在内存中占据一片连续的存储单元，数组中的每个数组元素在这片连续的存储单元中按序存储。C语言规定数组名表示该连续存储单元的首地址（首字节编号）。如图7.1所示，图中同时表明了每个存储单元的名字，可以用这样的名字引用各存储单元。

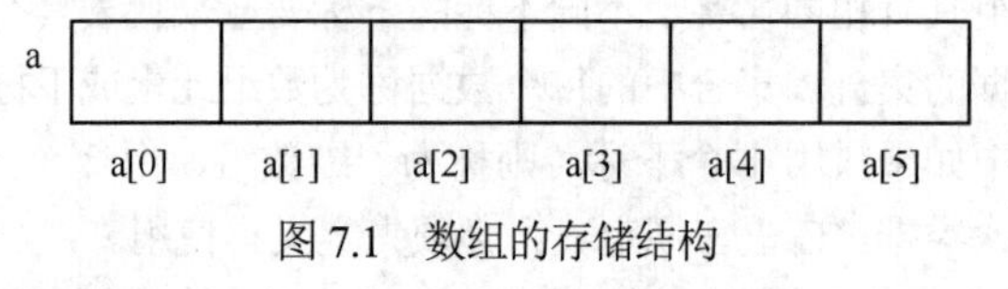

图7.1　数组的存储结构

⑤ 数组的定义语句给每个数组元素分配了一定的存储单元，与简单变量一样，它们的值是不确定的，是随机的，只有通过赋值或赋初值才能得到确定的值。

⑥ 同类型数组的定义和普通变量的定义可以出现在同一个定义语句中。例如：

```
int a[6],b[20],i,j;
```

7.1.2　一维数组的初始化

数组元素可以像简单变量一样在定义的同时进行初始化，即为各数组元素或部分数组元素赋初值，这种赋值是在编译过程中完成的，不占程序运行时间。

数组初始化的一般形式为：

```
[存储类别] 类型标识符 数组名[常量表达式]={初值表};
```

其中，初值表列出了与数组元素类型相同的各常量，常量之间用逗号“，”隔开，各常量依次赋给数组的各元素。

如果用赋值语句或输入函数语句使数组中的各元素得到值，这种赋值是在程序运行过程中完成的，占用程序运行时间。

数组初始化常见的几种形式如下。

（1）对所有数组元素赋初值

此时数组定义中表示数组长度的常量表达式可以省略。例如：

```
int a[6]={0,1,2,3,4,5};
```

或

```
int a[]={0,1,2,3,4,5};
```

在第 2 种写法中，花括号中有 6 个常数，系统会据此自动定义 a 数组的长度为 6。

经过上面的定义和初始化之后，各数组元素获得了相应的初值，其中 a[0]=0，a[1]=1，a[2]=2，a[3]=3，a[4]=4，a[5]=5。

（2）只给一部分数组元素赋初值

此时数组长度一般不省略。例如：

```
int a[6]={0,1,2};
```

数组有 6 个元素，但花括号里只提供 3 个初值，这表示只给前面 3 个元素赋初值，后面 3 个元素由 C 语言编译系统自动赋值为 0。

又如：`int a[6]={0};`
将给数组 a 的全部元素赋初值 0。

7.1.3　一维数组元素的引用

C 语言规定对数组的引用就是对每个数组元素的引用。一维数组元素的引用形式为：

```
数组名[下标表达式]
```

其中，下标表达式一般为整型表达式，如果下标表达式的值为实数，C 语言编译系统将自动取整。例如：

```
a[0]=123;                  /*对 a 数组的第 0 个元素赋值*/
scanf("%d",&a[3]);         /*通过键盘给 a 数组的第 3 个元素输入数据*/
printf("%d",a[5]);         /*输出 a 数组的第 5 个数据元素*/
a[i++]=2*a[i+j];           /*当 i 和 j 有确定值时对相应元素进行操作*/
```

等都是对数组元素的正确引用。

下面是一个使用数组处理问题的简单例子。

【例 7.1】　输入 10 个整型数据，然后分别按顺序和逆序的方式输出。

分析：要解决这个问题，需要保存这 10 个输入数据。如果用简单变量来保存这些数据，就必须定义 10 个变量，写 10 条输入语句和 20 条输出语句，显然这样的处理是十分烦琐和低效的。而利用数组可以非常方便地完成这一功能，定义长度为 10 的整型数组 a，利用循环结构，将循环变量和数组元素的下标结合，可方便地实现对各个数组元素的输入和输出。

程序代码如下：

```
#include "stdio.h"
#define N 10                       /*预定义一维数组的长度*/
int main( )
{ int i,a[N];
  for(i=0;i<N;i++)
     scanf("%d",&a[i]);            /*顺序输入*/
  for(i=0;i<N;i++)
```

```
        printf("%d  ",a[i]);                /*顺序输出*/
    printf("\n");
    for(i=N-1;i>=0;i--)
        printf("%d  ",a[i]);                /*逆序输出*/
    return 0 ;
}
```

第1个for循环结构执行10次输入语句，读入10个整数，依次存入数组a的各个元素中，数组元素的下标用循环变量控制，随着循环的进行，循环变量不断改变，从而顺序访问了数组的各个元素。第2个和第3个for循环结构分别按顺序和逆序方式输出a数组的100个元素。

在引用数组元素时应注意：

① 引用数组元素时，下标表达式的值必须是确定的。

② 数组元素本身可以看作一个普通变量，代表内存中的一个存储单元。因此前面章节中对简单变量的一切讨论均适用于数组元素。也就是说，数组元素可以在任何相同类型简单变量允许使用的位置引用。

③ 数组引用时，下标值应该在已定义的数组大小范围内。常出现的错误是：

```
int a[100];
a[100]=4;
```

a数组的长度是100，它的最大下标是99，引用a[100]超出了其定义范围。实际上，使用a[100]是越界使用数组a的下一个存储单元的值。C语言系统并不自动检验数组元素的下标是否越界，越界使用可能破坏其他存储单元中的数据。应严格区分定义数组时使用的a[100]和引用数组元素时使用的a[100]，它们是不同的，前者中的100表示数组中元素的个数，即数组的最大长度，后者中100表示数组元素的下标值。

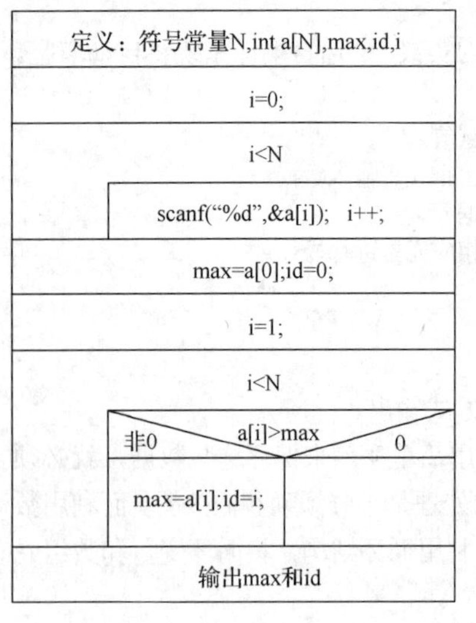

图7.2 例7.2的N-S图

7.1.4 一维数组的应用

【例7.2】 从键盘输入10个整数并存放在数组中，找出其中最大的一个数和它在数组中的位序并输出。

分析：定义一个长度为10的整型数组a，存放从键盘上输入的10个整数；定义两个简单变量max和id，分别记录10个数中的最大值和最大值在数组中的序号，即下标；定义简单变量i作为循环变量。程序开始时首先利用循环结构给每个数组元素赋值，然后假定数组的第0个元素是其中的最大值，记下它的值和位序，即进行"max=a[0]; id=0;"的赋值操作，接着利用循环结构将max与其余的每一个数组元素比较大小，如果a[i]大于max，则更新max和id，即进行"max=a[i]; id=i; "的赋值操作。最终输出max和id的值。其N-S图如图7.2所示。

程序代码如下：

```
#include "stdio.h"
#define N 10                    /*预定义一维数组的长度*/
int main( )
{   int a[N],i, max, id;
    printf("Enter data:\n");
    for(i=0;i<N;i++)
```

```
        scanf("%d", &a[i]);
    max=a[0]; id=0;                  /*假定 a[0] 最大*/
    for(i=1;i<N;i++)
        if(a[i]>max)
          { max=a[i]; id=i; }        /*根据条件更新 max 和 id 的值*/
    printf("最大数是%d,位序为:%d\n", max,id);
    return 0 ;
}
```

【例 7.3】　用数组处理 Fibonacci 数列问题。

分析：Fibonacci 数列的特点在例 5.11 中已经进行了介绍。这里我们可以定义一个长度为 36 的 long 型数组 f，则 Fibonacci 数列的构成规律为：

$$\begin{cases} f[0]=1 \\ f[1]=1 \\ f[i]=f[i-1]+f[i-2],\ i=2\sim35 \end{cases}$$

所以根据上述规律设计循环结构求出序列的前 36 项并放入数组 f 中，再用循环结构按一行输出 4 个数据的格式输出数组的每一个元素。

程序代码如下：

```
#include "stdio.h"
#define N 36                              /*预定一维数组的长度*/
int main( )
{  int i;
   long f[N]={1,1};                       /*数组的初始化*/
   for(i=2;i<N;i++)
     f[i]=f[i-1]+f[i-2];                  /*按照算法生成数组的其他元素*/
   for(i=0;i<N;i++)
     {  if(i%4==0)printf("\n");           /*控制每行输出 4 个数据*/
        printf("%12ld",f[i]);}            /*输出每个数组元素的值*/
   return 0 ;
}
```

【例 7.4】　已知一个一维数组中的各个元素值均不相同，编写程序查找数组中是否有值为 x 的数组元素。如果有，输出相应的下标，否则输出“该值在数组中不存在”信息。

分析：利用循环结构，将数组中的各个元素与 x 比较，一旦发现有值为 x 的数组元素，即不需要继续循环，这时可能循环还未正常结束，需要用到 break 转移语句跳出循环结构，输出结果。

程序代码如下：

```
#include "stdio.h"
#define N 10                              /*预定义一维数组的长度*/
int main( )
{  int num[N]={1,32,14,56,74,3,56,6,9,12}, x, i;
   printf("input x:");
   scanf("%d", &x);                       /*输入待查找的数据给变量 x*/
   for(i=0; i<N; i++)
      if (num[i]==x)
          break;                          /*找到了，退出循环*/
   if(i==N)
      printf("该数在数组中不存在\n");     /*没有找到*/
```

```
    else
       printf("该数在数组中的下标是%d\n",i);
    return 0 ;
}
```

程序运行结果如下：

```
input x:32<Enter>
该数在数组中的下标是 1
```

【例 7.5】 编写程序，利用选择法对 10 个整数进行递减排序，并输出排序后的结果。

分析：选择法排序的思路是，先从全体待排序的 *n* 个数据中找出最大的数，把它和数组的第 0 个元素交换，完成第 1 趟选择排序，接着在剩余的 *n*–1 个数据中找出最大的数和数组的第 1 个元素交换，完成第 2 趟选择排序……如此反复，经过 *n*–1 趟选择排序后，原始数组已经有序。算法需要用二重循环来实现。参见图 7.3 选择法排序实例演示。

例如：排序前：	7	3	6	19	9
第 1 趟查找：	7	3	6	19	9
交换：	19	3	6	7	9
第 2 趟查找：	19	3	6	7	9
交换：	19	9	6	7	3
第 3 趟查找：	19	9	6	7	3
交换：	19	9	7	6	3
第 4 趟查找：	19	9	7	6	3
交换：	19	9	7	6	3

图 7.3 选择法排序实例演示

程序代码如下：

```
/*选择法排序*/
#include "stdio.h"
#define N 10                                   /*预定义一维数组的长度*/
int main( )
{ int i,j,k,temp,a[N];
  for(i=0;i<N;i++)
     scanf("%d",&a[i]);
  printf("\n");
  for(i=0;i<N-1;i++)
   { k=i;                                      /*当前最大值的位序*/
    for(j=k+1;j<N;j++)
       if(a[k]<a[j]) k=j;                      /*根据条件更新 k 的值*/
    temp=a[i];a[i]=a[k];a[k]=temp;             /*交换 a[i]和 a[k]*/
  }
 for(i=0;i<N;i++)
    printf("%4d",a[i]);
 printf("\n");
 return 0 ;
}
```

【例 7.6】 编写程序，利用冒泡法对 10 个整数进行递增排序。

分析：冒泡法排序的思路是，第一趟排序对 *n* 个元素从头到尾反复地将相邻两个数进行比较，将小的调到前头，第 1 趟冒泡结束后，最大的元素就是数组序列中的最后一个元素，也就是它的最终位置；接着对前 n−1 个元素从头到尾反复地将相邻两个数进行比较，将小的调到前头，第 2 趟冒泡结束后，次大的元素就是数组序列中的倒数第 2 个元素……如此反复，经过 n−1 趟冒泡后，所有元素即有序了。参见图 7.4 冒泡排序实例演示。

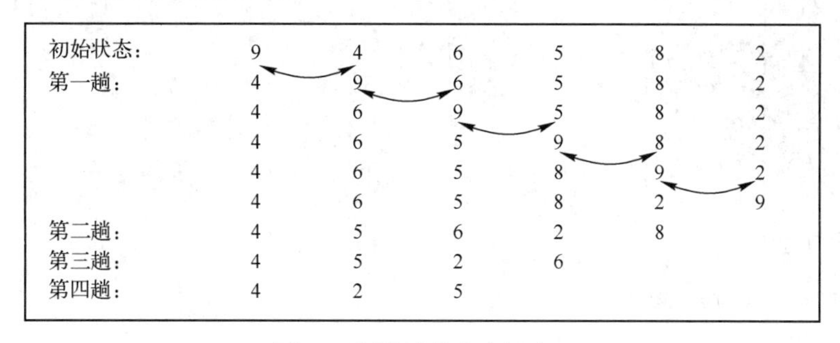

图 7.4　冒泡法排序实例演示

程序代码如下：

```
/*冒泡法排序*/
#include "stdio.h"
#define N 10                                        /*预定义一维数组的长度*/
int main( )
{ int a[N],i,j,temp;
  printf("Input 10 numbers\n");
  for(i=0;i<N;i++)
     scanf("%d",&a[i]);
  printf("\n");
  for(j=0;j<N-1;j++)
    for(i=0;i<N-1-j;i++)
      if(a[i]>a[i+1])                               /*比较相邻元素值的大小*/
       {temp=a[i];a[i]=a[i+1];a[i+1]=temp;}         /*根据条件交换相邻元素的值*/
  printf("the sorted numbers:\n");
  for(i=0;i<N;i++)
     printf("%d ",a[i]);
  return 0 ;
}
```

【例 7.7】　编写程序将十进制整数转换为八进制整数。

分析：十进制整数转换为八进制整数的方法是，把十进制数不断地整除数字 8，直到商为 0 为止，每次整除后的余数就构成了相应的八进制（由低位到高位）的第 1 位、第 2 位……定义一个一维整型数组 trans，把通过计算得到的八进制整数的每位数存储在数组 trans 中。当转换结束后，逆序输出数组 trans 中的内容即可。

程序代码如下：

```
/*进制转换*/
#include "stdio.h"
#define N 20                                        /*预定义一维数组的长度*/
int main( )
{ int decimal,i,j,trans[N];
  printf("Input a decimal number:\n");
```

```
    scanf("%d",&decimal);
    i=0;
    while(decimal!=0)
    {  trans[i++]=decimal%8;        /*把整除后的余数保存在数组中*/
       decimal/=8;
    }
    for(j=i-1;j>=0;j--)
       printf("%d",trans[j]);
    printf("\n");
    return 0 ;
}
```

程序运行结果如下：

```
Input a decimal number:
57<Enter>
71
```

7.2　二 维 数 组

二维数组描述的是一个由若干行和若干列组成的数据阵列，比如一个班 30 名学生 5 门课程的成绩表就是一个由 30 行 5 列数据组成的一个数据阵列。二维数组中的各个数组元素用一个统一的数组名和两个不同的下标来标识。第一个下标表示行，第二个下标表示列，两个下标均从 0 开始，说明该数组元素在二维数组中的位置。二维数组通常与二重循环相配合，将内、外循环变量分别和行、列下标相关联，实现对二维数组元素的处理。

7.2.1　二维数组的定义

定义二维数组的一般形式为：

[存储类别] 类型标识符 数组名[常量表达式 1][常量表达式 2],……;

例如：

```
int a[2][3];
```

说明：

① 二维数组定义中的第 1 个下标表示该数组具有的行数，第 2 个下标表示该数组具有的列数，两个下标之积是组成该数组的数组元素的个数，即二维数组的长度。例如，上面语句定义了一个名为 a，具有 2 行 3 列 6 个元素的二维整型数组，数组的长度为 6。二维数组 a 的 6 个数组元素的逻辑排列为：

$$a=\begin{bmatrix} a[0][0] & a[0][1] & a[0][2] \\ a[1][0] & a[1][1] & a[1][2] \end{bmatrix}$$

② 二维数组在内存中占据一片连续的存储单元。C 语言规定，数组名表示该连续存储单元的首地址（首字节编号），二维数组的各个元素在这片连续的存储单元中是按行优先的顺序存储的，即在内存中先顺序存放第 0 行的元素，再存放第 1 行的元素，以此类推。例如，a 数组存放的顺序如图 7.5 所示，图中标明了每个存储单元的名字，可以用这样的名字引用各存储单元。

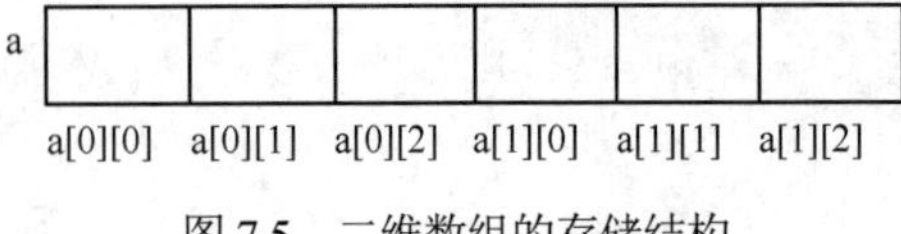

图 7.5　二维数组的存储结构

③ 在 C 语言中，用数组名后跟两个方括号的形式表示二维数组，这样一个二维数组就可以看作一个特殊的一维数组，其中一维数组中的每个元素又是一个一维数组，即二维数组是由元素类型为数组类型的一维数组构成的一维数组。例如，可以把 a 看作一个一维数组，它有两个元素 a[0]、a[1]，而这两个元素每个又是一个包含了 3 个整型数据的一维数组，因此 C 语言就把 a[0]、a[1]看作一维数组的数组名。这样的处理方法便于理解二维数组的初始化及第 8 章要学习的指针数据类型。

7.2.2　二维数组的初始化

二维数组初始化的几种常见形式如下。

（1）按行给二维数组元素赋初值

例如：

```
int a[2][3]={{1,2,3}, {6,7,8}};
```

这种赋初值的方法比较直观，把第 1 个花括号内的数据赋给第 0 行的元素，第 2 个花括号内的数据赋给第 1 行的元素，即按行赋初值。

（2）将所有数据写在一个花括号内，按数组在内存中的排列顺序对各数组元素赋初值

例如：

```
int a[2][3]={1,2,3,6,7,8};
```

赋初值的效果与前相同。但以第一种方法为好，一行对一行，界限清楚。如果数据多，用第 2 种方法写成一大片，容易遗漏，也不易检查。

（3）给二维数组所有元素赋初值（即提供全部初始数据），二维数组第一维的长度可以省略（编译程序可计算出行的长度）

例如：

```
int a[2][3]={1,2,3,6,7,8} ;
```

与下面的定义等价：

```
int a[][3]={1,2,3,6,7,8};
```

系统会根据数据总个数分配存储空间，共有 6 个数据，每行 3 列，由此确定为 2 行。

在定义时也可以只对部分元素赋初值而省略第一维的长度，但应按行赋初值。例如：

```
int a[][3]={{0,2},{6}};
```

这样的写法能通知编译系统数组共有 2 行。数组各元素为：

$$\begin{bmatrix} 0 & 2 & 0 \\ 6 & 0 & 0 \end{bmatrix}$$

7.2.3　二维数组元素的引用

二维数组元素的引用形式为：

```
数组名[下标表达式 1][下标表达式 2]
```

其中，下标表达式 1 和下标表达式 2 一般为整型表达式，如果下标表达式的值为小数，C 语言编译系统将自动取整。下标表达式 1 表示行下标，下标表达式 2 表示列下标，数组元素的行列下标都从 0 开始。例如，数组中的第 0 行、第 1 列的元素为 a[0][1]。

可以对二维数组元素进行与普通变量相同的操作，因为它们的本质就是一个普通变量，如运算、赋值等。例如：

```
a[0][0]=a[0][2]/3-30;
printf("%d",a[1][1]);
```

类似于一维数组，请读者严格区分在定义数组时使用的维数和各维大小与引用数组元素时下标值的不同。例如：

```
int a[3][5];
a[3][5]=6;
```

两者中a[3][5]的写法一样，但含义是不同的，请大家自己分析。

【例7.8】 输入12个整型数据，形成一个具有3行4列的二维数组，然后按数组的逻辑排列形式输出。

分析： 定义一个3行4列二维整型数组a，利用二重循环结构将外循环变量和第1个下标结合，内循环变量和第2个下标结合，按行实现对各个数组元素的输入和输出。

程序代码如下：

```
#include "stdio.h"
#define M 3                                 /*预定义二维数组的行数*/
#define N 4                                 /*预定义二维数组的列数*/
int main( )
{   int i,j,a[M][N];
    for(i=0;i<M;i++)
        for(j=0;j<N;j++)
          scanf("%d",&a[i][j]);             /*按行顺序输入*/
    for(i=0;i<M;i++)
        { for(j=0;j<N;j++)
              printf("%12d",a[i][j]);       /*按行顺序输出*/
          printf("\n");                     /*一行输出完后，要换行*/
        }
    return 0 ;
}
```

第一个二重for循环结构执行12次输入语句，读入12个整数，按行顺序存入数组a的各个元素中。第二个二重for循环结构按行优先顺序输出a的12个元素，注意每一行的数据输出后要进行换行，所以程序中，内循环结束后，输出换行符实现换行。

7.2.4　二维数组应用举例

【例7.9】 编写程序求一个3×4整数矩阵中的最大元素及它所在的行号和列号。

分析： 定义一个二维整型数组m[3][4]存放矩阵中的元素，定义整型变量max、row和col分别表示数组元素中的最大值及相应的行号和列号。假定二维数组第0行第0列的元素值最大，即进行“max=m[0][0]; row=0; col=0;”的赋值操作，然后使用二重循环按行依次检查数组中的其余元素，如果某个数组元素的值大于当前的max，则更新max、row和col分别为该数组元素及该数组元素所在的行号和列号。当数组中的所有元素都检查完毕后，便得到了该数组的最大值及其所在行号和列号。

程序代码如下：

```
#include "stdio.h"
#define M 3                                 /*预定义二维数组的行数*/
```

```
#define N 4                                    /*预定义二维数组的列数*/
int main( )
{
  int m[M][N],i,j,max,row,col;
  for(i=0;i<M;i++)
   for(j=0;j<N;j++)
     scanf("%d",&m[i][j]);                     /*按行输入各个数组元素*/
  max=m[0][0];    row=0;    col=0;             /*假定m[0][0]最大*/
  for(i=0;i<M;i++)
    for(j=0;j<N;j++)
     {
      if(m[i][j]>max){ max=m[i][j];row=i;col=j;}
     }
  printf("The max value is m[%d][%d]=%d\n",row,col,max);
  return 0 ;
}
```

程序运行结果如下：

```
输入：1 2 3 4<Enter>
      2 3 4 5<Enter>
      4 5 6 7<Enter>
输出：The max value is m[2][3]=7
```

【例7.10】 将一个二维数组的行和列元素互换，存到另一个二维数组中。例如：

$$a=\begin{bmatrix}1 & 2 & 3\\4 & 5 & 6\end{bmatrix} \Longrightarrow b=\begin{bmatrix}1 & 4\\2 & 5\\3 & 6\end{bmatrix}$$

分析：按题目要求将一个具有M行N列的二维数组元素行列互换后形成一个具有N行M列的二维数组。所以定义两个二维整型数组a[M][N]和b[N][M]，这两个二维数组的长度相同，元素之间的关系为：

$$a[i][j]=b[j][i],\ i=0\sim M-1,\ j=0\sim N-1$$

程序代码如下：

```
#include "stdio.h"
#define M  2
#define N  3
int main( )
{ int a[M][N]={{1,2,3},{4,5,6}},b[N][M],i,j;
  printf("array a:\n");
  for(i=0;i<M;i++)
  {  for(j=0;j<N;j++)
        {  printf("%5d",a[i][j]);
           b[j][i]=a[i][j];
        }
     printf("\n");
  }
  printf("array b:\n");
  for(i=0;i<N;i++)
  {  for(j=0;j<M;j++)  printf("%5d",b[i][j]);
```

```
        printf("\n");
      }
      return 0 ;}
```

程序运行结果如下：

```
array  a:
1    2    3
4    5    6
array  b:
1    4
2    5
3    6
```

程序中用一个二重 for 语句循环嵌套输出行、列元素互换前的二维数组元素的值，在每一个元素 a[i][j]输出后，做赋值操作“b[j][i]=a[i][j];”，完成每个元素的行下标、列下标互换，然后用一个二重 for 语句循环嵌套输出行、列元素互换后的二维数组元素的值。

【例 7.11】　已知一个小组 5 名学生的 4 门课成绩，要求分别求每门课的平均成绩和每个学生的平均成绩。假设各学生各门课的成绩如表 7.1 所示。

表 7.1　各学生每门课的成绩

	cour1	cour2	cour3	cour4	aver
stud1	87	69	98	62	
stud2	59	92	68	77	
stud3	78	88	45	60	
stud4	89	62	97	94	
stud5	72	99	75	64	
aver					

分析：定义一个二维数组 score[6][5]，其中 score 的前 5 行 4 列 20 个元素分别表示 5 名学生的 4 门课成绩（如上所列数据），利用二重循环结构将每门课程的平均成绩放入 score 第 5 行的前 4 个元素，再利用二重循环结构将每个学生的 4 门课平均成绩放入 score 第 4 列的前 5 个元素。

程序代码如下：

```
#include "stdio.h"
int main( )
{int i,j;
 double score[6][5]={{87,69,98,62},{59,92,68,77},
      {78,88,45,60},{89,62,97,94},{72,99,75,64}};
 for(i=0;i<5;i++)           /*统计每个学生的平均成绩*/
   {for(j=0;j<4;j++)
      score[i][4]+=score[i][j];
   score[i][4]=score[i][4]/4;
   printf("Average of student %d is %6.2lf\n",i+1,score[i][4]);
 }
 for(j=0;j<4;j++)           /*统计每门课程的平均成绩*/
    {for(i=0;i<5;i++)
       score[5][j]+=score[i][j];
    score[5][j]= score[5][j]/5;
    printf("Average of course %d is %6.2lf\n",j+1,score[5][j]);
```

```
    }
   return 0 ;
}
```

程序运行结果如下：

```
Average of student 1 is 79.00
Average of student 2 is 74.00
Average of student 3 is 67.75
Average of student 4 is 85.50
Average of student 5 is 77.50
Average of course 1 is 77.00
Average of course 2 is 82.00
Average of course 3 is 76.60
Average of course 4 is 71.40
```

【例 7.12】　在屏幕上输出如下形式的杨辉三角形。

```
1
1  1
1  2  1
1  3  3  1
1  4  6  4  1
1  5  10 10 5   1
1  6  15  20 15  6  1
……
```

分析：杨辉三角形的数据特点是，第 1 列和对角线元素值为 1，从第 3 行开始，其余元素的值为上一行前一列元素和上一行本列元素值之和，如果用一个 N×N 的二维数组 a 表示杨辉三角形的各数据，则上述特点可描述为：

$$a[i][0]=a[i][i]=1,\quad i=0\sim N-1$$

$$a[i][j]=a[i-1][j-1]+a[i-1][j],\quad i=2\sim N-1,\quad j=1\sim i-1$$

程序代码如下：

```
#include "stdio.h"
#define N 10
int main( )
{
  int yh[N][N],i,j;
  for(i=0;i<N;i++)          /*初始杨辉三角形的两条侧边上的值*/
     yh[i][0]= yh[i][i]=1;
  for(i=2;i<N;i++)
   for(j=1;j<i;j++)         /*给剩余元素赋值*/
      yh[i][j]=yh[i-1][j-1]+yh[i-1][j];
  for(i=0;i<N;i++)
  { for(j=0;j<=i;j++)
    printf("%5d",yh[i][j]);
  printf("\n");
  }
  return 0 ;
}
```

7.3 字符数组

字符数组是存放字符型数据的数组，其中，每个数组元素的值都是字符型数据（单个字符或转义字符）。

常用的字符数组为一维字符数组和二维字符数组。一维字符数组通常用于存放一个字符串，二维字符数组通常用于存放多个字符串，二维字符数组可以看作一个一维字符串数组，所以二维字符数组也叫字符串数组。

7.3.1 字符数组的定义

字符数组的定义方法与前面介绍的数值数组一样。例如：

```
char str1[5];
```

定义 str1 为字符数组，包含 5 个元素，每个元素的类型为字符型。用赋值语句可以对字符数组元素逐个赋初值。例如：

```
str1[0]='C';     str1[1]='h';     str1[2]='i';
str1[3]='n';     str1[4]='a';
```

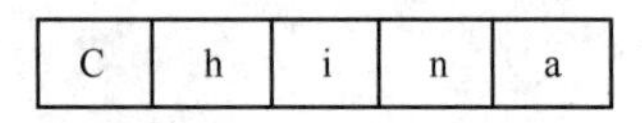

图 7.6 字符数组的存储状态

赋值以后数组的存储状态如图 7.6 所示。

同样也可以定义二维字符数组，例如：

```
char str2[3][10];
```

定义 str2 为二维字符数组，可以表示 3 个长度不超过 10 的字符串。

由于字符型与整型是互相通用的，因此上面的定义也可改为：

```
int str1[5];
int str2[3][10];
```

7.3.2 字符串与字符数组

字符串是用双引号括起来的若干有效的字符序列，是一个常量，C 语言没有提供字符串变量（存放字符串的变量），对字符串的处理常常采用一维字符数组实现。因此也有人将字符数组看作字符串变量。例如，字符串"Good morning"，这个字符串的实际长度是 12（包含 12 个有效字符），如果用一个字符数组 c1 来表示，那么 c1 的长度至少应该是 13，为什么多出 1 个字符来呢？C 语言规定了一个字符串结束标志符'\0'，它也需要存储，占 1 字节，故字符数组 c1 在内存中的存放方式如图 7.7 所示。

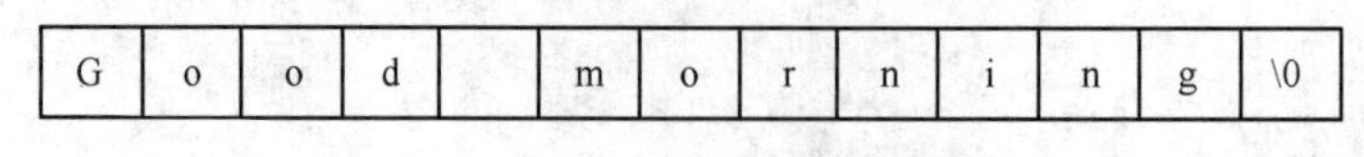

图 7.7 字符串数组的存储模型

其实，人们通常关心的是有效字符串的长度而不是表示它的字符数组的长度，因为一个字符数组表示的字符串长度可能会变化。例如，定义一个字符数组长度为 100，它可表示长度在 0~99 之间的任何字符串。那么如何测定目前所表示的字符串的实际长度呢？这时字符串结束标志符就起到了很大的作用，如果有一个字符串，其第 10 个字符为'\0'，则此字符串的有效字符为 9 个。也就是说，在一个字符串的有效存储空间内，遇到第一个字符'\0'时，表示字符串结束，由它前面的字符组成字符串。

我们以前曾用过以下语句：

```
printf("Input a number:\n");
```

即输出一个字符串。系统在执行此语句时怎么知道输出到哪里结束呢？实际上，在内存存放时，系统自动在最后一个字符'\n'的后面附加了一个'\0'作为字符串结束标志，在执行 printf( )函数时，每输出一个字符检查一次，看下一个字符是否是'\0'，遇'\0'就停止输出。

有了字符串结束标志'\0'后，字符数组的长度就显得不那么重要了。在程序中往往依靠检测'\0'来判定字符串是否结束，而不是根据数组长度来决定字符串长度。当然，在定义字符数组时应估计实际字符串长度，使数组长度始终保证大于字符串实际长度。如果在一个字符数组中先后存放多个不同长度的字符串，则应使数组长度大于最长的字符串长度。

在用字符数组处理字符串时，在有些情况下，C 语言系统会自动在其数据后自动增加一个结束标志，而在更多情况下结束标志要由程序员自己赋值（因为字符数组不仅仅用于处理字符串）。

7.3.3　字符数组的初始化

字符数组的初始化有两种方式。

1．逐个字符对字符数组初始化

这是一般数组的初始化方法，给各个字符数组元素赋初值。

注意：这种方法，系统不会自动在最后一个字符后加'\0'，如果要加结束标志，必须明确指定。

例如：

```
char str1[5]={ 'C', 'h', 'i','n','a'};
                 /*把 5 个字符分别赋给 str1[0]～str1[4]*/
char str2[2][3]={ 'W','i','n','d','o','w'};
                 /*/把 6 个字符分别赋给 str2[0][0]～str2[1][2]6 个元素*/
char str1[6]={ 'C', 'H', 'I', 'N', 'A', '\0'};
                 /*把 6 个字符分别赋给 str1[0]～str1[5]6 个元素*/
```

如果初值个数小于数组长度，C语言编译系统自动将这些字符赋给数组中前面那些元素，其余的元素自动定为空字符（即'\0'），相当于有字符串结束标志；如果初值个数大于数组长度，则作为语法错误处理。

2．用字符串常量对字符数组初始化

用字符串常量对字符数组初始化，系统会自动在最后一个字符后加'\0'。

例如：

```
char c1[13]={"Good morning"};
char c2[2][10]={"Hello","World"};
```

也可直接写成：

```
char c1[]="Good morning";
char c2[][10]={"Hello","World"};
```

这种方法不是用单个字符作为初值，而用一个字符串（注意字符串的两端是用双引号而不是单引号括起来的）作为初值。显然，这种方法更加直观、方便，更加符合人们的习惯。

7.3.4　字符数组的输入/输出

字符数组的输入/输出可以用两种方法。

1．逐个字符输入/输出

在 scanf( )函数和 printf( )函数中用格式符"%c"输入或输出一个字符，将这两个函数的调用语句放到循环体中，随着循环的进行，便可逐个输入/输出字符数组元素。

例如，从键盘上读入 5 个字符并反序输出，程序段代码如下：

```
char str[5];
for(i=0;i<5;i++)
  scanf("%c",&str[i]);
for(i=4;i>=0;i--)
   printf("%c",str[i]);
```

如果从键盘上输入"Hello"，则第 1 个 for 循环将"Hello"逐个赋给 str[0]～str[4]，第 2 个 for 循环反序输出这 5 个字符，结果为：

```
olleH
```

说明：

① 格式化输入是缓冲读，必须在接收到换行命令时，scanf( )才开始读取数据。

② 读字符数据时，空格、换行都是有效字符，被保存进字符数组。

③ 如果按回车键时，输入的字符少于 scanf( )循环读取的字符，则 scanf( )继续等待用户将剩下的字符输入；如果按回车键时，输入的字符多于 scanf( )循环读取的字符，则 scanf( )循环只将前面的字符读入。

④ 逐个读入字符结束后，不会自动在末尾加'\0'。所以输出时，最好也使用逐个字符输出。

2．字符串整体输入/输出

在 scanf( )函数和 printf( )函数中用格式符"%s"整体输入/输出字符串。一次调用这两个函数便可以实现字符串的整体输入/输出。

例如，从键盘上读入 5 个字符并输出，程序段代码如下：

```
char str[6];
scanf("%s",str);
printf("%s",str);
```

如果从键盘上输入"Hello"，scanf( )函数调用后，str 中的值是：

```
str[0]='0';str[1]= 'e'; str[2]= 'l';
str[3]= 'l';str[4]= 'o'; str[5]= '\0';
```

系统自动在字符串末尾增加一个'\0'。C 语言规定数组名代表数组元素在内存中连续存放的起始地址，因此在 scanf( )函数中直接用 str 即可，而下面的写法是不对的：

```
scanf("%s",&str);
```

输出字符串时，printf( )函数从 str 标志的内存地址开始逐个输出每个字符，直到字符串末尾的'\0'为止。

说明：

① 输出字符串不包括结束符'\0'。'\0'只是字符串的结束标志，它本身不是字符串的组成部分。

② 用"%s"格式符格式化输入/输出字符串，scanf( )函数和 printf( )函数的参数都要求字符数组的首地址，即字符数组名。

③ 按照"%s"格式输入字符串时，输入的字符串中不能有空格（由空格键或 Tab 键产生，空格是输入数据的结束标志），否则空格后面的字符不能读入，这时 scanf( )函数会认为输入的是两个字符串。如果要输入含有空格的字符串可以使用系统标准函数 gets( )。

例如：

```
char s1[5],s2[5],s3[5];
scanf("%s%s%s",s1,s2,s3);
```

输入数据：

```
How are you?
```

输入后“s1,s2,s3”数组存储结构如图 7.8 所示。

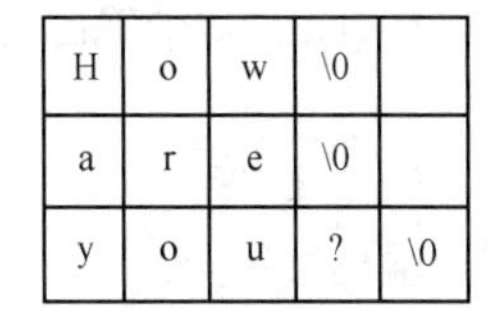

H	o	w	\0	
a	r	e	\0	
y	o	u	?	\0

图 7.8　s1,s2,s3 存储结构图

如果改为：

```
char str[13];
scanf("%s",str);
```

输入仍然按照如下方式：

```
How are you?
```

那么结果 str 数组的存储结构如图 7.9 所示。实际上并不是按预想的那样把这 12 个字符加上'\0'送到数组 str 中，而只将空格前的字符"How"送到 str 中，"How"后的空格被认为是输入数据的结束标志。由于把“How”作为一个字符串处理，因此在其后加'\0'。

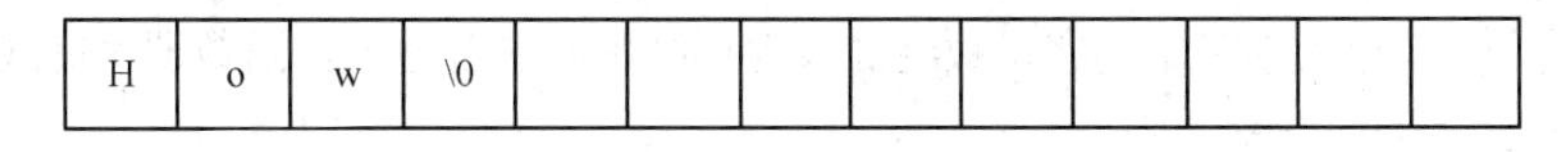

H	o	w	\0									

图 7.9　str 存储结构图

思考：如果要让"How are you?"这 12 个字符加上'\0'放入 str[13]数组，输入时用 scanf( )函数如何实现？

④ 按照"%s"格式输入字符串时，自动在最后加字符串结束标志，并且可以用"%c"格式逐个输出或用"%s"格式整体输出。

⑤ 如果数组长度大于字符串实际长度，也只输出到'\0'结束。

⑥ 如果一个字符数组中包含两个以上的'\0'，则遇第一个'\0'时就结束输出。

7.3.5　字符串（字符数组）处理函数

在 C 语言中，对字符的处理比较灵活方便，但对字符串的处理却有一些限制，例如，字符串或字符数组不能整体赋值且不能整体比较等。但是在 C 语言的函数库中，系统却提供了一些用来处理字符串的函数，合理使用这些函数可使用户方便地处理字符串。

下面介绍几种常用的字符串处理函数，使用这些函数时应该在程序开头加文件包含命令#include "string.h"将其头文件包含进来。

1．字符串输入和输出函数

（1）字符串输出函数 puts( )

函数的调用形式为：

```
puts(str);
```

功能：从 str 指定的地址开始，一次将存储单元中的各个字符输出到显示器，直到遇到字符串结

束标志。

例如，下列程序段：

```
char str[]="China";
puts(str);
```

执行的结果是在显示器上输出：

```
China
```

用puts( )函数输出的字符串中可以包含转义字符。例如：

```
char str[ ]={"Lets go \n O.K."};
puts(str);
```

输出结果为：

```
Lets go
O.K.
```

注意：在输出时将字符串结束标志'\0'转换成'\n'，即输出完字符串后换行。

（2）字符串输入函数gets( )

函数的调用形式为：

```
gets(str);
```

功能：从键盘输入一个字符串（可包含空格），直到遇到回车符，并将字符串存放到由str指定的字符数组（或内存区域）中。

其中，参数str是存放字符串的字符数组（或内存区域）的首地址。函数调用完成后，输入的字符串存放在以str开始的内存空间中。

2．字符串连接函数strcat( )

函数调用形式为：

```
strcat(str1,str2)
```

功能：将以str2为首地址的字符串连接到str1字符串的后面，从str1原来的字符串结束标志'\0'处开始连接。

例如：

```
char str1[14]={"I love "};
char str2[ ]={"China"};
printf("%s",strcat(str1,str2));
```

输出结果为：

```
I love China
```

连接前后的状况如图7.10所示。

说明：

① str1必须足够大，以便容纳连接后的新字符串。在本例中，定义str1的长度为14，如果在定义时改用：

```
char str1[ ]={"I love "};
```

就会出问题，因为str1未指定长度，其数组元素个数即为定义时初始化的常量个数（此例中为8），连接时就会因长度不够而越界。

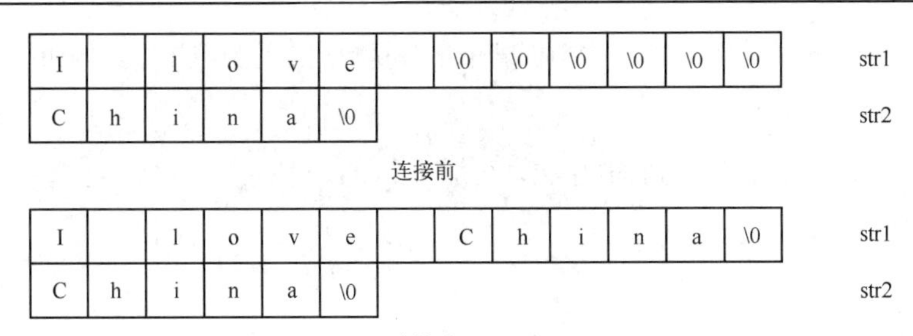

图 7.10　strcat( )示例

② 连接前两个字符串的后面都有'\0'，连接时将字符串 1 后面的'\0'取消，只在新字符串最后保留一个'\0'。

③ str1 一般是字符数组或字符指针，str2 可以是字符数组名、字符串常量或指向字符串的字符指针。关于指针的概念将在第 8 章中介绍。

3. 字符串复制函数 strcpy( )

函数调用形式为：

```
strcpy(str1,str2)
```

功能：将 str2 为首地址的字符串复制到 str1 为首地址的字符数组中。

例如：

```
char str1[13],str2[ ]={"Hello"};
strcpy(str1,str2);
```

执行后，strl 的内容即为"Hello"。复制前后的状况如图 7.11 所示。

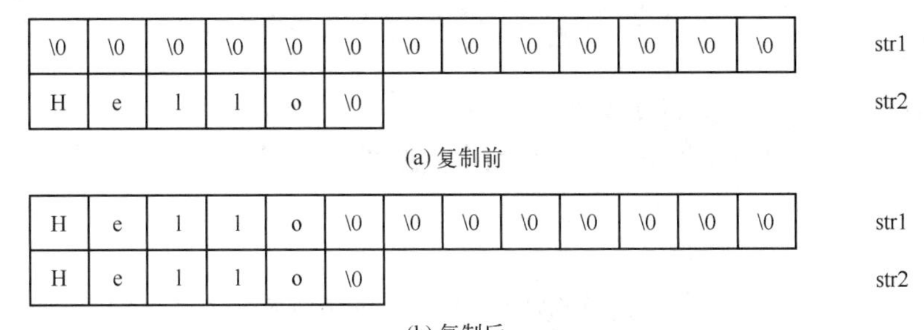

图 7.11　strcopy( )函数示例

说明：

① str1 必须定义得足够大，以便容纳被复制的字符串。

② str1 一般是字符数组或字符指针，str2 可以是字符数组名、字符串常量或指向字符串的字符指针。例如：

```
strcpy(str1,"Hello");
```

③ 复制时连同 str2 字符串后面的'\0'一起复制到 str1 中。

④ 用赋值语句只能将一个字符赋值给一个字符变量或一个字符数组元素，而不能将一个字符串赋值给一个字符数组。但是通过此函数，可以间接达到赋值的效果。

⑤ 可以用 strcpy( )函数将字符串 2 中前面若干字符复制到字符数组 1 中。例如：

```
strcpy(str1,str2,3);
```

作用是将 str2 中的前 3 个字符复制到 strl 中去，再加一个'\0'。

4．字符串比较函数 strcmp( )

函数调用形式为：

```
strcmp(str1,str2)
```

功能：将以 str1 和 str2 为首地址的两个字符串进行比较，比较的结果由函数值表示。

比较规则是，对两个字符串从左到右逐个相应位置的字符进行比较（按 ASCII 码值的大小比较），直到出现不同的字符或遇到'\0'为止，如果全部字符相同，则认为相等，如果出现不相同的字符，则以第一个不相同的字符的比较结果为准，比较的结果由函数值带回：

① str1==str2，VC6.0 中函数值为 0；

② str1>str2，VC6.0 中函数值为 1；

③ strl<str2，VC6.0 中函数值为-1。

说明：对两个字符串的比较，不能直接用关系运算符进行比较，例如：strl==str2，str1>str2 或 str1<st2 等形式，但是通过此函数，可以间接达到比较的效果。

例如：

```
strcmp("I love china","I like you");
```

字符串"I love china"大于字符串"I like you"，函数值为 1。

5．测试字符串长度函数 strlen( )

函数调用形式为：

```
strlen(str)
```

功能：统计以 str 为起始地址的字符串长度（不包括字符串结束标志），并将其作为函数值返回。

例如：下列程序段的执行结果是 8（str1 字符串中的实际字符个数）。

```
char str1[10]={"language"};
printf("%d",strlen(str1));
```

以上仅介绍了 6 种常用的字符串处理函数，在 C 语言的函数库中还有众多的其他函数可供使用，需要时可以查阅相应的标准函数手册。

7.3.6　字符数组的应用

【例 7.13】　编写程序求一个字符串的逆串。例如，字符串"abcdefg"的逆串为"gfedcba"。

分析：定义一个字符数组存放字符串，由于字符串的长度不一定就是字符数组的长度，所以首先要确定字符串的实际长度，然后利用循环结构将字符串中的各字符首尾交换。

程序代码如下：

```
#include "stdio.h"
int main( )
{  char str[50];
   int c,i,j,n;
   printf("Please input the string:\n");
```

```
    scanf("%s",str);
    for(n=0;str[n]!='\0';n++);              /*字符串的实际长度为 n*/
       for(i=0,j=n-1;i<j;i++,j--)
       { c=str[i];str[i]=str[j];str[j]=c;}
    printf("Reversed string:\n%s",str);
    return 0 ;
}
```

程序运行结果如下：

```
Please input the string:
abcdefg<Enter>
Reversed string:
gfedcba
```

程序中第 1 个 for 循环语句计算出字符数组 str 中实际字符的个数。第 2 个 for 语句将数组 str 的首尾交换，由下标 i 和 j 分别从头、尾向相反的方向推进，最后字符数组 str 重新逆序存放原有字符。

若直接使用 C 语言系统提供的字符串处理标准函数改写该程序，程序将更为简单，改写后的程序代码如下：

```
#include "stdio.h"
#include "string.h"
int main( )
{  char str[50];
   int i,n;
   printf("Please input the string:\n");
   gets(str);
   n=strlen(str);    /*n 为字符串的长度*/
   printf("Reversed string:\n");
   for(i=n-1;i>=0;i--)
       printf("%c",str[i]);
   return 0 ;
}
```

【例 7.14】　编写程序将输入的两个字符串连接起来，以实现 strcat( )函数的功能。

分析：定义两个字符数组表示需要连接的两个字符串，注意第 1 个字符数组要足够大，按照 strcat( )函数的功能要求，首先要找到字符数组 1 中所存放字符串的结束位置，然后从该位置开始，将字符数组 2 中所存放的字符串的逐个字符复制到字符数组 1 中，最后加上字符串结束标志'\0'。

程序代码如下：

```
#include "stdio.h"
#include "string.h"
int main( )
{  char str1[50],str2[20];
   int i,j=0;
   printf("Please input the string No.1:\n");
   gets(str1);
   printf("Please input the string No.2:\n");
   gets(str2);
```

```
    for(i=0;str1[i]!='\0';i++);        /*字符串 1 的末尾位置为 i*/
    while((str1[i++]=str2[j++])!='\0');
    printf("string NO.1:%s\n",str1);
    return 0 ;
  }
```

程序运行结果如下：

```
Please input the string No.1:
Great<Enter>
Please input the string No.2:
Wall<Enter>
string NO.1:Greatwall
```

【例 7.15】 输入 *n* 个人的姓名，然后统计其中有多少个以字母 M 开头的名字，并把所有以字母 M 开头的姓名显示出来，试编写程序实现。

分析：题目要求处理 *n* 个人的姓名，而每个人的姓名可以表示为一个字符串，那么 *n* 个人的姓名就是 *n* 个字符串，所以可以定义一个二维字符数组（字符串数组）来表示这 *n* 个字符串，这样问题就变为对该二维字符数组每一行的第 0 个字符进行判断并统计的问题。

程序代码如下：

```
#include "stdio.h"
#include "string.h"
int main( )
{ char name[20][20];int i,number,count=0;
  printf("Enter the number of students:\n");
  scanf("%d",&number);
  printf("Enter the name of students:\n");
  for(i=0;i<number;i++)
    scanf("%s",name[i]);                /*输入 number 个字符串*/
  printf("The names beginning with 'M' are:\n");
  for(i=0;i<number;i++)
    if(name[i][0]=='M')                 /*判断每个字符串的首字母是否为 M*/
    {
        count++;
        printf("%s\n",name[i]);
    }
  printf("There are %d names beginning with 'M'. \n",count);
  return 0 ;
}
```

程序运行结果如下：

```
Enter the number of students:
6<Enter>
Enter the name of students:
Zhangling<Enter>
Zhaowei<Enter>
```

```
Yuchanjia<Enter>
Majian<Enter>
Caodashang<Enter>
Huangkai<Enter>
```

输出：

```
The names beginning with 'M' are:
Majian
There are 1 names beginning with 'M'.
```

程序中的 for 循环结构读入 n 个姓名，存入数组 name 中。name 的每一行存放一个姓名。第 2 个 for 循环结构依次检查以 M 开头的姓名，并将其显示出。最后显示以 M 开头的姓名的个数。

本 章 小 结

1．数组是程序设计中最常用的一种构造型数据类型，它描述了一组相互关联的同类型数据。根据数据元素的类型不同，数组可以分为数值型数组、字符型数组，以及后面将要介绍的指针型数组、结构体数组、共用体数组等。

2．数组必须先定义再使用。数组的定义主要由类型标识符、数组名、数组长度（数组元素个数）3 部分组成。数组元素又称为下标变量。数组的类型是指下标变量取值的类型。数组可以是一维的、二维的或多维的。

3．对数组中每个元素的赋值可以在数组定义时进行，即数组的初始化，也可以在程序执行过程中通过调用输入函数或赋值语句动态地进行。数值型数组不能用赋值语句整体赋值、输入或输出，而必须用循环语句逐个对数组元素进行操作。对字符数组可用字符串处理函数进行整体处理。

4．二维数组可以理解为具有一维数组类型的特殊的一维数组。

5．在 C 语言中，数组元素按照其逻辑构成顺序存放在连续相邻的存储单元中，用数组名表示内存的起始地址。一维数组按下标的次序存放，二维数组按行优先的次序存放，对多维数组的存储次序是按右边的下标先变化、左边的下标后变化的规律来存放的。

习　题　7

选择题讲解视频

填空题讲解视频

7.1　思考题

1．请写出下列数据的数组定义语句并进行初始化。

（1）10 个整数值序列，任意初始值。

（2）10 个双精度数的序列，只给前 5 个任意初始值。

（3）15 个字符序列，有初始值“Hello”。

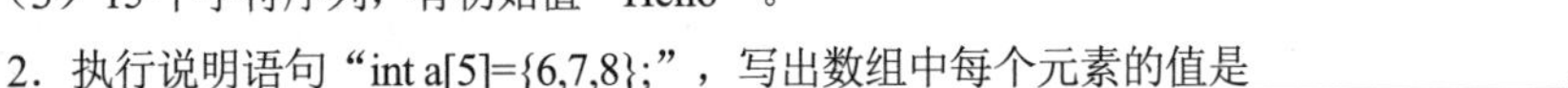

2．执行说明语句“int a[5]={6,7,8};”，写出数组中每个元素的值是_______________。

3．已知“int a[]={1,2,3,4,5,6,5,4,3,2};”，最大的元素的下标值是_______________。

4．已知“char s[]，ch;”，要给 s 和 ch 从键盘输入数据，写出正确的 scanf( )语句_______________。

7.2　读程序写结果题

1．
```
#include "stdio.h"
int main( )
{ int  n[5]={0},i,k=2;
```

```
    for(i=0;i<k;i++)  n[i]=n[i]+1;
    printf("%d\n",n[k]);
    return 0 ;
  }
```

输出结果为：________。

2.
```
#include "stdio.h"
 int main( )
 { int  a[3][3]={{1,2},{3,4},{5,6}},i,j,s=0;
   for(i=1;i<3;i++)
    for(j=0;j<=i;j++) s+=a[i][j];
   printf("%d\n",s);
   return 0 ;
 }
```

输出结果为：________。

3.
```
#include "stdio.h"
int main( )
 { char a[]="abcdefg", b[10]="abcdefg";
   printf("%d%d\n", sizeof(a) , sizeof(b));
   return 0 ;
 }
```

输出结果为：________。

4.
```
#include <stdio.h>
#include <string.h>
int main( )
{  char ss[10]="123456789";
   gets(ss);  printf("%s\n",ss);
   return 0 ;
}
```

输入ABC时，输出结果为：________。

5.
```
#include "stdio.h"
int main( )
 { char  ch[7]={"65ab21"};
   int i,s=0;
   for(i=0;ch[i]>='0' && ch[i]<='9';i+=2)
        s=10*s+ch[i]-'0';
   printf("%d\n",s);
   return 0 ;
 }
```

输出结果为：________。

6.
```
#include <stdio.h>
#define  N 4
 int main( )
  {  char  c[N];  int  i=0;
     for( ;i<N;c[i]=getchar( ),i++);
     for( i=0;i<N;i++)  putchar(c[i]);
     printf("\n");
```

```
    return 0 ;
  }
```

键盘上输入：

```
ab<回车>
c <回车>
```

输出结果为：________。

7.
```
#include "stdio.h"
int main( )
 { char ch[2][5]={"693","825"};
   int i,j,s=0;
   for(i=0;i<2;i++)
     for(j=0;j<1;j++)
          s=10*s+ch[i][j]-'0';
   printf("%d\n",s);
   return 0 ;
 }
```

输出结果为：________。

8.
```
#include<stdio.h>
int main()
{ int i,k,a[10],p[3];
  k=5;
  for (i=0;i<10;i++)  a[i]=i;
  for (i=0;i<3;i++)  p[i]=a[i*(i+1)];
  for (i=0;i<3;i++)  k+=p[i]*2;
  printf("%d\n",k);
  return 0 ;
}
```

输出结果为：________。

9.
```
#include "stdio.h"
int main( )
{  int y=18,i=0,j,a[8];
   do
   {  a[i]=y%2; i++;
      y=y/2;
   }while(y>=1);
   for(j=i-1;j>=0;j--)
        printf("%d",a[j]);
   printf("\n");
   return 0 ;
}
```

输出结果为：__________。

10.
```
#include<stdio.h>
#include<string.h>
int main( )
{ int i;
  char str[10],temp[10];
```

```
  gets(temp);
  for (i=0; i<4; i++)
  {  gets(str);
     if (strcmp(temp,str)<0) strcpy(temp,str);
  }
  printf("%s\n",temp);
  return 0 ;
}
```

从键盘上输入（在此<Enter>代表回车符）：

```
C++<Enter>
BASIC<Enter>
QuickC<Enter>
Ada<Enter>
Pascal<CR>
```

输出结果为：________。

11.
```
#include "stdio.h"
int main()
{ char str[30];
  scanf("%s",str);
  printf("%s\n",str);
  return 0 ;
}
```

输出结果为：________。

12.
```
#include "stdio.h"
#include "string.h"
int main()
{  char str[30];
   gets(str);
   printf("%s\n",str);
   return 0 ;
}
```

输入 Language Programming，输出结果为________。

7.3　程序填空题：按照要求，在下画线处填写适当的内容。

1.程序的功能是：将字符数组 a 中下标值为偶数的元素从小到大排列，其他元素不变。

```
#include <stdio.h>
#include <string.h>
int main( )
{  char  a[]="clanguage",t;
   int  i, j, k;
   k=strlen(a);
   for(i=0; i<=k-2; i+=2)
      for(j=i+2; j<=k;  _____ )
         if(_____){ t=a[i]; a[i]=a[j]; a[j]=t; }
   puts(a);
```

```
  return 0 ;
 }
```

2. 程序的功能是：求出数组x中各相邻两个元素的和，并依次存放到a数组中，然后输出。

```
#include <stdio.h>
int main()
{int x[10],a[9],i;
 for (i=0;i<10;i++)   scanf("%d",&x[i]);
 for(_______;i<10;i++)a[i-1]=x[i]+_________;
 for(i=0;i<9;i++)     printf("%d ",a[i]);
 return 0 ;}
```

3. 程序的功能是：先从键盘上输入一个3行3列矩阵的各个元素的值，然后输出主对角线元素之和。

```
#include "stdio.h"
int main()
{  int a[3][3],sum=0;
   int i,j;
   for(i=0;i<3;i++)
     for(j=0;j<3;j++)
         scanf("%d", &a[i][j]);
   for(i=0;i<3;i++)
         __________;
   printf("sum=%d\n",sum);
   return 0 ;}
```

4. 程序的功能是：将十进制正整数m转换成k进制数，并按位输出，其中2≤k≤9。例如：若输入8和2，则输出1000（即十进制数8转换成二进制是1000）。

```
#include <stdio.h>
int main()
{ int aa[20], i,m,k;
  printf( "\nPlease enter a number and a base:\n" );
  scanf ("%d %d", &m, &k );
  for(i=0; m; i++ )
  {  _________;
   m /= k;
  }
  for(i=i-1; i>=0; i-- )
     printf("%d", aa[i]);
  return 0 ;
}
```

5. 程序的功能是：定义一个可以存放10个元素的int数组a，输入10个数，并逆序输出。

```
#include   <stdio.h>
int main( )
 {int a[10], i;
  printf('Please input array a :');
  _________ /* 由键盘循环输入值赋予数组各元素 */
```

```
    for(i=9;i>=0;i--) /* 变量i递减控制着数组元素倒序输出 */
          printf('%5d', a[i]);
    return 0 ;
  }
```

7.4 编程题

1．设数组a中的元素都为正整数，编程求其中偶数的和及奇数的和。

2．有一个已排好序的数组，输入一个数，要求按原来排序的规律将它插入数组中，插入后数组仍然有序，请编程实现。

3．编一个程序检查二维数组是否对称（即对所有的i和j，都有a[i][j]=a[j][i]）。

4．编程比较两个字符串的大小（不用strcmp( )函数）。

5．有一篇文章，共有3行文字，每行有80个字符。要求分别统计出其中英文大写字母、小写字母、数字、空格及其他字符的个数。

第 8 章　函　　数

结构化程序设计的基本思路是“自顶向下，逐步细化”，即将一个较大的程序分解为若干程序模块，每一个程序模块又进一步细化为若干更小的程序模块……这样，每一个程序模块用来实现一个特定的功能，在高级语言中通常使用子程序来实现各个程序模块。在一般的语言中，子程序包括过程和函数，而在 C 语言中，子程序的作用全部用函数来完成，即函数是 C 语言程序的基本组成单元，利用函数可以实现程序的模块化设计。因此善于利用函数，可以减少重复编写程序的工作量。

一个大型的 C 语言源程序通常由一个主函数和若干子函数组成，各函数之间的关系是平行的，因此不能嵌套定义，但可以相互调用。C 语言程序中函数的调用关系模型如图 8.1 所示。一个 C 语言源程序无论包含了多少个函数，程序的执行总是从主函数 main( )开始，并终止于主函数 main( )。

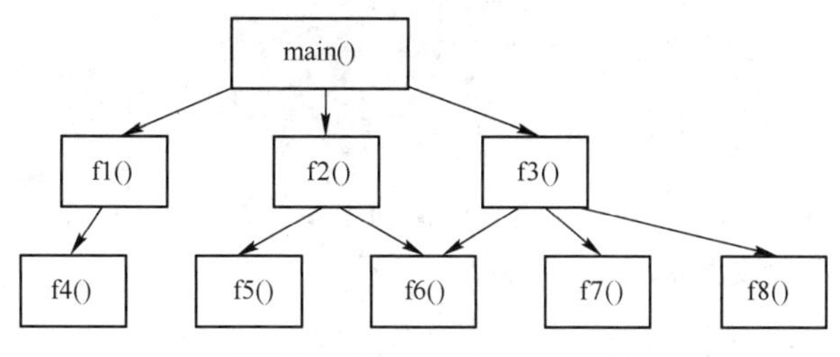

图 8.1　函数的调用关系模型

从用户使用的角度看，函数有两种，即标准函数(库函数)和用户自定义函数。前面各章中用到的 printf( )和 scanf( )等函数属于标准函数。标准函数是由 C 语言系统提供的一系列常用函数，这类函数以函数库的形式提供使用，可按照C语言标准函数中给出的函数名和有关规则直接进行调用，参照2.3.2节内容。本章主要讨论如何自己定义函数并调用这些函数，变量的作用域和存储类别。

8.1　自定义函数

8.1.1　自定义函数的定义

C 语言提供的标准函数是有限的，有时它不能满足实际问题的求解，这时就需要用户根据具体的要求定义新的函数，这就是用户自定义函数。

用户自定义函数的定义就是编写完成某种功能的程序模块。用户自定义函数定义的一般形式为：

```
[类型标识符] 函数名([形式参数表])
{
  [函数体]
}
```

其中：

① 方括号中的内容是可选项。

② 函数名由用户命名，其命名方法遵循标识符的命名规则。

③ 类型标识符定义了函数返回值的数据类型，当函数的返回值是 int 型或 char 型时，类型标识符可以省略。当函数无返回值时，类型标识符使用 void 字样，表明该函数无返回值。

④ 形式参数表的一般形式为：

```
(类型标识符 形参 1, 类型标识符 形参 2, ……)
```

若省略形式参数表，则称为无参函数，此时函数名后的一对括号不能省略。含有形式参数的函数称为有参函数。形参的命名方法遵循标识符的命名规则。

⑤ 函数体中包含了该函数的说明语句和实现函数功能的执行语句。当函数体省略时，为空函数，调用空函数，没有任何实际作用，只是强调“在这里要调用一个函数，现在这个函数还没有实现，等以后扩充函数功能时补充”。这样做可以使程序的结构清楚，可读性好，为以后扩充新功能提供了方便，且对程序结构影响不大。

【例 8.1】　编写一个函数，实现在一行中打印 30 个“*”的功能。

程序代码如下：

```
#include "stdio.h"
void printstar( )
{ int j ;
  for(j=1;j<=30;j++) printf("*");
  printf("\n");
}
```

该函数的函数名为 printstar，它是一个无返回值的无参函数。

【例 8.2】　编写一个函数求 *n*!（*n* 为整数）。

程序代码如下：

```
long  fac(int n)
{ int i ;long k;                    /*函数体中的变量定义语句*/
  for(i=1,k=1;i<=n;i++)
     k=k*i;
  return(k);                        /*变量 k 的值，作为函数的返回值*/
}
```

该函数的函数名为 fac，函数的形式参数为 n，n 的类型为 int 型，函数将返回一个 long 型值。花括号内的内容是 fac( )函数的函数体，它包括说明部分和执行部分。在函数体的说明部分定义了在该函数内使用的变量 i 和 k，在执行部分利用 for 语句求出 n！的值 k。return 语句的作用是将 k 值作为函数值带回到主调函数中。在函数定义时已指定 fac( )函数为长整型，在函数体中定义 k 也为长整型，二者是一致的。

8.1.2　自定义函数的返回值

函数的返回值（或称函数值）由 return 语句来实现。

return 语句的一般形式为：

```
return 表达式;  或 return(表达式);
```

该语句的语义是，当函数执行到 return 语句时，程序的流程立即返回到调用该函数的地方（通常称为退出调用函数），并通过 return 语句返回函数值。return 语句中表达式的值就是函数值。

说明：

① 如果函数有返回值，这个值就应该有一个确定的数据类型，所以在定义函数首部时应指定函数值的类型。例如：

```
int  abs(int k)                /*函数值为整型*/
char  mychar(char c)           /*函数值为字符型*/
double  fun(float f,int n)     /*函数值为双精度型*/
```

② return 语句中表达式值的类型应与函数首部所定义的函数值的类型一致。如果类型不一致，则以函数值的类型为准，并由系统自动进行类型转换，即函数值类型决定返回值的类型。

③ 在同一个函数内，可以根据需要在多处设置 return 语句，函数执行过程中遇到任何一个 return 语句时，都将立即返回到调用该函数的地方。

④ 如果函数中没有 return 语句，程序的流程一直执行到函数末尾的右花括号“}”处，然后返回到调用该函数的地方并返回一个不确定的、无用的函数值。

⑤ 为了明确表示不返回值，可以用 void 定义无类型（或称空类型）函数（见【例 8.1】）。

8.1.3　自定义函数的调用

在 C 语言中，用户自定义函数定义好后，就可以根据需要进行调用了。一个函数调用另一个函数的行为称为函数调用。如果 f1( )函数调用 f2( )函数，那么 f1( )函数称为主调函数，f2( )函数称为被调函数。

自定义函数的调用表达式的形式和标准函数的调用形式一样，为：

```
函数名([实参表])
```

其中，实参表中的实参可以是常量、变量或表达式，如果实参表中包含多个实参，则各实参之间用逗号分隔。实参的类型、顺序和个数必须与函数定义时形参表中的形参一致。对于无参函数，则省略实参，但括号不能省略。

函数调用表达式和标准函数的调用一样可以作为表达式的一部分参与运算，也可以作为一个单独的函数调用语句出现，还可以作为其他函数的参数。

比如调用【例 8.1】的函数的语句为：“printstar( );”。调用【例 8.2】的函数的语句为：“ride=fac(5);”。

函数的调用过程为：

① 程序控制从主调函数转移到被调函数；

② 将实参的值按照位置一一对应“单向”传递给形参；

③ 从被调函数的第一条语句开始执行该函数的各个语句；

④ 在执行完所有语句或遇到 return 语句时，返回到主调函数中原来的调用处继续执行主调函数。

【例 8.3】　试编写一个 C 语言程序按下列公式求排列组合问题。

$$C_m^n = \frac{m!}{n!(m-n)!}$$

分析：该问题需要 3 次计算阶乘，可将求阶乘的运算定义成一个函数 fac( )，在这里可借用例 8.2，在主函数中 3 次调用它来求解此题。

程序代码如下：

```
#include "stdio.h"
int main( )
{ int  m,n;
  long  cmn;
  long  fac(int) ;                        /*函数的声明*/
  printf("input m,n: ");
  scanf("%d%d",&m, &n);
```

```
    cmn= fac(m)/(fac(n)* fac(m-n));        /*函数的调用*/
    printf("%ld\n",cmn);
    return 0 ;
  }
  long  fac(int n)                          /*函数的定义*/
  { int i ;long k;
    for(i=1,k=1;i<=n;i++)
      k=k*i;
    return(k);                              /*函数的返回值*/
  }
```

程序运行结果如下：

```
input m,n: 5 3<Enter>
10
```

在主函数中3次调用fac( )函数：第1次调用将实参m的值传递给形参n，fac( )函数将*m*!的值返回给main( )函数；第2次调用将实参n的值传递给形参n，fac( )函数将*n*!的值返回给main( )函数；第3次调用将表达式(*m*–*n*)的值传递给形参n，fac( )函数将(*m*–*n*)!的值返回。

函数调用时应注意以下问题：

① 调用一个函数时，调用的函数名必须与所定义的函数名完全一致。

② 实参与形参应在位置、个数、类型上保持一致。实参可以是表达式，而形参必须是变量。在发生函数调用时，把实参的值传递给形参，从而实现主调函数向被调函数的“单向”数据传递。

③ 在主调函数中应对被调函数进行声明（详见8.1.4节）。

8.1.4　自定义函数的声明

在一个函数中调用另一函数（即被调函数）必须具备以下3个条件：

① 被调函数必须是已经存在的函数（标准函数或用户自定义函数）；

② 如果调用的是标准函数，一般还应该在源程序的开始处用预处理命令（#include）将该函数对应的头文件包含进来；

③ 如果调用自定义函数，一般还应该在主调函数中对被调用函数返回值的类型及形参的个数和类型做声明。

自定义函数声明的一般形式为：

```
类型标识符 被调函数的函数名(类型标识符 形参1, 类型标识符 形参2, ……);
```

或

```
类型标识符 被调函数的函数名(类型标识符1, 类型标识符2, ……);
```

这种包含参数和返回值类型的函数声明称为函数原型。其实函数声明的第1种形式就是函数定义中的函数首部加分号“;”。

例如，在例8.3中就包含了这样的声明。

函数声明与定义变量的形式相似，可以将函数声明与具有相同类型的变量定义放在一起说明。

在进行函数声明时应注意以下问题：

① 主调函数中的函数声明只是声明了要调用的函数返回值的类型及形参的个数和类型，不是定义一个函数。

② 函数声明时指定的函数返回值类型必须与该函数定义时所指定的类型一致。

③ 如果被调函数位于主调函数之前，或者被调函数的返回值是 int 型或 char 型时，对被调函数的声明可以省略。

【例 8.4】　输入 x 的值，计算 y 的值。已知

$$y=\frac{\text{sh}(1+\text{sh}x)}{\text{sh}2x+\text{sh}3x}$$

分析：因为 sh 是双曲正弦函数，它不是 C 语言的标准函数。该问题需要 4 次计算双曲正弦函数的值，所以可将双曲正弦函数的计算定义成一个函数，然后 4 次调用该函数，以得到问题的解。双曲正弦函数的计算公式为：

$$\text{sh}(x)=\frac{e^{x}-e^{-x}}{2}$$

程序代码如下：

```
#include "math.h"
#include "stdio.h"
int main( )
{ double x,y;
  double sh(double);                /*sh()函数的声明*/
  scanf("%lf",&x);
  y=sh(1+sh(x))/(sh(2*x)+sh(3*x));
  printf("x=%f,y=%f\n",x,y);
  return 0 ;
}
double sh(double x)                 /*sh()函数的定义*/
{ double shx;
  shx=(exp(x)-exp(-x))/2;
  return(shx);
}
```

程序运行结果如下：

```
2.0<Enter>
x=2.000000,y=0.223104
```

在该程序中，sh( )函数位于 main( )函数之后，所以在 main( )函数中对 sh( )函数进行了声明。

8.2　简单变量作为函数形参

前面已经介绍过，函数的参数分为形参和实参两种。形参出现在被调函数的定义中，在被调函数体内可以使用，离开被调函数则不能使用。实参出现在主调函数的定义中，在主调函数体内可以使用，离开主调函数则不能使用。发生函数调用时，主调函数把实参的值传送给被调函数的形参，从而实现主调函数向被调函数的“单向”数据传送。

函数的形参和实参具有以下特点：

① 形参变量只有在被调函数被调用时才分配临时内存单元，在调用结束时，即刻释放所分配的内存单元。因此，形参只有在被调函数体内部有效。函数调用结束返回主调函数后则不能再使用该形参变量。

② 实参可以是常量、变量、表达式、函数等，无论实参是何种类型的量，在进行函数调用时，

它们都必须具有确定的值，以便把这些值传送给形参。

③ 实参和形参在数量上、类型上、顺序上应严格一致，否则会发生“类型不匹配”的错误。

④ 函数调用中发生的数据传送是单向的。即只能把实参的值传送给形参，而不能把形参的值反向地传送给实参。因此在函数调用过程中，形参的值发生改变，而实参中的值不会变化。

下面，我们通过几个例题来具体说明一下简单变量作函数形参时，函数间数据的传递情况。

【例 8.5】 编写程序求 3 个数的最大数。

分析：编写一个自定义函数 maxnum(int a ,int b,int c)，求出 3 个数的最大数并返回。

程序代码如下：

```
#include "stdio.h"
int  maxnum (int a, int b, int c)                 /*3 个 int 型形参*/
{  int t_max;
   t_max=a;
   if(t_max<b) t_max=b;
   if(t_max<c) t_max=c;
   return (t_max);
   }
int main( )
{  int x,y,z,max;
  printf("Input three numbers: ");
  scanf("%d,%d,%d",&x,&y,&z) ;
  printf("x=%d,y=%d,z=%d\n",x,y,z);
  max=maxnum(x,y,z) ;                             /*3 个有确定值的 int 型实参*/
  printf("max=%d\n",max);
  return 0 ;
}
```

【例 8.6】改写【例 8.5】，用数组存放数据，编写程序求 3 个数的最大数。

分析：在 main()函数中定义数组存放 3 个整数，把 3 个整数传给自定义函数 maxnum(int a ,int b, int c)，求出 3 个数的最大数并返回。

程序代码如下：

```
#include "stdio.h"
int  maxnum (int a, int b, int c)            /*3 个 int 型形参*/
{  int t_max;
   t_max=a;
   if(t_max<b) t_max=b;
   if(t_max<c) t_max=c;
   return (t_max);
   }
int main( )
{  int x[3],i,max;
  printf("Input three numbers: ");
  for(i=0 ;i<3 ;i++)
     scanf("%d",&x[i]);
  for(i=0 ;i<3 ;i++)
     printf("x[%d]=%d \n",i,x[i]);
  max=maxnum(x[0], x[1], x[2]) ;             /*3 个有确定值的 int 型实参：数组元素*/
  printf("max=%d\n",max);
  return 0 ;
}
```

【例 8.7】编写程序交换两个整型变量的值。

分析：编写一个自定义函数 swap(int x, int y)，交换形参 x，y 的值。

程序代码如下：

```
#include "stdio.h"
void swap(int x, int y)                          /*2 个 int 型形参*/
 {int t;
  t=x;
  x=y;
  y=t;
  printf("swap 函数内：x=%d, y=%d \n",x,y ); /*输出交换后形参变量 x,y 的值*/
  }
int main( )
 {int x,y;
  printf("Input two numbers: ");
  scanf("%d%d",&x,&y);
   printf("main 函数内交换前：x=%d, y=%d \n",x,y ); /*输出交换前变量 x,y 的值*/
  swap(x,y);                                         /*2 个 int 型实参*/
  printf("main 函数内交换后：x=%d, y=%d \n",x,y ); /*输出交换后实参变量 x,y 的值*/
  return 0 ;
 }
```

运行程序结果：

Input two numbers：3 5

main 函数内交换前：x=3, y=5

swap 函数内：x=5, y=3

main 函数内交换后：x=3, y=5

思考：

可以看出，swap 函数中确实交换了形参 x 和 y 的值，但 main 函数中调用 swap 函数后再输出 x、y 的值并没有改变，这是为什么呢？main 函数中的变量 x，y 和 swap 函数中的形参 x，y 虽然名字相同，但并不是同一个变量。它们对应不同的内存空间，无法通过 swap 函数中的 x，y 对 main 函数中的 x，y 进行交换操作。这一点涉及变量的作用域问题，我们将在 8.4 节中详细解释。

通过以上 3 个例题可以分析得出以下结论：

1．函数形参是简单变量时，对应的实参形式如下。

实参：常量、有确定值的变量或下标变量（数组元素）、能求出确定值的表达式。

形参：同类型的简单变量名。

2．函数形参是简单变量时，数据的传递情况如下。

函数形参是简单变量时，函数调用会把实参的值复制一份给形参变量对应的单元，被调函数只能对形参和它自己定义的变量进行操作，而无法改变主调函数中实参变量的值。

8.3　函数的嵌套调用和递归调用

8.3.1　函数的嵌套调用

C 语言的函数定义都是互相平行、独立的，C 语言不允许嵌套定义函数，也就是说，在定义函数时，不能在一个函数体内再定义另一个函数。但 C 语言允许嵌套调用函数，也就是说，在调用一个函数的过程中，被调函数又可以调用另一个函数。

【例 8.8】 求组合 C_9^3、C_8^2、C_7^5。

分析：该问题要求 3 次计算组合。从 m 个元素中取 n 个元素的组合计算公式为：

$$C_m^n = \frac{m!}{n!(m-n)!}$$

可以将它定义为一个函数。该函数需要 3 次计算阶乘，因此再定义一个计算 $n!$的函数，其计算公式为：$n!=1\times2\times3\times\cdots\times n$。

程序代码如下：

```
#include "stdio.h"
int main( )
{ double cmn(int,int);          /*cmn()函数的声明*/
  printf("c(9,3)=%.1lf\n",cmn(9,3));
  printf("c(8,2)=%.1lf\n",cmn(8,2));
  printf("c(7,5)=%.1lfn",cmn(7,5));
  return 0 ;
}
double cmn(int m,int n)         /*cmn()函数的定义*/
{ double c;
  long fac(int);                /*fac()函数的声明*/
  c=(double)fac(m)/(fac(n)*fac(m-n));
  return(c);
}
long fac(int n)                 /*fac()函数的定义*/
{ int i ;long k;
  for(i=1,k=1;i<=n;i++)
    k=k*i;
  return(k);
}
```

程序运行结果如下：

```
c(9,3)=84.0
c(8,2)=28.0
c(7,5)=21.0
```

以上 3 个函数的定义是平行的，main( )函数 3 次调用 cmn( )函数，在函数 cmn( )中 3 次调用 fac( )函数。

从以上程序可以总结出以下规律：

① 在定义函数时，各函数之间是互相平行、独立的，并不互相从属。

② 根据主调函数和被调函数的位置关系应对被调函数给于适当的声明。例如，例 8.7 中被调函数均出现在主调函数的后面，故应在主调函数中给与声明。

③ 以例 8.7 为例说明嵌套调用程序的执行过程（参见图 8.2），程序从 main( )函数开始执行。先调用函数 cmn(9，3)求 C_9^3 的值。在调用 cmn( )函数的过程中，要 3 次调用 fac( )函数分别来求 9!、3!、(9–3)!。cmn( )函数调用结束返回主函数后，接着调用函数 cmn(8，2)求 C_8^2 的值，最后调用函数 cmn(7，5)求 C_7^5 的值。这就是函数的嵌套调用。

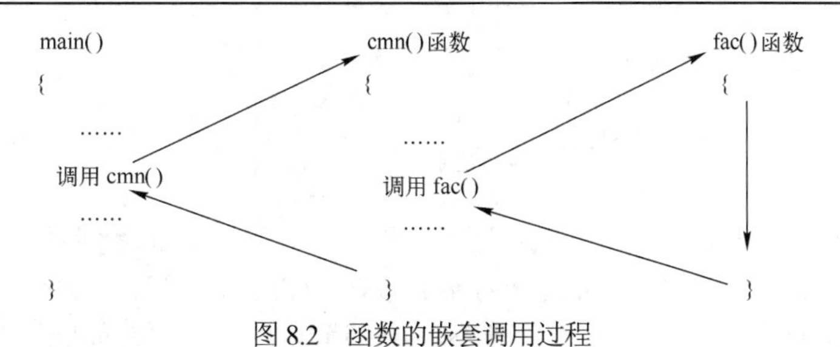

图 8.2　函数的嵌套调用过程

8.3.2　函数的递归调用

一个函数直接或间接地调用该函数本身，称为函数的递归调用。若函数 a( )直接调用函数 a( )本身，称为直接递归，其递归调用关系如图 8.3 所示。如果函数 a( )调用函数 b( )，函数 b( )又调用函数 a( )，则称为间接递归，其递归调用关系如图 8.4 所示。从图中可以看出，这两种递归调用都是无终止的循环调用，显然，这是不应该出现在程序中的，为了防止递归调用无终止地进行，在程序设计时通常使用 if 语句来控制，即根据条件进行递归调用。在递归调用中，主调函数又是被调函数。

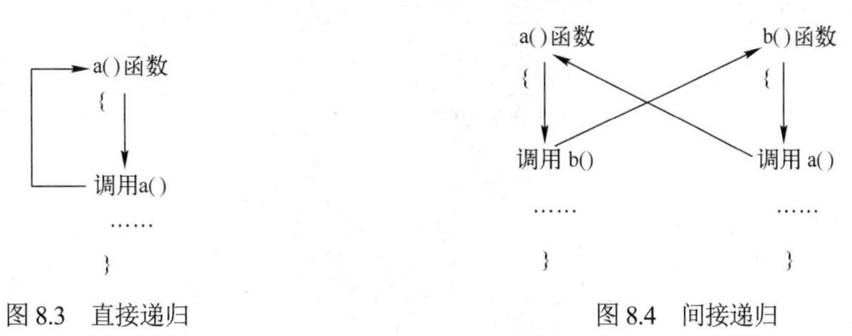

图 8.3　直接递归　　图 8.4　间接递归

当一个问题符合以下 3 个条件时，就可以采用递归方法来解决：

① 能够把要解决的问题转化为一个新问题，而这个新问题的解决方法仍与原来的解决方法相同，只是所处理的对象有规律地递增或递减；

② 能够应用这个转化过程使问题得到解决；

③ 必须有一个结束递归过程的条件。

递归在解决某些问题中，是一个十分有用的方法，它可以使某些看起来不易解决的问题变得容易解决，写出的程序较简短。但是递归通常要花费较多的机器时间和占用较多的内存空间，效率不太高。

下面用例子来说明递归调用。

【例 8.8】　用递归方法求一个正整数的阶乘 $n!$。

分析：求 $n!$可以用递推方法，即从 1 开始，乘 2，再乘 3……一直乘到 n，这种方法容易理解，也容易实现。递推法的特点是从一个已知的事实出发，按一定规律推出下一个事实，再从这个新的、已知的事实出发，再向下推出一个更新的事实。

求阶乘也可以用递归方法求解。

因为：$n!=n\times(n-1)!$

而：$(n-1)!=(n-1)\times(n-2)!$

……

$2!=2\times1!$

$1!=1$

$0!=1$

所以可用下面的递归公式表示：

$$n! = \begin{cases} 1, & n = 0,1 \\ n \times (n-1)!, & n > 1 \end{cases}$$

从以上公式分析，当 n>1 时，求 n!的问题可以转化为求 n×(n−1)!的新问题，而(n−1)!的解法与原来求 n!的解法相同，只是运算对象由 n 递减为 n−1，求(n−1)!的问题又可以转化为求(n−1)×(n−2)!的新问题……，每次转化为新问题时，运算对象就递减 1，直到运算对象的值递减至 1 或 0 时，阶乘的值为 1，递归不再执行下去。n=1 或 0 就是求 n!的递归结束条件。

程序代码如下：

```
#include "stdio.h"
long fac(int n)
{  long f;
  if(n==1||n==0) f=1;
  else f=n*fac(n-1);
  return(f);
}
int main( )
{  int n;long y;
  printf("input a integer number:");
  scanf("%d",&n);
  y=fac(n);
  printf("%d!=%ld\n",n,y);
  return 0 ;
}
```

程序运行结果如下：

```
input an integer number:5<Enter>
5!=120
```

程序的运行情况是，当程序开始执行时，从键盘接收信息 5，并把它赋给变量 n，执行语句 y=fac(n)时首先进行 fac( )函数调用，在 fac( )函数体内因为 n 为 5，大于 1，所以执行语句：

```
f=n*fac(n-1);
```

即执行语句：

f=5*fac(4); （8-1）

说明：要求出 5 的阶乘，需要继续调用 fac( )函数求出 4 的阶乘。

因为 n 为 4，所以得出：

f=4*fac(3);(即为 4 的阶乘) （8-2）

进一步有：

f=3*fac(2);(即 3 的阶乘) （8-3）

f=2*fac(1); (即 2 的阶乘) （8-4）

当再次调用函数 fac( )求 1 的阶乘时，因为 n 为 1，则 f 的值为 1，fac( )函数调用结束，返回 f 的值，带入式（8-4），求出新的 f 值，即 2 的阶乘，再返回上一层 fac( )函数调用，然后再将 2 的阶乘值带入式（8-3），求出新的 f 值，即 3 的阶乘，返回该层 fac( )函数调用。以此类推，逐层返回，最后求出 5 的阶乘，并将结果显示出来。以上过程可归纳为图 8.5。

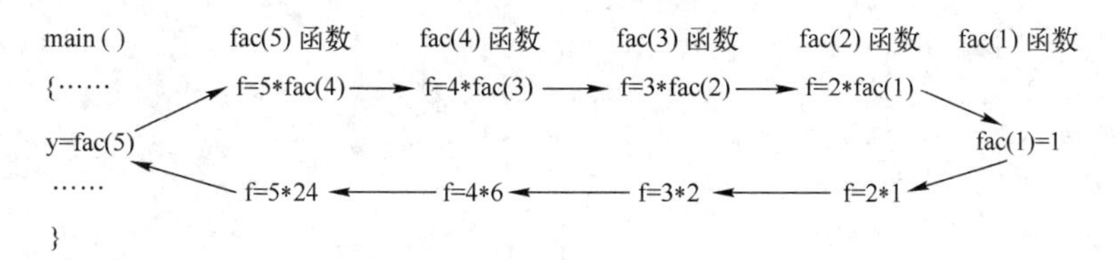

图 8.5　例 8.8 n!递归调用过程

【例 8.9】 Hanoi（汉诺）塔问题。这是一个典型的只有用递归方法（而不可能用其他方法）解决的问题。问题是这样的，有三根针 a、b、c，a 针上有 64 个盘子，盘子大小不等，大的在下，小的在上（如图 8.6 所示）。要求把这 64 个盘子从 a 针移到 c 针，在移动过程中可以借助 b 针，每次只允许移动一个盘子，且在移动过程中在三根针上都保持大盘在下，小盘在上。要求编写程序打印出移动盘子的步骤。

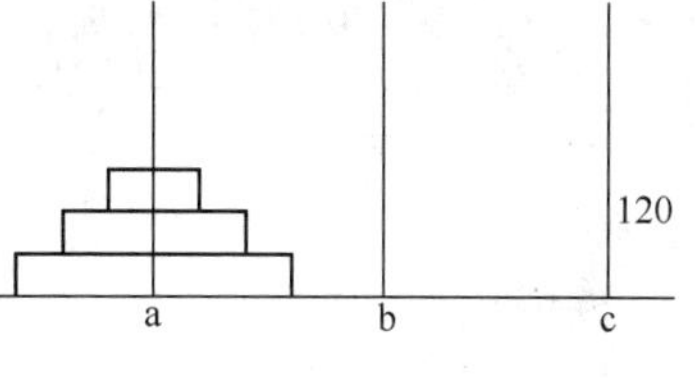

图 8.6　Hanoi 塔问题

分析：将 n 个盘子从 a 针移到 c 针可以分解为以下 3 个步骤：

① 将 a 上 n–1 个盘子借助 c 针先移到 b 针上；

② 把 a 针上剩下的一个盘移到 c 针上；

③ 将 n–1 个盘子从 b 针借助 a 针移到 c 针上。

例如，要想将 a 针上的 3 个盘子移到 c 针上，可以分解为以下 3 个步骤：

（1）将 a 针上 2 个盘子借助 c 针移到 b 针上

① 将 a 上的 1 个盘子从 a 移到 c；

② 将 a 上的 1 个盘子从 a 移到 b；

③ 将 c 上的 1 个盘子从 c 移到 b。

（2）将 a 针上的 1 个盘子移到 c 针上

（3）将 b 针上的 2 个盘子移到 c 针上

① 将 b 上的 1 个盘子从 b 移到 a 上；

② 将 b 上的 1 个盘子从 b 移到 c 上；

③ 将 a 上的 1 个盘子从 a 移到 c 上。

将以上的 3 步综合起来，可得移动的步骤为：

a→c，a→b，c→b，a→c，b→a，b→c，a→c。

共移动了 7 次，完成了 3 个盘子从 a 到 c 的移动。

上面的第（1）步和第（3）步，都是把两个盘子从一个针移到另一个针上，采取的办法是一样的，只是针的名字不同而已。为了使之一般化，可以将第（1）步和第（3）步表示为：将 x 针上的 2 个盘子移到 y 针，借助 z 针。

对第（1）步，对应关系是 x–a，y–b，z–c。对第（3）步是 x–b，y–c，z–a。

因此，上面 3 个步骤可以分成两类操作：

（1）将 n–1 个盘子从一个针移到另一个针上（n>1），这是一个递归的过程；

（2）将 1 个盘子从一个针上移到另一个针上。

根据以上算法分析我们设计一个函数 hanoi( )来实现以上的两类操作。函数 hanoi( )的原型为 void hanoi(n,x,y,z)，表示将 n 个盘子从 x 针移到 z 针，借助 y 针。

程序代码如下：

```
#include "stdio.h"
void hanoi(int n,char x,char y,char z)
{ if(n==1)printf("%c->%c\n",x,z);
  else
  {  hanoi(n-1,x,z,y);
     printf("%c->%c\n",x,z);
     hanoi(n-1,y,x,z);
  }
}
int main( )
{ int  m;
  printf("input the number of diskes:");
  scanf("%d",&m);
  printf("The step to moving%3d diskes: \n", m);
  hanoi(m, 'a', 'b', 'c');
  return 0 ;
}
```

程序运行结果如下：

```
input the number of diskes:3
The step to moving  3 diskes:
a->c
a->b
c->b
a->c
b->a
b->c
a->c
```

8.4 变量的存储类别

C语言中的每个变量和函数都有两个属性，即数据类型和数据的存储类别。关于数据类型，在前面已详细说明（如整型、字符型等），如果某个变量属于某种数据类型（如整型），那么该变量的取值范围以及能够对该变量施加的操作就一定了。本节将讨论有关数据的存储类别问题。

数据的存储类别指的是数据在内存中的存储方法。数据在内存中的存储方法可分为两大类：静态存储类和动态存储类。

变量的存储类别确定了变量的作用域和生存期。

所谓变量的作用域是指变量在程序中能够起作用的有效范围。如果一个变量在某个源程序文件中或某个函数范围内有效，则称该文件或该函数为该变量的作用域。在该变量的作用域内可以引用该变量，而在作用域外就不能引用该变量了。从作用域的角度区分，变量有局部变量和全局变量两种。

程序代码区
静态存储区
动态存储区

图8.7 程序的存储分配

变量的生存期是指变量占用内存单元的时限。有的变量可能在整个程序运行期间一直存在（一直占用内存空间），此变量称为静态变量，系统将静态变量存放在内存的静态存储区；有的变量可能只在某个函数的执行期间才存在，这种变量被称为动态变量，系统将动态变量存放在内存的动态存储区。图8.7所示为一个C语言程序在内存中的存储情况。

由此可见，对程序中使用的变量，除了需要说明其数据类型外，还需要说明其存储类别。变量的存储类别有 4 种，它们是 auto（自动）、static（静态）、register（寄存器）、extern（外部）。所以定义一个变量的完整型式应为：

[存储类别]　数据类型　变量名表;

C 语言函数的存储类别也有两种，它们是 static 和 extern。

8.4.1　局部变量及其存储类别

1. 局部变量

在 C 语言中把在函数内部（或复合语句内部）定义的变量称为局部变量。函数的形参也属于局部变量。有时局部变量也被称为内部变量。局部变量的作用域为定义它的函数或复合语句内部。例如：

```
main( )
{  int a , b;          /*局部变量 a 和 b 在 main( )函数中有效*/
  …
  { int b , c;         /*局部变量 b 和 c 在复合语句中有效*/
     …
  }
  …
}
```

在以上程序段的 main( )函数中定义了两个局部变量 a 和 b，在 main( )函数中的复合语句内也定义了两个局部变量 b 和 c。其中，a 的作用域为整个 main( )函数；c 的作用域仅限于复合语句内部；对于变量 b，C 语言规定，在复合语句内部同名的局部变量不起作用。所以在复合语句内定义的变量 b 的作用域为复合语句内部，而在复合语句外部定义的变量 b 的作用域为除复合语句外的整个 main( )函数体。

【例 8.10】　局部变量示例。

程序代码如下：

```
#include "stdio.h"
int main( )
{ int i=10,j;
  { int k,i=20;
    k=i;
    printf("%d,%d\n",i,k);
  }
  j=i;
  printf("%d,%d\n",i,j);
  return 0 ;
}
```

程序运行结果如下：

```
20,20
10,10
```

2. 局部变量的存储类别

局部变量的存储类别有 3 种：auto、static 和 register。

（1）auto

在函数体中定义的局部变量如果使用 auto 字样来定义局部变量的存储类别或默认存储类别关键

字，这种局部变量称为自动变量。例如：

```
auto int a, b;或:int a,b;
```

也就是说，我们在函数内部定义的变量没有指明其存储类别的，则表明其存储类别隐含为auto。

自动变量的作用域为定义它的函数范围，只能在本函数内部引用，不能在本函数以外的其他函数中引用。

自动变量属于动态变量，在动态存储区中分配存储单元。它的生存期为本函数的执行期间，因此仅当本函数被调用时，系统才为自动变量分配临时的存储单元，以保存其值，当函数调用结束后，系统收回为自动变量分配的临时存储单元，自动变量消失。因此，自动变量的使用不会在函数之间产生相互影响，即使在多个函数中使用了相同的变量名，它们之间也相互独立，互不影响。

自动变量如果在定义时赋初值，则该赋初值的操作是在程序运行时进行的，所以每次调用该函数，自动变量都将被赋一次初值。如果在定义时没有赋初值，则该自动变量的值不确定。所以在函数中必须有对自动变量进行赋值或赋初值的语句，否则变量的值无意义。

【例 8.11】 自动变量示例。

程序代码如下：

```
#include "stdio.h"
int main( )
{ int k;void f(int);
  for(k=1;k<=4;k++) f(k);
  return 0 ;
}
void f(int b)
{ int a=10;
  printf("%d+%d=%d\n",a,b,a+b);
  a+=10;
}
```

程序运行结果如下：

```
10+1=11
10+2=12
10+3=13
10+4=14
```

（2）static

在函数体中定义的局部变量如果使用 static 字样来定义局部变量的存储类别，则称为局部静态变量。例如：

```
static int  a=10;
```

局部静态变量的作用域为定义它的函数内部，但是局部静态变量属于静态变量，在静态存储区中分配存储单元。因此它的生存期是整个程序的执行期间，即在整个程序运行结束之前，局部静态变量始终占有存储单元。因此在下一次发生函数调用时，局部静态变量的值就是上一次调用结束时的值，两次调用期间变量的值保持连续。不过，虽然局部静态变量的值始终存在，但只能在定义它的函数内部引用。

局部静态变量如果在定义时赋初值，则该赋初值的操作是在程序编译时进行的，所以在调用该函数之前，该局部静态变量已经有了确定的值。如果在定义时没有赋初值，则系统自动给局部静态变量赋零值。

局部静态变量可用于需要保留上一次函数调用结果的情形。对于需要初始化的构造型数据，若定义为静态类型，可以节省运行时间。但是，应当看到，使用静态类型数据要多占内存。

【例8.12】　局部静态变量示例。

程序代码如下：

```
#include "stdio.h"
int main( )
{ int k;void f( int);
  for(k=1;k<=4;k++) f(k);
  return 0 ;
}
void f(int b)
{ static int a=10;
  printf("%d+%d=%d\n",a,b,a+b);
  a+=10;
}
```

程序运行结果如下：

```
10+1=11
20+2=22
30+3=33
40+4=44
```

说明：

① 局部静态变量在编译时赋初值，程序运行时，每次调用函数，该变量保留上一次的值，而非初值，自动变量在执行时赋初值，程序运行时，每次调用函数，该变量都重新赋初值。

② 若定义时不赋初值，则局部静态变量为0，自动变量值不定。

③ 函数调用结束后，虽然局部静态变量有值，但其他函数不能使用它。

（3）register

在函数体中定义的局部变量如果使用register字样来定义其存储类别，则称为局部寄存器变量，或称为寄存器变量。

寄存器变量的性质与自动变量基本相同，只是它存放在CPU的寄存器中。CPU存取寄存器的速度比存取内存的速度要快，因此使用寄存器变量可以加快程序运行的速度，它可用于使用频度较高的变量，如循环变量。

关于寄存器变量说明如下。

① 只有局部自动变量和形式参数可以作为寄存器变量。比如，局部静态变量不能定义为寄存器变量，即不能写成下列形式：

```
register static int a,b,c;
```

② CPU中的寄存器数目是有限的，不能定义任意多个寄存器变量。不同的系统允许使用的寄存器个数不同，对register变量的处理也不同，微型计算机上用的MS C、Turbo C把register变量当作自动变量来处理，分配内存单元，并不真正把它们存放在寄存器中，因此，虽然程序合法，但并不能提高执行速度。

③ 由于register变量的值是放在寄存器内而不是放在内存中，所以register变量没有地址，也就不能对其进行求地址运算。

④ register变量的说明应尽量靠近其使用的地方，用完之后尽快释放，以便提高寄存器的利用效率。

8.4.2 全局变量及其存储类别

1. 全局变量

在 C 语言中把在一个函数之外定义的变量称为全局变量。全局变量的作用域为从定义全局变量的位置开始到文件末尾。全局变量属于静态变量，在静态存储区中分配存储单元。例如：

```
int x,y;
int main( )
{ ……}
int z;
float fun1( )
{ int y;
  ……
}
float fun2( )
{  ……}
```

在以上程序中定义了 3 个全局变量 x、y、z。其中，x 的作用域为整个程序；y 的作用域为函数 main( )和 fun2( )，不包括函数 fun1( )，这是因为在 fun1( )函数中又定义了一个局部变量 y，C 语言规定，在局部变量的作用域内，同名的全局变量不起作用；变量 z 的作用域为函数 fun1( )和 fun2( )。

可见，利用全局变量可以增加函数之间的数据联系。因为多个函数都能存取全局变量，所以在一个函数中改变了全局变量的值，将会影响到其他函数，这给程序设计带来了方便，但同时也会造成函数之间相互影响太多，从而降低函数的独立性和程序的清晰性。

【例 8.13】 全局变量示例。

程序代码如下：

```
#include "stdio.h"
int k=10;
int main( )
{ int m, j=k;
  int k=20;
  m= k;
  printf ("%d,%d,%d\n", k, j, m);
  return 0 ;
}
```

程序运行结果如下：

```
20,10,20
```

注意：

① 在一个函数内部，既可以使用本函数定义的局部变量，也可以使用有效的全局变量（在此函数之前定义的全局变量）。

② 在同一个文件中，若全局变量与局部变量同名，则在局部变量的作用域内，全局变量不起作用。

2. 全局变量的存储类别

全局变量的存储类别有两种：外部变量（extern）和静态全局变量（static）。

（1）外部变量

在定义全局变量时默认其存储类别，则称为外部变量。外部变量属于静态变量，在静态存储区中分配存储单元。它的作用域从定义位置开始到文件末尾，其生存期为整个程序的执行期间。

【例 8.14】　已知两个实数，编写一函数求其和、差、积、商。

分析：问题显然希望从函数得到 4 个结果值，可是通过 return 语句只能从函数返回一个值，所以其他 3 个值就可以利用全局变量来得到。

程序代码如下：

```
#include "stdio.h"
float  sum=0,mul=0,sub=0;    /*定义全局变量*/
float sdj(float x,float y)
{ sum=x+y;
  sub=x-y;
  mul=x*y;
  return(x/y);
}
int main( )
{ float x,y,z;
  scanf("%f,%f",&x,&y);
  z=sdj(x,y);
  printf("x=%f,y=%f\n",x,y);
  printf("x+y=%f\nx-y=%f\nx*y=%f\nx/y=%f\n",sum,sub,mul,z);
  return 0 ;
}
```

程序运行结果如下：

```
8,20<Enter>
x+y=28.000000
x-y= -12.000000
x*y=160.000000
x/y=0.400000
```

注意：如果外部变量在文件开头定义，则外部变量在整个文件范围内都可以使用，如果不在文件开头定义，但想在定义点之前的函数中引用，则应该在函数中对外部变量进行声明，其一般形式为：

```
extern 外部变量表
```

用关键字 extern 对外部变量加以声明，就可以将其作用域扩充到整个文件或其他文件了。

【例 8.15】　外部变量示例。

程序代码如下：

```
#include "stdio.h"
int max(int x,int y)
{ int z;
  z=(x>y)?x:y;
  return(z);
}
int main( )
{ extern int a,b;              /*外部变量的声明*/
  printf("max=%d\n",max(a,b));
  return 0 ;
}
int a=13,b=8;                  /*外部变量的定义*/
```

程序运行结果如下：

```
max=13
```

由于外部变量定义在函数 main( )之后，因此在 main( )函数引用外部变量 a 和 b 之前，应该用 extern 进行外部变量的声明，用于说明 a 和 b 是外部变量。如果不做 extern 声明，系统编译时会给出错误信息，系统不会认为 a、b 是已定义的外部变量，而认为是未定义的局部变量。为了避免这样的错误出现，一般做法是外部变量的定义放在引用它的所有函数之前。

C 语言系统是根据外部变量的定义（而不是根据外部变量的声明）为外部变量分配存储单元的，所以对外部变量的初始化只能在定义时进行，而不能在声明中进行。外部变量的定义（开辟存储单元）只能出现一次，且在定义外部变量时不可以使用 extern 说明符。所谓声明作用是说明变量是一个已在外部定义过的变量，仅仅是为了在此引用该变量而做的声明。原则上，所有函数都应当对所用的外部变量做声明（用 extern），即可以多次出现在需要的地方。只是为简化起见，允许在外部变量的定义点之后出现的函数可以省略外部变量的声明。

同一个源文件中，外部变量可以与局部变量同名，但它们的作用域和生存期不同，在局部变量的作用范围内，外部变量不起作用。

C 语言允许将一个大型的程序分解为若干个独立的 C 语言文件，分别进行编辑、编译，然后连接在一起，从而提高编译速度和对大型软件的科学管理。如果想在几个文件中使用同一外部变量，可以在一个文件中定义，在其余文件中进行声明。例如：

```
/*FILE1*/                      /*FILE2*/
int a,b;/*定义全局变量*/        extern int a,b;/*声明全局变量*/
main( )                        fun2( )
{  ……                          {  ……
   a=10;                          b=a;
   ……                             ……
}                              }
```

C 语言系统在对 FILE1 文件进行编译时，根据 a 和 b 的类型在静态存储区为它们分配存储单元，在对 FILE2 进行编译时，extern 通知编译系统，全局变量 a 和 b 已经在别的文件中定义过了，不必再为它们分配存储单元。

（2）静态全局变量

在定义全局变量时若加 static 字样来定义其存储类别，称为静态全局变量。静态全局变量属于静态变量，在静态存储区中分配存储单元。静态全局变量的作用域只限于定义它的文件中。其生存期为整个程序的执行期间。例如：

```
/*FILE1*/                              /*FILE2*/
static int n;  /*静态全局变量*/          extern int n;  /*声明全局变量*/
main( )                                fun2( )
{  ……                                  {  ……
   printf("file1:%d\n",n);                printf("file2:%d\n",n);
  ……                                      ……
}                                      }
```

在 FILE1 文件中定义了静态全局变量 n，在 FILE2 文件中用 extern 声明 n 是全局变量，并试图引用它。当分别编译时两个文件都正常，但是在进行两个文件的连接时将产生出错信息，指出 FILE2 中的 n 没有定义。由此可见虽然在 FILE2 文件中用了外部变量的声明语句“extern intn;”，但 FILE2 文件中无法使用 FILE1 文件中的静态全局变量 n。

【例 8.16】　静态全局变量示例。

程序代码如下：

```
#include "stdio.h"
static  int  x=200;
void  f1(int x)
{ x+=10;
  printf("%d……f1( )\n",x);
}
void  f2( )
{ x+=10;
  printf("%d……f2( ) \n",x);
}
int main( )
{ int x=100;
  f1(x);
  f2( );
  printf("%d……main \n",x);
  return 0 ;
}
```

程序运行结果如下：

```
110……f1( )
210……f2( )
100……main
```

在程序设计中，一个较大的程序通常由若干人分别完成各个模块，每个人可以独立地在其设计的文件中使用相同的静态全局变量名而互不相干，这就为程序的模块化、通用性提供了方便。

需要指出的是，外部变量和静态全局变量都属于静态存储方式，存放在内存的静态存储区中，都是在编译时分配内存单元，但是其作用域是不同的。

8.4.3　函数的作用域和存储类别

所有函数在本质上都是外部的，因为 C 语言不允许在函数内部定义另一个函数，但可以相互调用。函数的存储类别也有两种，分别为静态函数和外部函数。例如：

```
extern float fun1(int a)
{……}
```

或

```
float fun1(int a)
{……}
```

定义了一个外部函数后，该函数可以被本文件或其他文件中的函数调用。又如：

```
static fun2(int x)
{……}
```

定义了一个静态函数后，该函数只能被本文件的函数调用，而不允许其他文件中的函数对其进行调用。从这个意义上说，静态函数又可称为内部函数。

8.5 程序举例

【例 8.17】 编写函数 int Leapyear(int year)判断某年是否为闰年，在 main( )函数中调用该函数。

分析：判断某一年是否为闰年的规则是：

① year 能被 4 整除，但不能被 100 整除；

② year 能被 400 整除。

所以判断闰年条件的逻辑表达式为：

```
(year%4==0&&year%100!=0)||year%400==0
```

表达式为“真”，闰年条件成立，是闰年，函数返回值为 1，函数返回值为 0。

程序代码如下：

```
#include "stdio.h"
int Leapyear(int year)
{ if((year%4==0 && year%100!=0)||year%400==0)
     return (1);
   else
    return(0);
   }
int main( )
{ int year,leap;
   scanf("%d",&year);
   leap=Leapyear(year);
   if(leap)  printf("%d is a leap year\n",year);
   else      printf("%d is not a leap\n",year);
   return 0 ;
 }
```

程序运行结果如下：

```
1988<Enter>
1988 is a leap year
```

【例 8.18】 输入 n，计算 $s=1+(1+2)+(1+2+3)+\cdots+(1+2+3+\cdots+n)$。

分析：问题可以写成以下形式的 n 项和：

$$s=f(1)+f(2)+f(3)+\cdots+f(n)$$

其中：

$f(1)=1$

$f(2)=1+2$

$f(3)=1+2+3$

……

$f(n)=1+2+3+4+\cdots+n$

可以编写一个函数求 $f(n)$，实现 n 个自然数的累加和。

主函数算法如下：

① 定义变量 i、s 和 n，并为变量 s 赋初值 0，从键盘输入 n；

② 调用 f(i)，将 f(i)的值累计到 s；

```
for(i=1;i<=n;i++)  s+=f(i);
```

③ 输出 s。

程序代码如下：

```
#include "stdio.h"
int f(int m)
{ int k,p=0;
  for(k=1;k<=m;k++)
   p+=k;
  return p;
}
int main( )
{ int i,s=0,n;
  printf("input n:");
  scanf("%d",&n);
  for(i=1;i<=n;i++)
        s+=f(i);
  printf("S=%d\n",s);
  return 0 ;
}
```

程序运行结果如下：

```
input n:10<Enter>
S=220
```

【例 8.19】　编写程序输出 100 以内的素数。

分析：可以编写一函数 f(m)来判断一个数 m 是否是素数。判断一个数是否是素数的算法已在第 5 章中介绍过，在此不再叙述。主函数根据 f( )函数的返回值判断一个数是否是素数，如果返回值是 1，则为素数，如果返回值是 0，则不是素数。

程序代码如下：

```
#include"math.h"
#include "stdio.h"
int main( )
{ int n,f(int);
  for(n=3;n<=100;n+=2)
  {
   if(f(n)) printf("\t%2d",n);
  }
  return 0 ;
}
int f(int n)
{ int i,m;
  m=(int)sqrt(n);
  for(i=2;i<=m;i++)
   if(n%i==0) return 0;
  return 1;
}
```

程序运行结果如下：

```
 3   5   7  11  13  17  19  23  29  31  37  41  43  47  53
59  61  67  71  73  79  83  89  97
```

【例 8.20】 编写程序实现屏幕菜单。

要求程序运行后首先在屏幕上显示如下的菜单选项：

```
Enter your selection:
1: Find square of number
2: Find cube of a number
3: Find sum of square of two numbers
Enter number(1 or 2 or 3):
```

通过键盘输入 1 或 2 或 3 后分别完成求一个数的平方数和立方数。

分析：该题目用 switch 语句实现比较简单。首先通过 C 语言的输出函数在屏幕上输出菜单功能，然后设计 switch 语句的每一个 case 分支为用户提供一种选择功能，使程序可按照用户的输入执行不同的程序段以完成不同的任务。

程序代码如下：

```
#include "stdio.h"
int main( )
{ int a;
  void menu( ); void square( );void cube( );
  menu( );                                          /*菜单函数的调用*/
  scanf("%d",&a);
  switch(a)
  {  case 1: square( );break;
     case 2: cube( );break;
     default: printf("Invalid selection");
  }
  return 0 ;
}
void menu( )                                        /*菜单函数的定义*/
{ printf("Enter your selection:\n");
  printf("1:Find square of a number\n");
  printf("2:Find cube of a number\n");
}
void square( )
{ float x;
  printf("Enter a number\n");
  scanf("%f",&x);
  printf("The square of %f is %f\n",x,x*x);
}
void cube( )
{ float x;
  printf("Enter a number\n");
  scanf("%f",&x);
  printf("The cube of %f is %f\n",x,x*x*x);
}
```

程序运行结果如下：

```
Enter your selection:
1:Find square of a number
```

```
2:Find cube of a number
1<enter>
Enter a number
32<Enter>
The square of 32.000000 is 1024.000000
```

本 章 小 结

1. C 语言的函数

C 语言程序的基本单位是函数，也就是说，一个 C 语言程序是由函数构成的。从用户使用的角度看，C 语言的函数有两种，标准函数和用户自定义函数。

（1）标准函数

标准函数存放在 C 语言的标准函数库中。用户可以随意调用库函数，但是在调用时应当将有关的头文件用#include 命令包含进来。

（2）用户自定义函数

① 用户自定义函数的定义形式为：

```
[类型标识符] 函数名([形参表])
{
  [函数体]
}
```

② 函数调用表达式的形式为：

```
函数名(实参表);
```

③ 函数声明的形式为：

```
类型标识符 函数名(形参表);
```

④ C 语言函数之间的数据传递是单向值传递。

⑤ C 语言的函数不能嵌套定义，但可以嵌套调用，还可以直接或间接地调用函数本身，这分别称为函数的嵌套调用和递归调用。

2. 存储类别

C 语言的变量和函数都有数据类型和存储类别两个属性。数据类型定义了一个值的集合和定义在这个值集上的一组操作的集合。而变量或函数的存储类别决定了它的存储方式，或者说它的作用域和生存期。

（1）局部变量是在函数内部或复合语句内部定义的变量，它的作用域为本函数或本复合语句。函数的形参也是局部变量。局部变量有 auto、static 和 register 3 种存储类别，如果不指定存储类别，则隐含为自动局部变量（auto）。

（2）全局变量是在函数外部定义的变量，它的作用域是从变量定义的位置开始到文件末尾。全局变量有静态的（static）和外部的两种存储类别，如果不指定存储类别，则隐含为外部的全局变量。

（3）函数的作用域和存储类别与全局变量类似，有静态的（static）和外部的两种存储类别。

习　题　8

8.1　思考题

1．对于下列函数的首部，试确定函数被调用时应该传递给这个函数的数值的个数、类型和次序，如果函数有返回值，请给出返回函数值的类型。

（1） `void lay( )`

（2） `double oot(double x1,double x2)`

（3） `max( int a, int n)`

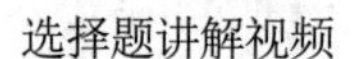

选择题讲解视频　　填空题讲解视频

2．写出下列函数的首部。

（1）一个名为 check( )的函数有 3 个参数，第 1 个接收一个整数，第 2、3 个接收双精度数，函数无返回值。

（2）一个名为 price( )的函数有 2 个参数，第 1 个接收一个整数，第 2 个接收一个整数，函数无返回值。

（3）一个名为 powfun( )的函数有 2 个双精度参数，函数返回它们的乘积。

3．C 语言中主调函数调用被调函数时，实参和形参之间的数据传递方式是什么？

4．什么是变量的生存期和作用域？

5．函数 void pstar(int n)功能是：输出一行 n 个*（星号），请写出函数 pstar( )的完整定义。

6．函数 int sum(int n)功能是：从键盘输入 n 个整数并返回这 n 个整数的和，请写出函数 sum( )的完整定义。

8.2　读程序写结果题

1.

```c
#include "stdio.h"
int abc(int u, int v);
int main( )
{ int a=24,b=16,c;
  c=abc(a,b);
  printf("%d\n",c);
  return 0 ; }
int abc(int u,int v)
{ int w;
  while(v)
  { w=u%v;u=v;v=w; }
  return u; }
```

输出结果是：________。

2.

```c
#include "stdio.h"
void f(int x,int y)
{ int t;
 if(x<y){ t=x; x=y; y=t; }}
int main( )
{ int a=4,b=3,c=5;
  f(a,b); f(a,c); f(b,c);
  printf("%d,%d,%d\n",a,b,c);
  return 0 ; }
```

输出结果是：________。

3.

```c
#include "stdio.h"
int f( )
```

```
{ static int i=0;
  int s=1;
  s+=i; i++;
  return s;
 }
int main( )
{ int i,a=0;
  for(i=0;i<5;i++) a+=f( );
  printf("%d\n",a);
  return 0 ; }
```

输出结果是：________。

4.
```
#include "stdio.h"
int func(int a,int b)
{ return(a+b);}
int main( )
{ int x=2,y=5,z=7,r;
  r=func(func(x,y),z);
  printf("%d\n",r);
  return 0 ; }
```

输出结果是：________。

5.
```
#include "stdio.h"
f(int a)
{ int b=0;
  static int c = 3;
  b++; c++;
  return(a+b+c);
 }
int main( )
{ int a=2,i;
  for(i=0;i<3;i++) printf("%d\n",f(a));
  return 0 ;
}
```

输出结果是：________。

6.
```
#include "stdio.h"
int a, b;
void fun( )
{ a=100; b=200; }
int main( )
{ int a=5, b=7;
  fun( );
  printf("%d%d \n", a,b);
  return 0 ;
 }
```

输出结果是：________。

7.
```
#include "stdio.h"
int x=3;
int main( )
{ int i;
  void nore( );
  for(i=1;i<x;i++) nore( );
  return 0 ;
 }
void nore( )
{ static int x=1;
  x*=x+1;
  printf("%d",x);
}
```
输出结果是：________。

8.
```
#include "stdio.h"
int fun(int x,int y)
{ return(x+y); }
int main( )
{ int a=2,b=5,c=8;
  printf("%d\n",fun((int)fun(a+c,b),a-c));
  return 0 ;
 }
```
输出结果是：__________。

9.
```
#include "stdio.h"
void fun(int x, int y, int z)
{ printf("fun-in:%d,%d,%d\n",x,y,z);
  y=x+5;
  z=x*y;
  x=z-y;
  printf("fun-end:%d, %d, %d\n",x,y,z);
 }
int main( )
{ int x=10,y=20,z=30;
  fun(z,y,x);
  printf("%d,%d,%d\n",x,y,z);
  return 0 ;
 }
```
输出结果是：__________。

10.
```
#include "stdio.h"
int main( )
{ int a=5;
  fun(a);
  return 0 ;
 }
fun(int k)
{ if(k>0) fun(k-1);
```

```
    printf("%d",k);
   }
```

输出结果是：__________。

11.
```
#include "stdio.h"
int a=1;
fun(int b)
{ static int a=5;
  a+=b;
  printf("%d",a) ;
  return(a) ;
  }
int main( )
{ int d=3;
  printf("%d\n",fun(d*fun(a+d))) ;
  return 0 ;
 }
```

输出结果是：__________。

8.3　**程序填空题**：根据要求，在下画线处填写适当内容。

1．函数的功能是求 x 的 y 次方。

```
double fun( double x, int y)
{ int i;
  double z;
  for(i=1, z=x; i<y;i++) z=z*__________;
  return z;
 }
```

2．函数的功能是计算 $s=1+1/2!+1/3!+\cdots+1/n!$。

```
double fun(int n)
{ double s=0.0,fac=1.0;int i;
  for(i=1;i<=n;i++)
  { fac=____;
    s=s+fac;
  }
  return s;
 }
```

3．函数 pi 的功能是根据以下近似公式求π值：

$$(\pi\times\pi)/6=1+1/(2\times2)+1/(3\times3)+\cdots+1/(n\times n)$$

```
#include "math.h"
double pi(long n)
{ double s=0.0; long i;
  for(i=1;i<=n;i++)s=s+__________;
  return(sqrt(6*s));
}
```

4．函数 sdj 的功能求出 x，y 的和、差、积、商：

```
#include "math.h"

________________________
void sdj(float x, float y)
{
```

```
        add=x+y;    sub=x-y;
        mul=x*y;    div=x/y;
    }
    int main( )
    {   float  x,y;
        scanf("%f,%f",&x,&y);
        sdj(x,y);
        printf("%f, %f, %f, %f\n",add,sub,mul,div);
        return 0 ; }
```

8.4 编程题

1．编写一个函数，返回与所给十进制正整数数字顺序相反的整数。如已知主函数中整数是 1234，调用此函数后，函数返回值是 4321。

2．编写一个函数，按所给的百分制的成绩分数，返回与该分数对应的等级代号字符。

3．编写一函数求 $e=1+\frac{1}{1!}+\frac{1}{2!}+\frac{1}{3!}+\cdots+\frac{1}{n!}+\cdots$。

4．编写一函数求一个整数的任意次方的最后 3 位数，即求 x^y 的最后 3 位数。

第 9 章　指　　针

指针是 C 语言中广泛使用的一种数据类型。运用指针编程是 C 语言最主要的风格之一。利用指针变量可以有效地表示复杂的数据结构，能很方便地使用数组和字符串，在调用函数时能得到更多的值，并能像汇编语言一样处理内存地址，从而编出精练而高效的程序。指针极大地丰富了 C 语言的功能。学习指针是学习 C 语言中最重要的一环，能否正确理解和使用指针是是否掌握 C 语言的一个标志。同时，指针也是学习 C 语言中最为困难的一部分，在学习中除了要正确理解基本概念，还必须要多练习编程和上机调试。

指针的概念比较复杂，使用也比较灵活，因此初学时常会出错，本章将循序渐进地介绍以下几方面的内容：指针变量、数组指针变量、指针数组和二级指针变量。

9.1　指 针 变 量

9.1.1　变量的指针和指针变量

1．内存地址

内存是由字节构成的一片连续的存储空间，每个字节都有一个编号。字节的编号就是内存地址，简称地址。

CPU 是通过内存地址来访问内存，进行数据的存取（读/写）。

2．变量的地址

在 C 语言程序中定义了一个变量，系统根据变量的类型，为变量分配一定长度（若干字节，比如，为整型变量分配 4 个字节）的存储单元。一个存储单元首字节的编号称为该存储单元的地址，也就是相应变量的地址，在一个地址所标记的存储单元中存放的数据称为该存储单元的内容。地址相当于街道的门牌号，内容相当于住户。例如，在源程序中有以下变量定义：

```
int  a=5, b=10;
```

假设系统为变量 a 分配了编号为 2010 至 2013 的 4 个字节组成的存储单元，则该存储单元的地址，即变量 a 的地址就是 2010，同理，变量 b 的地址是 2014，参见图 9.1。

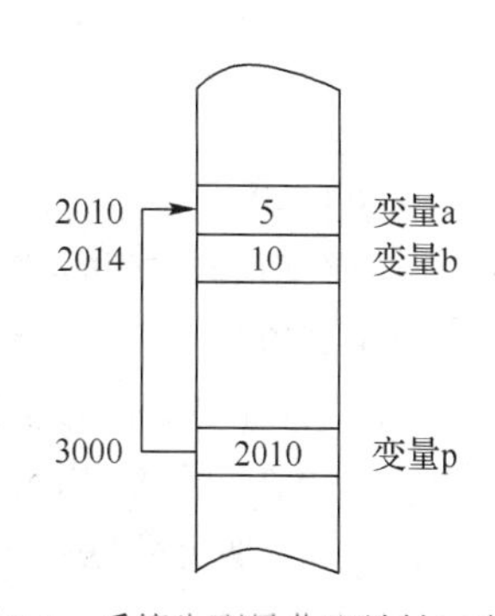

图 9.1　系统为变量分配地址示意图

我们知道，在程序中可以通过变量名来存取数据。实际上，变量名是给内存单元取的一个容易记忆的名字，变量名和变量的地址之间有着唯一的对应关系。所以访问变量首先应根据变量名与内存单元之间的对应关系找到其对应的内存地址，然后进行数据的读/写。例如，对于程序中的赋值语句“b=a;”，系统首先根据变量 a 与地址 2010 的对应关系，从 2010 开始的 4 个字节中取出 a 的值，再将该值送到与变量 b 对应的从 2014 开始的 4 个字节中。又如，语句“scanf(" %d " ,&a);”，执行时把从键盘输入的值送到与变量 a 对应的从 2010 开始的 4 个字节中。这种按变量名存取变量值的访问方式称为“直接访问”方式。

3. 指针、变量的指针和指针变量

可见根据内存单元的地址就可以找到所需读写的内存单元，换句话说，一个存储单元的地址唯一指向一个内存单元，所以通常也把这个地址称为指针。指针就是内存单元的地址，指针指向一个内存单元。而变量的指针就是变量的地址。变量的指针指向一个变量对应的内存单元。指针（地址）也是数据，可以保存在一个变量中。保存指针（地址）数据的变量称为指针变量。因此，一个指针变量的值就是某个内存单元的地址（指针）。需要强调的是，一个指针是一个地址，是一个常量，而一个指针变量却可以被赋予不同的指针值，是变量。

假设定义了一个指针变量 p，它的地址为 3000，值为 2010（变量 a 的地址），参见图 9.1。这时要访问变量 a，除了可以通过变量名 a 直接访问，还可以通过指针变量 p 访问。首先根据变量 p 的地址 3000 取出其中所存放的数据 2010，该数据就是变量 a 的地址，然后根据取出的地址 2010，到内存的 2010～2013 四个字节中访问 a 的值。这种根据变量地址存取变量值的访问方式就是间接访问方式。关于变量的直接和间接访问可以打个比方，为了打开一个抽屉 A，有两种办法：一种方法是将 A 的钥匙带在身上，需要时直接拿出钥匙打开抽屉 A；另一种办法是，将 A 的钥匙放到另一个抽屉 B 中锁起来，如果需要打开抽屉 A，就需要先找出 B 的钥匙，打开抽屉 B，取出 A 的钥匙，再打开 A 抽屉。

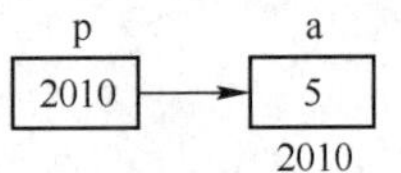

图 9.2　指针变量 p 与变量 a

指针变量 p 中存放的是变量 a 的地址，这样 p 和 a 之间就建立起了一种联系，这种联系称为 p 指向 a，a 是 p 所指的对象，如图 9.2 所示。

9.1.2　指针变量的定义和初始化

指针变量与普通变量一样，在程序中必须先定义后使用。定义一个指针变量应该包括 3 个内容：

① 指针说明，即定义的变量为一个指针变量；

② 指针变量名；

③ 指针变量所指向的对象的数据类型。

定义指针变量的一般形式为：

```
类型标识符  *指针变量名;
```

其中，*是指针说明符，表示所定义的是指针变量；类型标识符表示该指针变量所指向的对象的数据类型，也称为指针变量的基类型。例如，下面是一些合法的指针变量定义语句：

```
int *ip;          /*ip 是指向整型变量的指针变量*/
char *cp;         /*cp 是指向字符型变量的指针变量*/
double *fp;       /*fp 是指向实型变量的指针变量*/
```

在定义指针变量时应注意以下几点：

① 指针变量名前面的*指出所定义的变量为指针变量，*并不包含在所定义的指针变量名中。例如，上述定义的指针变量名是 ip、cp、fp，而不是*ip、*cp、*fp。

② 定义指针变量后，系统为指针变量分配了一个存储单元（在 Visual C++ 6.0 环境中为 4 个字节）用于存放地址值，所以指针变量无论指向什么类型的变量，其本身在内存中占用的内存单元都是 4 个字节。例如，上面定义的 3 个指针变量使如下逻辑表达式的值为 1：

```
(sizeof(ip)==4) && (sizeof(cp)==4) && (sizeof(fp)==4)
```

但此时该指针变量并未指向确定的变量，也就是说其存储单元中存放的是一个不确定的值，还不

能使用，在使用之前还必须给指针变量赋值。

③ 一个指针变量可以指向不同的变量，但只能指向同一数据类型的变量，或者说，只有同一类型变量的地址才能存放到指向该类型变量的指针变量中。例如，ip 只能指向一个整型变量，而不能指向一个实型变量。

④ 指针变量也可以进行初始化，即在定义指针变量的同时给指针变量赋予一个有效的地址（已定义变量的地址）。例如：

```
int a, *p=&a;
```

该语句定义了一个整型变量 a 和一个整型指针变量 p，并使 p 指向 a，即将 a 的地址作为初值赋给了指针变量 p。

9.1.3 指针变量的引用

指针变量同普通变量一样，使用之前不仅要定义，而且必须赋予具体的值，未经赋值的指针变量不能使用，否则可能会造成系统混乱，甚至死机。由于指针变量里面可以存放任何地址，因此必须保证它存放的是一个可以安全访问的地址。假设一个指针变量指向了操作系统的代码段或数据区的某个地址，如果只是读取该地址里的内容，那么得到的一般是不需要的数据，这还不至于造成大麻烦，但是，一旦向这个地址里写入数据，必然会造成混乱——轻则运行出错，重则造成操作系统崩溃。另外，指针变量的赋值只能赋予地址，绝对不能赋予任何其他类型数据，否则将引起错误。

1. 指针运算符

在 C 语言中有两个有关指针的运算符：

（1）取地址运算符&

取地址运算符&是单目运算符，结合性为右结合性，功能是取变量的地址。我们在第 2 章已介绍过，并且在 scanf( )函数中已经了解并使用过&运算符。

在 C 语言中，变量的地址是由编译系统分配的，对用户完全透明，如果想知道变量的具体存储地址，可以通过取地址运算符&来获得变量的内存地址。一般形式为：

```
&变量名
```

例如，&a 表示变量 a 的地址，&b 表示变量 b 的地址。

（2）指针（指向或间接访问）运算符*

指针运算符*是单目运算符，结合性为右结合性，在*运算符之后必须紧跟指针变量名，一般形式为：

```
*指针变量名
```

例如，*ip 表示指针变量 ip 所指向的变量（*和指针变量名之间不允许有空格）。

需要注意的是指针运算符*和指针变量定义中的指针说明符*是不同的。在指针变量定义中，*是指针类型说明符，表示其后的变量是指针类型。而表达式中出现的*则是一个运算符，用以表示指针变量所指向的变量。

【例 9.1】 指针运算符的示例。

程序代码如下：

```
#include "stdio.h"
int main( )
{   int  a=3, b=6, *pa=&a, *pb=&b;
  /*指针变量 pa 初始化为变量 a 的地址,指针变量 pb 初始化为变量 b 的地址*/
```

```
    printf("a=%2d, b=%2d\n", a, b);
    printf("*pa=%2d, *pb=%2d\n", *pa, *pb);
    return 0 ;
}
```

程序运行结果如下：

```
a= 3, b= 6
*pa= 3, *pb= 6
```

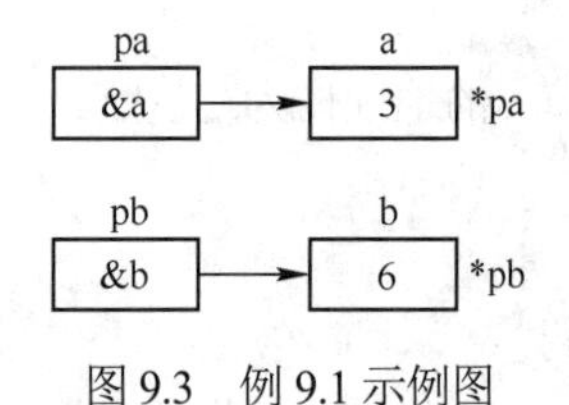

图 9.3　例 9.1 示例图

在程序中定义了两个整型变量 a 和 b，以及两个指向整型变量的指针变量 pa 和 pb，并通过对指针变量的初始化使 pa 指向 a，pb 指向 b。此时，pa 的值为&a（a 的地址），pb 的值为&b（b 的地址）。两个 printf( )函数调用语句的作用相同，第一个输出语句是用变量名直接输出变量的值，第二个输出语句是用取内容运算符间接输出两个指针变量所指向的变量的值。程序中有两处出现*pa 和*pb，请对照图 9.3 区分它们的含义。

（3）关于指针运算符的说明

指针运算符&和*均为单目运算符，它们的优先级别相同，且都具有右结合性。

已知定义语句：

```
int  a, *pa=&a, *pb;
```

则有：

① &*pa 与&a 是等价的

因为&*pa 应理解为&(*pa)，即先进行*运算，得到变量 a，再进行&运算（取 a 的地址）。所以以下赋值语句均使得指针变量 pb 指向变量 a。

```
pb=&a;
pb=&*pa;
pb=pa;
```

② *&a 与 a 是等价的

因为*&a 应理解为* (&a)，即先进行&运算，得到 a 的地址，再进行*运算，得到变量 a。所以以下赋值语句均使得变量 a 得到数值 10。

```
a=10;
*pa=10;
*&a=10;
```

2. 对指针变量的赋值操作

可以通过赋值语句将一个有效的内存地址赋给已定义的指针变量，通过赋值运算可以改变指针变量的指向。例如，以下程序段中的赋值表达式语句均可实现对指针变量的赋值运算。

① 程序段 1

```
int a, *pa;
pa=&a;              /*把整型变量 a 的地址赋予整型指针变量 pa*/
```

② 程序段 2

```
int a, *pa=&a, *pb;
pb=pa;
/*把指针变量 pa 的值赋予指针变量 pb,使得 pa 和 pb 均指向变量 a*/
```

说明：指向相同类型的指针变量之间可以相互赋值。

③ 程序段3

```
int *p;
p=NULL;    /*将空指针赋给指针变量*/
```

或：

```
p=0;
```

所谓空指针就是不指向任何对象的指针，空指针的值是NULL。NULL是在头文件stdio.h中定义的一个宏，它的值与任何有效指针的值都不同，NULL是一个纯粹的零，指针的值不能是整型值，但空指针是个例外。

对指针变量赋零值和不赋值是不同的。指针变量未赋值时，可以是任意值，是不能使用的。而指针变量赋零值后，可以使用，只是它不指向具体的变量而已。

警告：绝对不能间接引用一个空指针，否则程序可能会得到毫无意义的结果，或者得到一个全部是零的值，或者会突然停止运行。

【例9.2】 利用指针变量求出3个数中的最大值和最小值。

程序代码如下：

```
#include "stdio.h"
int main()
{ int a,b,c,*pmax,*pmin;
  scanf("%d,%d,%d",&a,&b,&c);
 if(a>b)
   { pmax=&a;pmin=&b; }
 else
   { pmax=&b; pmin=&a; }       /*指针变量pmax指向a,b中的较大者*/
if(c>*pmax) pmax=&c;           /*指针变量pmax指向a,b,c中的最大者*/
if(c<*pmin) pmin=&c;           /*指针变量pmin指向a,b,c中的最小者*/
printf("max=%d\nmin=%d\n",*pmax, *pmin);
return 0 ;
}
```

程序运行结果如下：

```
输入: 10,20,30<Enter>
输出: max=30
min=10
```

【例9.3】 使两个指针变量交换指向。

程序代码如下：

```
#include "stdio.h"
int main( )
{int  a1=10,a2=20, *pa1, *pa2,*pa;
 pa1=&a1; pa2=&a2;
 printf("%d, %d\n",*pa1, *pa2);
 pa=pa1; pa1=pa2; pa2=pa; /*交换指针变量pa1和pa2的值*/
 printf("%d, %d\n", *pa1, *pa2);
 return 0 ;
}
```

程序运行结果如下：

```
10,20
20,10
```

在本例中，变量 a1 和 a2 的值并未交换，它们仍保持原值，但 pal 和 pa2 的值改变了。pal 的原值为&a1，后来变成了&a2；pa2 的原值为&a2，后来变成了&a1。这样，在交换后输出*pa1 和*pa2 时，实际上是输出变量 a2 和 a1 的值，所以先输出 20，然后输出 10。交换前后指针变量的指向见图 9.4。

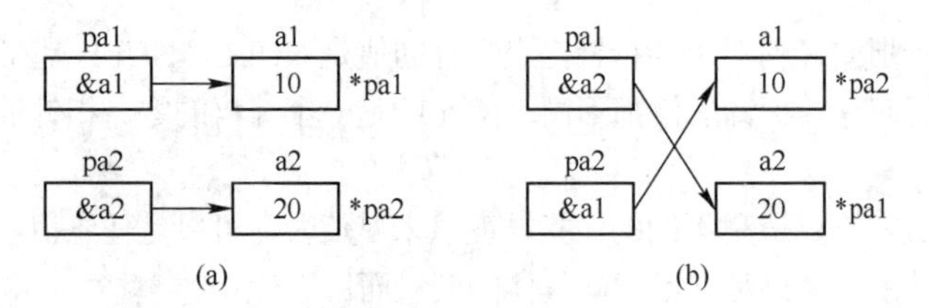

图 9.4　两个指针变量变换指向

【例 9.4】　交换两个指针变量所指向的变量的值。

程序代码如下：

```
#include "stdio.h"
int main( )
{int a1=10, a2=20, *pa1, *pa2,b;
 pa1=&a1; pa2=&a2;
 printf("%d, %d\n", a1, a2);
 b=*pa1; *pa1=*pa2; *pa2=b;              /*交换变量 a1 和 a2 的值*/
 printf("%d, %d\n", a1, a2);
 return 0 ;
}
```

程序运行结果如下：

```
10,20
20,10
```

在本例中，pa1 始终指向 a1，pa2 始终指向 a2。程序中，“b=*pa1; *pal=*pa2; *pa2=b;”的作用是将*pal 和*pa2 的值互换，也就是将 a1 和 a2 的值互换。请注意不要写成“b=pa1;pal=pa2;pa2=b;”，因为 b 与 pa1、pa2 的数据类型不同。

9.2　数组指针变量

在 C 语言中，指针与数组有着密切的关系。对数组元素的存取，既可以采用下标方式，也可以采用指针方式。采用指针方式处理数组，可以实现代码长度小、运行速度快的程序。为使数组更加方便地用指针表示，C 语言规定数组名代表数组的首地址，也就是第 0 个元素的地址，是一个指针常量。习惯上人们将数组的首地址，即数组第 0 元素的地址，称为数组的指针，数组元素的地址称为数组元素的指针。

9.2.1　数组指针变量的定义和引用

一个数组由连续的一块存储单元组成，数组名就是这块连续存储单元的首地址。一个数组也是由若干个相同类型的数组元素(下标变量) 组成，每个数组元素占有同样大小的存储单元，数组元素的地址是它所占存储单元的地址。一个指针变量既可以指向一个数组（把数组名或第 0 个元素的地址赋给它)，也可以指向任意一个数组元素（把第 i 个元素的地址赋给它或把数组名加 i 赋给它)。指向数组或数组元素的指针变量称为数组指针变量。

1. 数组指针变量的定义

数组指针变量定义的一般形式为：

　　类型标识符　*指针变量名

其中，类型标识符表示数组指针变量所指数组的基类型。从数组指针变量的定义形式可以看出，指向数组的指针变量和指向普通变量的指针变量的定义是相同的。

例如：

```
int a[6], *pa;
```

该语句定义了一个长度为 6 的整型数组 a 和一个指向整型变量的指针变量 pa。由于数组 a 和指针变量 pa 的基类型都是整型，所以通过下面的赋值语句使 pa 指向 a：

```
pa=a;                    /*数组名 a 是数组的首地址*/
```

或

```
pa=&a[0];                /*&a[0]为数组第 0 个元素的地址*/
```

当然也可以在定义时初始化指针变量 pa 使其指向数组。例如：

```
int a[6], *pa=a;
```

或

```
int a[6],*pa=&a[0];
```

如图 9.5 所示。

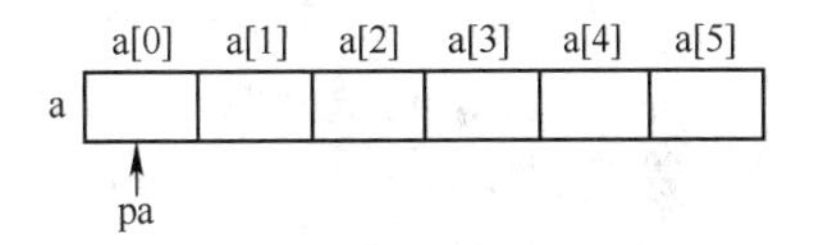

图 9.5　指针变量 pa 指向数组 a

2. 数组指针变量的引用

（1）数组指针变量与整数的加减算术运算

对于指向数组的指针变量，可以加上或减去一个整数 *n*，含义是把指针指向的当前位置（指向某数组元素）向前或向后移动 *n* 个位置。假设 pa 是指向数组 a 的指针变量，则 pa+n，pa−n，pa++，++pa，pa−−，−−pa 等运算都是合法的。

应该注意，数组指针变量向前或向后移动一个位置与地址加 1 或减 1 在概念上是不同的。因为数组可以有不同的基类型，各种类型数组元素所占存储单元的字节数是不同的。例如，指针变量加 1，表示指针变量指向下一个数组元素的地址，而不是在原地址基础上加 1。

C 语言指针的算术运算类似于街道地址的运算。街道的一侧用连续的偶数作为地址，另一侧用连续的奇数作为地址。那么山东路 158 号北边第 5 家的地址是多少呢？应该是 158+5×2=168 号（2 是连续两家之间的地址间距)，而不是 158+5=163 号。同样，如果一个指针指向地址为 158（十进制数）的整型值，将该指针加 5，结果将是一个指向地址为 178（十进制数）整型值的指针。

我们知道，街道地址的运算只能在一个特定的街区中进行，同样，指针的算术运算也只能在一个特定的数组中进行。实际上，这并不是一种限制，因为指针的算术运算只有在一个特定的数组中进行才有意义，对指向其他类型变量的指针变量做加减运算是毫无意义的。例如：

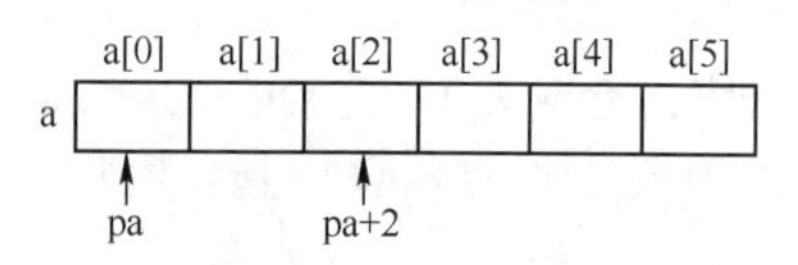

图9.6　数组指针变量pa的加减运算

```
int a[6], *pa=a;
```

其中，pa+2指向a[2]，值为&a[2]，如图9.6所示。

（2）两数组指针变量的减运算

如果两个指针指向同一个数组，那么它们可以相减，其结果再减1为两个指针之间数组元素的个数。仍以街道地址的比喻为例，假设A住在山东路118号，B住在山东路124号，那么A与B两家之间相隔两家，即120号和122 号。指针之间的减法运算和上述方法是相同的。如果两个指针不是指向一个数组，它们相减就没有意义。假设另有一个人住在上海路124号，则不能说A与B两家之间相隔两家。

```
int a[6], *p1, *p2
p1=a; p2=a+2;
```

其中，p2–p1的值为2，表示p1和p2之间有1个数组元素。如图9.7所示。

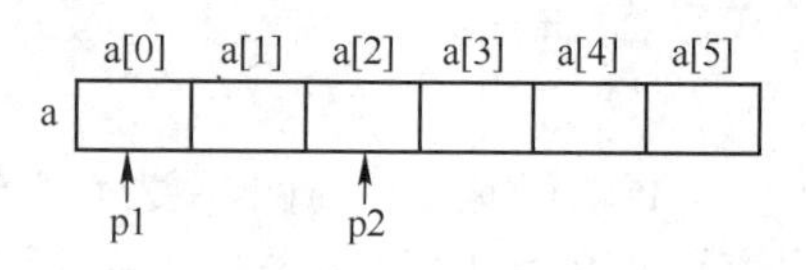

图9.7　两数组指针变量的减运算

两个指针是不能相加的。仍以街道地址的比喻为例，假设A住在山东路118号，B住在山东路124号，那么118+124指的是什么呢？其结果是一个毫无意义的数字。如果程序中试图将两个指针相加，编译程序会发出警告。

（3）数组指针变量的关系运算

如果两个指针变量指向同一个数组，那么它们的关系运算表示了它们所指数组元素位置之间的关系。例如，假设p1和p2是两个指向同一数组a的指针变量，则有：

表达式p1= =p2值为1，表示p1和p2指向同一数组元素；

表达式p1>p2值为1，表示p1处于高地址位置；

表达式p1<p2值为1，表示p1处于低地址位置。

指针变量还可以与0比较。如果表达式p1==0值为1，表明p1是空指针，它不指向任何变量，表达式p1!=0值为1，表示p1不是空指针。

参见图8.7中数组指针p1和p2的关系。

3. 数组元素的引用

设有定义语句：

```
int a[6], *pa=a;
```

那么指针pa、a、&a[0]均指向同一存储单元，它们是数组a的首地址，也是数组a第0个元素a[0]的地址，指针pa+1、a+1、&a[1]均指向数组a的第1个元素a[1]，依次类推，指针pa+i、a+i、&a[i] 均指向数组a的第i个元素a[i]。

应该说明的是pa是指针变量，而a、&a[i]都是指针常量，在编程时应予以注意。

图9.8　数组元素的引用

关于数组指针变量的概念和数组元素的引用归纳如下（参见图9.8，理解数组元素的指针和对数组元素的引用方式）。

① pa+i和a+i就是a[i]的地址，即pa+i和a+i都指向数组元素a[i]。需要说明的是，a代表数组的首地址，a+i遵循指针的运算规律。

②* (pa+i)或* (a+i)是pa+i或a+i所指向的变量a[i]，所以* (pa+i)和* (a+i)与a[i]是等价的。事实上，在C语言中，下标运算符“[ ]”实际上是变址运算符，即将a[i]按a+i计算地址，然后在此地址中存

取所需的数据。

③ 注意，* (a+n)与*a+n 是完全不同的。前者是数组的第 n 个元素，即 a[n]，而后者是 a[0]+n。这是因为取内容运算符*的优先级高于算术运算符所致。

④ 指向数组的指针变量，也可以将其看作是数组名，因而可以按下标法使用。例如，pa[i]与* (pa+i)等价。

由以上分析可知，访问一维数组元素，可以用以下两种方法：

① 下标法，即用 a[i]或 pa[i]的形式访问数组元素。

② 指针法，即采用* (pa+i)或* (a+i)的形式访问数组元素。

【例 9.5】 利用数组指针变量实现一维数组元素的输入和输出。

程序代码如下：

```
#include "stdio.h"
int main( )
{ int a[6],i, *pa;              /*定义整型数组和整型指针变量*/
  pa=a;                         /*将指针 pa 指向数组 a*/
  for(i=0;i<6;i++)
  { *pa=i;                      /*将变量 i 的值赋给由指针变量 pa 指向的数组元素 a[i]*/
    pa++;                       /*使指针变量 pa 指向 a[i+1]*/
  }
  pa=a;                         /*重新使指针变量 pa 指向数组 a 的首地址*/
  for(i=0;i<6;i++)              /*通过指针的间接访问和指针的移动输出 a 数组的各个元素*/
  {  printf("a[%d]=%d\n",i,*pa);
     pa++;
  }
  return 0 ;
}
```

程序运行结果如下：

```
a[0]=0
a[1]=1
a[2]=2
a[3]=3
a[4]=4
a[5]=5
```

该题目还可改写为下列简洁的程序形式，请大家自行分析。程序代码如下：

```
#include "stdio.h"
int main( )
{ int a[6],i, *pa=a;
  for(i=0;i<6;)
  { *pa=i;
   printf("a[%d]=%d\n",i++,*pa++);
  }
  return 0 ;
}
```

【例 9.6】 用数组指针变量顺序输出二维数组元素的值。

分析：按照二维数组各元素在内存中的存储形式，也可以定义一个数组指针变量 p，开始时让 p 指向二维数组的首地址，然后通过数组指针的移动访问各个数组元素。

程序代码如下：

```
#include "stdio.h"
int main( )
{ int aa[3][4]={{1,2,3,4},{2,3,4,5},{5,6,7,8}};
  int i,j, *p=&aa[0][0];      /*p 指向二维数组的首元素*/
  for(i=0;i<3;i++)
  {  for(j=0;j<4;j++)
       printf("%4d",*p++);    /*输出 p 所指当前数组元素的值，并移动指针*/
     printf("\n");            /*二维数组一行数据输出完毕后换行*/
  }
  return 0 ;
}
```

程序运行结果如下：

```
1   2   3   4
2   3   4   5
5   6   7   8
```

例 9.6 是顺序输出数组中各元素的值，比较简单。如果要输出某个指定的数组元素 aa[i][j]，则应该事先计算出该元素在内存中存储的相对位置（即相对于数组起始位置的相对位移量）。计算 aa[i][j]在数组中的相对位置的计算公式为：

```
i*m+j
```

其中，m 为二维数组的列数（二维数组大小为 n×m）。例如，例 9.6 中 aa 是一个 3×4 的二维数组，数组元素 aa[1][3]在数组中的相对位置为 1*4+3=7。如果开始时使指针变量 p=aa，即指向 aa[0][0]，为了得到 aa[1][3]的值，可以用* (p+1*4+3)表示。(p+1*4+3)是 aa[1][3]的地址。

9.2.2　二维数组的指针

1．二维数组的指针

二维数组可以认为是一个特殊的一维数组，它的每一个元素是一个一维数组类型数据。例如：

```
int  aa[3][4];
```

该数组具有 3 行 4 列。根据二维数组在内存中的存放顺序，可以这样理解，aa 是一个数组名，按行来看，aa 数组是一个具有 3 个元素（aa[0]，aa[1]，aa[2]）的一维数组（见图 9.9 中虚线的左侧部分），而它的每个元素又是一个具有 4 个元素（即 4 个列元素，见图 9.9 中虚线的右侧部分）的一维数组。例如，aa[0]所代表的一维数组又包含 4 个元素：aa[0][0]、aa[0][1]、aa[0][2]、aa[0][3]。

二维数组及数组元素的地址如图 9.10 所示，描述如下。

① 二维数组名 aa 代表二维数组的首地址，即第 0 行的首地址。由于认为数组 aa 是一维数组，则 aa、aa+1、aa+2 就是该一维数组各元素的地址，因此，aa 代表数组元素 aa[0]的地址，aa+1 代表数组元素 aa[1]的地址，aa+2 代表数组数组元素 aa[2]的地址。通常，aa+i 代表数组元素 aa[i]的地址，所以有 aa[i]==* (aa+i)。

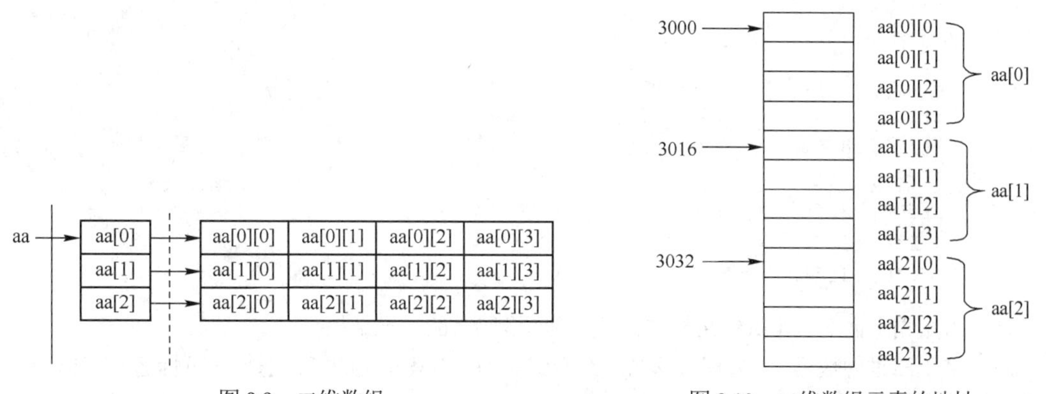

图 9.9　二维数组　　　　图 9.10　二维数组元素的地址

② 因为 aa[0]、aa[1]、aa[2]本身又被认为是一维数组的数组名，所以它们又分别代表对应一维数组的首地址，即 aa[0]代表 aa[0][0]的地址，aa[1]代表 aa[1][0]的地址，aa[2]代表 aa[2][0]的地址。通常 aa[i]代表 aa[i][0]的地址。所以有*(aa[i])==aa[i][0]。

综合以上两点，因为 aa[i]== *(aa+i)和 aa[i]==&aa[i][0]，所以 aa+i 与*(aa+i)也有相同的值。

参见图 9.10，假设数组的首地址为 3000，即&aa[0][0]=3000，则 aa+1 应为 3016，因为此数组的第 0 行有 4 个整型数据元素，所以 aa[1]的首地址为 3016。同理，aa+2 代表 aa[2]的地址，它的值是 3032。

③ 因为 aa[i]是一维数组名，所以 aa[i]+j 是一维数组 aa[i]第 j 个元素的地址，即&a[i][j]。由前面分析得出 aa[i]== *(aa+i)，所以 aa[i]+j==*(aa+i)+j。访问二维数组 aa 第 i 行第 j 列元素 aa[i][j]可以采用*(*(aa+i)+j)，或*(aa[i]+j)的指针形式。

需要强调的是，如果 aa 是一维数组名，则 aa[i]代表 aa 的第 i 个元素，此时，aa[i]是有物理地址的，并占有一定大小的内存单元。但如果 aa 是二维数组名，则 aa[i]只是形式上的 aa 数组的第 i 个元素，aa[i]本身并不占实际的内存单元，它只是一个地址（如同一个一维数组名 a 并不占内存单元而只代表地址一样）。aa[i]是一种地址的计算方法，能得到第 i 行的首地址。因此，&aa[i]和 aa[i]的值是一样的，但它们的含义却有一定的差别。&aa[i]或 aa+i 是针对行的，它代表第 i 行的首地址，而 aa[i]或*(aa+i) 是针对列的，aa[i]和*(aa+i)分别是 aa[i]+0 和*(aa+i)+0 的简写(即列下标 j 为 0 时)，它代表第 i 行的首列地址。因此，(aa+i)+j 与*(aa+i)+j 是不同的，因为(aa+i)+j 实际上就是 aa+i+j，是 i+j 行首地址，而*(aa+i)+j 是第 i 行第 j 列的地址。

分析下列程序，进一步加深对二维数组地址的理解。

【例 9.7】 二维数组的指针示例。

程序代码如下：

```
#include "stdio.h"
int main( )
{ int aa[3][4]={{1,2,3,4},{5,6,7,8},{9,10,11,12}};
  printf("%x,%x\n",aa, *aa);
  printf("%x,%x\n",aa[0], * (aa+0));
  printf("%x,%x\n",&aa[0],&aa[0][0]);
  printf("%x,%x\n",aa[1],aa+1);
  printf("%x,%x\n",&aa[1][0], * (aa+1)+0);
  printf("%x,%x\n",aa[2], * (aa+2));
  printf("%x,%x\n",&aa[2],aa+2);
  return 0 ;
}
```

程序运行结果如下：

```
13ff50,13ff50
13ff50,13ff50
13ff50,13ff50
13ff60,13ff60
13ff60,13ff60
13ff70,13ff70
13ff70,13ff70
```

请读者根据上面对二维数组结构的介绍来理解例 9.7 的运行结果。

对于多于二维的数组，其处理方法与二维数组类似，与其有关的指针运算与下标运算将更为复杂。例如，如果有三维数组：

```
int  aaa[2][3][4];
```

则可以认为 aaa 是一个一维数组，有两个元素，它的每个元素是具有 3 行 4 列的二维数组，然后再用二维数组的处理方法处理。

2．指向二维数组的指针变量

以上介绍的是二维数组元素的地址表示形式。对于指向二维数组的指针变量 p，可以有两种。一种是指向数组元素的，这就是在前一节详细介绍过的数组指针变量。另一种是指向行的，这时，p 不是指向一个具体的数组元素，而是指向一个包含 *m* 个元素的一维数组。在这种情况下，p+1 将指向下一行，p 的增值是以一个一维数组的长度（二维数组的列数）为单位的。这种指向一行的数组指针变量，称为行数组指针变量，简称行指针，相应的将指向二维数组元素的指针变量称为列数组指针变量，简称列指针。

行指针的定义形式如下：

```
类型标识符  (*指针变量名)[长度];
```

其中，类型标识符为行指针所指数组的基类型。*表示其后的变量是指针类型。长度表示二维数组分解为多个一维数组时，一维数组的长度，也就是二维数组的列数。应该注意“(*指针变量名)”两边的括号不可少，如果缺少括号则表示是指针数组(本章后面介绍)，意义就完全不同了。

例如：

```
int (*pa)[4];
```

pa 是一个行数组指针变量，它可以指向一个包含 4 个整型元素的一维数组。对于行指针可用二维数组名或行指针赋值，使之具有确定的值。

例如：

```
pa=aa;
```

这时 pa 指向二维数组 aa 的首地址，pa+1 指向二维数组第 1 行的首地址。通常，pa+i 指向二维数组 aa 第 i 行的首地址。而* (pa+i)+j 则是第 i 行第 j 列元素的地址。因此，* (pa+i)+j 或 pa[i]+j 均指向 aa[i][j]，见图 9.11。

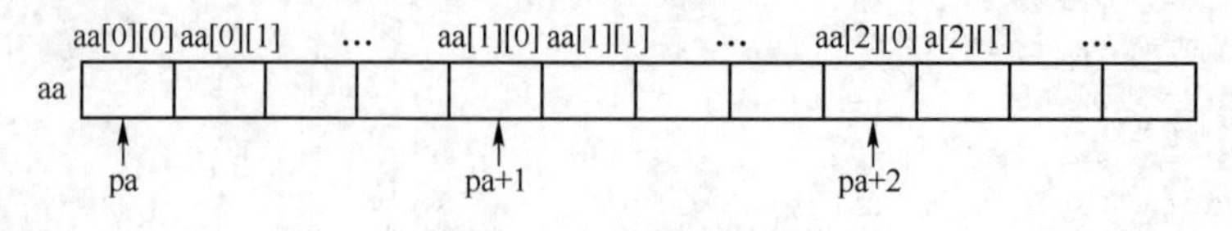

图 9.11　行指针示意图

由以上分析可知，访问二维数组元素，可以用以下两种方法：

① 下标法，即用 aa[i][j]或 pa[i][j]的形式访问数组元素；

② 指针法，即采用* (* (pa+i)+j)或* (* (aa+i)+j)或* (pa[i]+j)或* (aa[i]+j)的形式访问数组元素。

表 9.1　访问二位数组的方法

下标法		指针法			
aa[0][0]	pa[0][0]	*(*aa)	*(aa[0])	*(*pa)	*(pa[0])
aa[0][1]	pa[0][1]	*(*aa+1)	*(aa[0]+1)	*(*pa+1)	*(pa[0]+1)
aa[0][2]	pa[0][2]	*(*aa+2)	*(aa[0]+2)	*(*pa+2)	*(pa[0]+2)
aa[0][3]	pa[0][3]	*(*aa+3)	*(aa[0]+3)	*(*pa+3)	*(pa[0]+3)
aa[1][0]	pa[1][0]	*(*(aa+1))	*(*aa[1])	*(*(pa+1))	*(*(pa[1]))
aa[1][1]	pa[1][1]	*(*(aa+1)+1)	*(*aa[1]+1)	*(*(pa+1)+1)	*(*(pa[1])+1)
aa[1][2]	pa[1][2]	*(*(aa+1)+2)	*(*aa[1]+2)	*(*(pa+1)+2)	*(*(pa[1])+2)
aa[1][3]	pa[1][3]	*(*(aa+1)+3)	*(*aa[1]+3)	*(*(pa+1)+3)	*(*(pa[1])+3)
aa[2][0]	pa[2][0]	*(*(aa+2))	*(*aa[2])	*(*(pa+2))	*(*(pa[2]))
aa[2][1]	pa[2][1]	*(*(aa+2)+1)	*(*aa[2]+1)	*(*(pa+2)+1)	*(*(pa[2])+1)
aa[2][2]	pa[2][2]	*(*(aa+2)+2)	*(*aa[2]+2)	*(*(pa+2)+2)	*(*(pa[2])+2)
aa[2][3]	pa[2][3]	*(*(aa+2)+3)	*(*aa[2]+3)	*(*(pa+2)+3)	*(*(pa[2])+3)

9.2.3　指针与字符串

在C语言中，表示一个字符串既可以用字符数组，也可以用字符型指针变量。引用一个字符串时，既可以逐个字符引用，也可以整体引用。

1. 字符串的表示形式

在 C 程序中，可以用两种方法访问一个字符串。

（1）用一维字符数组存放一个字符串，然后输出该字符串。

【例 9.8】 用一维字符数组表示字符串示例。

程序代码如下：

```
#include "stdio.h"
int main( )
{ int i;
  char sp[]="I am a student.";
  printf("%s\n",sp);                              /*整体引用*/
  for(i=0;sp[i]!='\0';i++)printf("%c",sp[i]);    /*逐个引用*/
  return 0 ;
}
```

程序运行结果如下：

```
I am a student.
I am a student.
```

（2）用字符型指针变量指向一个字符串。

【例 9.9】 用字符型指针变量指向一个字符串示例。

程序代码如下：

```
#include "stdio.h"
int main( )
{
 char  *sp="I am a student.";
 printf("%s\n",sp);                                  /*整体引用*/
 for(;*sp!='\0'; sp++)printf("%c",*sp);              /*逐个引用*/
 return 0 ;
}
```

程序运行结果如下：

```
I am a student.
I am a student.
```

程序中定义字符指针变量sp，用字符串常量“I am a student.”的地址（由系统自动开辟、存储串常量的内存块的首地址）给sp赋初值。

其中，定义语句“char *sp="I am a student.";”也可以分成如下两条语句：

```
char *sp;
sp="I am a student.";
```

注意：在字符型指针变量sp中，仅存储字符串常量的地址，而字符串常量的内容（即字符串本身）存储在由系统自动开辟的内存块中，并在串尾添加一个结束标志'\0'。因此“char *sp="I am a student."”不能写为：

```
char *sp;
*sp="I am a student";
```

可见通过字符数组名或字符指针变量可以对一个字符串进行整体的输入/输出。这个概念对于数值型数组是不成立的。例如：

```
int a[20];
……
printf("%d\n",a);
```

是不行的，对数值型数组只能逐个元素输入和输出。

对字符串中字符的存取，可以用下标方法，也可以用指针方法，见例9.10和例9.11。

【例9.10】 将字符串a复制到字符串b。

程序代码如下：

```
#include "stdio.h"
int main( )
{char a[ ]="How are you?",b[20];
 int i;
 for(i=0; * (a+i)!='\0';i++)
      * (b+i)= * (a+i);                         /*指针法*/
 * (b+i)='\0';
 printf("string a is:%s\n",a);
 printf("string b is:");
 for(i=0; * (b+i)!='\0';i++)
      printf("%c",b[i]);                        /*下标法*/
 return 0 ;
}
```

程序运行结果如下：

```
string a is: How are you?
string b is: How are you?
```

在程序中，a 和 b 都定义为字符数组，可以用指针方法表示数组元素。在 for 语句中，先检查* (a+i)（即 a[i]）是否为'\0'，如果不等于'\0'，表示字符串尚未处理完，就将* (a+i)的值赋给* (b+i) (即 b[i])，即复制一个字符。循环结束后，还应将'\0'复制过去，故有语句：

```
* (b+i)='\0';
```

此时，i 的值是字符串有效字符的个数 n 加 1。第 2 个 for 循环中用下标法表示一个数组元素（即一个字符）。

【例 9.11】 用字符型指针变量来处理例 9.10。

程序代码如下：

```
#include "stdio.h"
int main( )
{ char a[ ]="How are you?",b[20], *pa, *pb;
  int i;
  pa=a; pb=b;
  for(;*pa!='\0'; pa++,pb++)
     *pb=*pa;                          /*指针法*/
  *pb='\0';
  printf("string a is:%s\n",a);
  printf("string b is:");
  for(i=0,pb=b;pb[i]!='\0';i++)
     printf("%c", pb[i]);              /*下标法*/
  return 0 ;
}
```

pa、pb 是指针变量，它们指向字符数据。先使 pa 和 pb 的值分别指向字符串 a 和 b 的首地址。*pa 最初的值为'H'，赋值语句“*pb=*pa;”的作用是将字符'H'（a 串中第一个字符）赋给 pb 所指向的元素，即 b[0]。然后 pa 和 pb 分别加 1，指向下一个元素，直到*pa 的值是'\0'为止。注意 pa 和 pb 的值是不断在改变的。程序必须保证使 pa 和 pb 同步移动。

3. 字符指针变量与字符数组小结

虽然用字符数组和字符指针变量都能实现对字符串的存储和运算，但它们二者之间是有区别的，不应混为一谈，主要包括以下几点：

（1）存储内容不同

字符数组存储的是字符串本身，每个数组元素存放一个字符；而字符指针变量存放的是字符串的首地址。

（2）赋值方式不同

对字符数组只能对各个元素赋值，不能用以下办法对字符数组赋值：

```
char str [20];
str="I am happy";
```

而对于字符指针变量，可以采用下面的方法赋值：

```
char *pa;
pa="I am happy";
```

或

```
char *pa="I am happy";
```

但注意赋给pa的不是字符，而是字符串的首地址。

（3）字符指针变量值是可以改变的，而字符数组名代表字符数组的起始地址，是一个常量，不能改变

【例9.12】 输出字符串的子串。

程序代码如下：

```
#include "stdio.h"
int main( )
{ char *pa="I am happy";
  pa=pa+5;
  printf("%s\n",pa);
  return 0 ;
}
```

程序运行结果如下：

```
happy
```

指针变量pa的值可以变化，输出的字符串是从pa当前所指向的单元开始到遇到'\0'为止的字符序列。而数组名虽然代表地址，但它的值是不能改变的。请大家思考，可否将例9.12中的定义语句改写为下面的语句：

```
char pa[ ]="I am happy";
```

可见，使用指针变量指向字符串的方式操作字符串更为方便。但是还应该注意下面的问题，请大家先分析下列两段程序。

程序段1：

```
char str [10];
scanf("%s", str);
```

程序段2：

```
char *pa;
scanf("%s",pa);
```

显然目的很清楚，就是想输入一个字符串，但程序段1是可行的，而程序段2使用的方法是危险的，不宜提倡。为什么呢？

这是因为在程序段1中首先定义了一个数组，系统在编译时为该数组分配了内存单元，即数组名str有确定的地址，所以通过scanf( )函数将一个字符串输入到从str开始的一段内存单元中是完全可行的。但是在程序段2中定义的是一个字符指针变量pa，系统在编译时只给指针变量pa分配了内存单元，在其中可以存放一个地址，也就是说，pa可以指向一个字符型数据，但并没有给它赋值，说明它没有明确的指向，或者说在pa单元中是一个不可预料的值（它可能指向内存中未用的存储区中，也有可能指向已存放指令或数据的存储区）。因此通过scanf( )函数将一个字符串输入到pa所指向的一段内存单元中是危险的，甚至会造成严重的后果。应当这样改写程序段2：

```
char *pa, str [10];
pa=str;
scanf("%s",pa);
```

先使 pa 有确定值，也就是使 pa 指向一个数组的开头，然后输入字符串到该地址开始的若干单元中。

9.3　指针数组和二级指针变量

9.3.1　指针数组

前面讨论过数值数组（数组元素为整型、实型和双精度型）和字符数组（数组元素为字符型），当数组元素的类型为指针类型时，称为指针数组。指针数组的定义形式为：

```
类型标识符 *数组名[常量表达式];
```

其中，类型标识符指明指针数组各元素所指向的对象的数据类型。例如：

```
int *pc[5];
```

定义了一个长度为 5 的指针数组 pc，它的每个数组元素都可指向一个整型变量（或存放一个整型变量的指针）。

注意：不要写成 “int(*pc)[5]”，这是行指针变量，在前面已经介绍过了。

引入指针数组的主要目的是便于统一管理同类型的指针。指针数组比较适合用于指向多个字符串，使字符串处理更加方便、灵活。字符串本身就是一个一维字符数组，若将若干个字符串放到一个二维字符数组中，则每一行的元素个数要求相同，但实际上各字符串长度是不相等的，只好按字符串中最长的来定义列数，但这样会造成内存空间的浪费。如果采用指针数组便可克服存储空间浪费的问题。因为指针数组中各个指针元素可以指向不同长度的字符串。因此，在编程中常用字符型的指针数组存放字符串。这样，各字符串的长度就可以不同了。

下面举例说明用指针数组处理多个字符串的方法。

【例 9.13】　分析下列程序的输出结果。

程序代码如下：

```
#include "stdio.h"
int main( )
{ char *name[ ]={"","Monday","Tuesday","Wendesday",
  "Thursday","Friday","Saturday","Sunday"};
  int week;
  while(1)
  { printf("Enter week No.:");
    scanf("%d",&week);
    if( week<1||week>7)break;
    printf("week No.%d->%s\n",week,name[week]);
  }
  return 0 ;
}
```

程序运行结果如下：

```
Enter week No.4 <Enter>
week No.4 -> Thursday
```

说明：该程序中 name 是一个字符型的指针数组，用它来存放多个字符串。程序的功能是将用数字表示的星期几转换成为用英文单词表示的星期几。使用指针数组将数组下标的数字与英文单词对应起来，十分方便。

【例 9.14】　将若干地名按字母顺序（由小到大）输出。

程序代码如下：

```
#include "stdio.h"
#include "string.h"
int main( )
{ char *name[]={"Beijing","Tianjin","Shanghai",
  "Chongqing","Qingdao","Shenzhen","Guangzhou"};
  int i,j,k,n=7;
  char *pc;
  for(i=0;i<n-1;i++)
  { k=i;
    for(j=i+1;j<n;j++)
      if(strcmp(name[k],name[j])>0) k=j;
    pc=name[i]; name[i]=name[k]; name[k]=pc;
  }
  for(i=0;i<n;i++)
      printf("%s\n",name[i]);
  return 0 ;
}
```

程序运行结果如下：

```
Beijing
Chongqing
Guangzhou
Qingdao
Shanghai
Shenzhen
Tianjin
```

说明：在 main( )函数中定义字符指针数组 name，包含 7 个元素，用它来存放地名的首地址。用选择法对字符串排序。strcmp 是字符串比较函数，name[i]和 name[j]是第 i 个和第 j 个字符串的起始地址。if 语句的作用是，比较 name[i]是否大于 name[j]，若是，则将指向第 i 个串的数组元素（是指针型元素）与指向第 j 个串的数组元素对换。当执行完内循环 for 语句后，在从第 i 个字符串到第 n 个字符串中，第 i 个元素所指向的字符串为最“小”。当执行完外循环后，指针数组的情况如图 9.12 所示。

(a) 排序前指针数组的指向

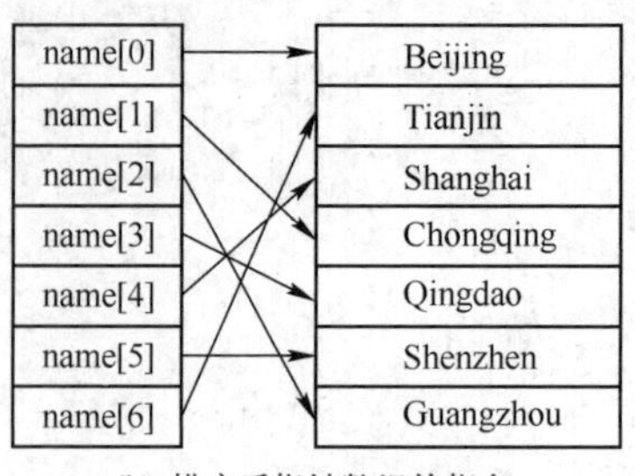

(b) 排序后指针数组的指向

图 9.12　指针数组示例

9.3.2　二级指针变量

前面讨论的指针变量，其中存放的是变量的地址，这种指针变量也称为一级指针变量。如果一个指针变量存放的是另一个指针变量的地址，也就是说一个指针变量指向另一个指针变量，这样的指针变量就称为二级指针变量。例如，指针变量 pp 指向一个指针变量 pa，而 pa 指向一个整型变量 a，则变量 pp 就是指向指针的指针，即二级指针。其中 a、pa、pp 三者之间的关系如图 9.13 所示。

定义二级指针变量的一般形式为：

```
类型标识符 **指针变量名;
```

例如，实现图 9.13 定义语句为：

```
int a,*pa=&a,**pp=&pa;
```

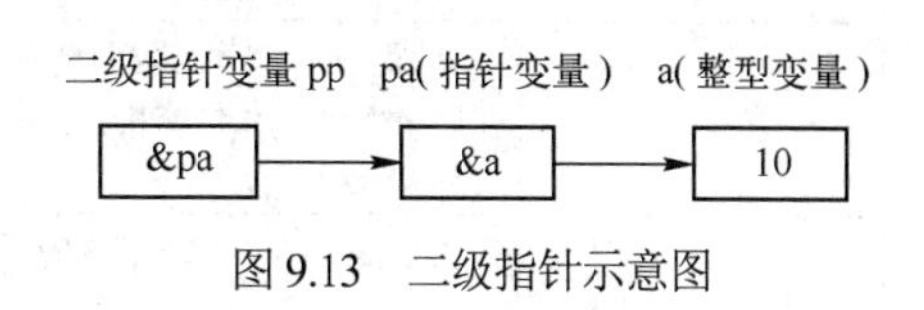

图 9.13　二级指针示意图

【例 9.15】　二级指针变量的使用。

程序代码如下：

```
#include "stdio.h"
int main( )
{ int a, *pa, **pp;
  a=200;
  pa=&a;                    /*p 指向 a*/
  pp=&pa;                   /*pp 指向 pa*/
  printf("a=%4d, *pa=%4d, **pp=%4d\n",a, *pa, **pp);
  printf("&a=%x,pa=%x, *pp=%x\n",&a,pa, *pp);
  printf("&pa=%x,pp=%x\n",&pa,pp);
  return 0 ;
}
```

程序运行结果如下：

```
a= 200,*pa= 200,**pp= 200
&a=13ff7c,pa=13ff7c,*pp=13ff7c
&pa=13ff78,pp=13ff78
```

说明：程序中定义了一个指向指针的指针 pp，它被用来存放指针变量 pa 的地址。

注意：*pp 是 pp 间接指向的对象的地址，而**pp 是 pp 间接指向的对象的值。

关于指向指针的指针，是 C 语言中比较深入的概念，在此只做简单的介绍。

本 章 小 结

1. 指针

指针是一种数据类型，指针值是存储单元的地址，指针变量是存储地址的变量，指针变量在使用之前必须先定义。

2. 与指针有关的数据类型

与指针有关的数据类型总结见表 9.2，其中 N 为整型常量。

表 9.2　与指针有关的数据类型

定义语句	含　义	主要用途
int *p;	定义 p 为指向整型数据的指针变量	① 作为函数参数，改变主调函数中的整型局部变量的值 ② 可指向整型数组的首地址，间接访问整个数组，或在函数间传递一维数组
char *p;	定义 p 为指向字符型数据的指针变量	可指向字符串首地址，间接访问整个字符串或在函数间传递字符串
int(*pa)[N];	定义 pa 为行数组指针变量,即指向一维数组的指针变量，该数组具有 N 个整型元素	可指向二维整型数组的第 0 行，间接访问二维数组的各行进而访问各元素或在函数间传递二维数组
char *ap[N];	定义 ap 为具有 N 个元素的一维字符型指针数组，各元素都是指向字符型数据的指针变量	数组每个元素可存放字符串的首地址，可以有效地处理多个字符串
char *fp( );	定义 fp 为返回指针值的函数,函数 fp 返回字符型的指针	返回指向字符串首字符的指针，可从被调函数得到一个字符串
char **pp;	定义 pp 为二级指针，指向字符型指针的指针	可指向字符型指针数组的首元素，间接访问整个指针数组，或在函数间传递指针数组
char(*pf)( );	定义 pf 为指向函数的指针变量，函数返回值为字符型,详见第 10 章	间接调用 pf 指向的函数，或在函数调用时传递一个函数的入口地址，以提高所调用的函数的通用性

注：表 9.2 中的最后一行有关指向函数指针变量的基本概念将在第 10 章作介绍。

3．指针运算

① 取地址运算符&用于求变量的地址，取内容运算符*表示指针所指的变量。

② 指针变量加（减）一个整数是将该指针变量的地址和它指向的变量所占用的内存字节数相加（减），即 p+i 代表地址计算 p+c*i。其中 c 为字节数，在 Visual C6.0 中环境下，对于整型数据，c=4；双精度实型数据，c=8；字符型数据，c=1。这样才能保证* (p+i)指向 p 下面的第 i 个元素，它才有实际意义。

③ 指针变量赋值是将一个变量地址赋给一个指针变量。注意，不能把一个整数赋给指针变量，同样也不应把指针变量 p 的值（地址）赋给一个整型变量 i。

④ 指针变量可以有空值，即该指针变量不指向任何变量，可表示为：

```
p=NULL;
```

实际上 NULL 是整数 0，它使 p 的存储单元中所有二进位均为 0，也就是使 p 指向地址为 0 的单元。人们习惯上不用“p=0;”，而用“p=NULL;”，这样可读性好。

注意：p 的值为 NULL 与未对 p 赋值是两个不同的概念。前者是有值的(值为 0)，但不指向任何变量，而未对 p 赋值并不等于 p 无值，只是它的值是一个不确定的值，也就是 p 实际上可能指向一个事先未指定的单元——这种情况是很危险的。因此，在引用指针变量之前应对它赋值。

任何指针变量或地址都可以与 NULL 做相等或不相等的比较，例如：

```
if (p= =NULL)……
```

⑤ 如果两个指向同一个数组的元素，则两个指针变量值之差是两个指针变量之间的元素个数。

⑥ 如果两个指针变量指向同一个数组的元素，则可以进行比较。指向前面的元素的指针变量“小于”指向后面元素的指针变量。注意，如果两个指针变量不指向同一数组，则比较无意义。

4．指针与数组

在 C 语言中，指针和数组是密切相关的。数组名本身就是指针常量，而且，指针运算和下标运算是等价的，只是一个为变量、一个为常量。特别是在函数之间传递数组时，用指针变量访问数组可以提高程序的效率和灵活性。

要注意区分数组指针和指针数组。

应该说明，指针是C语言中重要的概念，是C语言的一个特色。使用指针的优点为：①提高程序效率；②可以从函数调用得到多个可改变的值；③可以实现动态存储分配。

同时应该看到，指针使用实在太灵活，对熟练的程序人员来说，可以利用它编写出颇有特色的、质量优良的程序，实现许多用其他高级语言难以实现的功能，但也很容易出错，而且这种错误往往难以发现，有时甚至还会导致整个程序遭受破坏。比如，未对指针变量p赋值就对*p赋值，就可能破坏了有用的单元的内容。有人说指针是有利有弊的工具，甚至说它好坏参半。的确，如果使用指针不当，特别是赋以它一个错误的值时，会成为一个极其隐蔽的、难以发现和排除的故障。因此，使用指针要十分小心谨慎，要多上机调试程序，弄清一切细节，并积累经验。

习　题　9

9.1　思考题

1. 什么是指针和变量的指针？如何定义指针变量？请举例说明。

2. 什么是数组指针？假设有两个数组指针pa和pb，请给出下列表达式的含义。

（1）pa+1　　（2）*pa++　　（3）pb=pa

（4）pa>pb　　（5）pa–pb　　（6）*pa+*pb

3. 什么是行指针？假设一个行指针px，请给出下列表达式的含义。

（1）px+1　　（2）px++　　（3）*(px+1)+1

（4）*(*(px+1)+1)　　（5）px[1][2]

4. 有语句int *p,n;　p=&n;想通过指针变量p给变量n输入数据，写出正确的scanf语句。

5. 下列程序为什么无法将用户输入的三个整数按从小到大排序输出？应该如何修改？

```
# include "stdio.h"
void swap (int x, int y)
    { int t = x; x = y; y = t; }
int main ()
    {  int a, b, c;
       scanf ("%d, %d, %d" , &a, &b, &c);
       if (a>b) swap (a, b);
       if (a>c) swap (a, c);
       if (b>c) swap (b, c);
       printf ("%d, %d, %d" , a, b, c);
       return 0 ;
 }
```

9.2　读程序写结果题

1.
```
int c[ ]={10,30,5}, *pc;
   for(pc=c; pc<c+2; pc++) printf("%d#", *pc);
```

输出结果为：＿＿＿＿＿＿。

2.
```
int k=1,j=2, *p, *q, *t;
p=&k; q=&j;
t=p; p=q; q=t;
printf("%d,%d",*p, *q);
```

输出结果为：________。

3.
```
#include "stdio.h"
int main()
{int i,s=0,t[]={1,2,3,4,5,6,7,8,9};
 for(i=0;i<9;i+=2)
      s+=*(t+i);
 printf("%d\n",s);
 return 0 ;
}
```

输出结果为：________。

4.
```
#include "stdio.h"
int main()
{char *p[]={"3697","2584"};
int i,j,num=0;
for(i=0;i<2;i++)
   {j=0;
    while(p[i][j]!='\0')
         {if((p[i][j]-'0')%2)
                num=10*num+p[i][j]-'0';
          j+=2;
          }
    }
printf("%d\n",num);
return 0 ;
}
```

输出结果为：________。

5.
```
#include "stdio.h"
int main( )
{ int x[]={1,2,3,4};  int *p,i,a,b;
  p=&x[1];
  a=10;
  for(i=2;i>=0;i--)
        b=(*(p+i)<a)?*(p+i):a;
  printf("%d\n",b);
  return 0 ;
}
```

输出结果为：________。

6.
```
char *st[ ]={"ONE","TWO","FOUR","K"};
printf("%s,%c\n",* (st+2), **st+1);
```

输出结果为：________。

7. 设有以下定义的语句：

```
int a[3][2]={10,20,30,40,50,60}, (*p)[2];
p=a;
printf("%d\n",* (* (p+2)+1));
```

输出结果为：________。

8.
```
#include "stdio.h"
#include "string.h"
int main( )
{ char *p[10]={"abc","aabdfg","dcdbe","abbd","cd"};
  printf("%d\n",strlen(p[4]));
  return 0 ;
}
```

输出结果为：________。

9.
```
#include "stdio.h"
int a[2][2]={1,2,3,4},*p[]={a[0],a[1]}, **pp=p;
int main( )
{ int (*s)[2]=a,*q=&a[0][0];
  int i,j;
  for(i=0;i<2;i++)
    for(j=0;j<1;j++)
  printf("%d,%d,%d,%d,%d \n",*(a[i]+j),*(*(p+i)+j),(*(pp+i))[j] ,*(q+2*i+j),
* (*s+2*i+j));
  return 0 ;
}
```

输出结果为：________。

9.3 程序填空题：根据要求，在下画线处填写适当内容。

1. 程序的功能是：从键盘上读取N个数据，求其平均值，并根据平均值将N个数据分为大于或等于平均值和小于平均值两组输出。

```
#define N 10
int main()
{    double ave,b[N],sum=0,*p=&ave,*q=b;
     printf("\n 请输入%d 个数据: \n",N);
     while(q<b+N)
     {    scanf("%lf",q);
          __________;
     }
     *p=sum/N;
     printf("大于或等于平均值%.1lf 的数: ",*p);
     for(______;q<b+N;q++)
          if(*q>=*p) printf("%.1f  ",*q);
     printf("\n 小于平均值%.1lf 的数: ",*p);
     for(q=b;q<b+N; ______)
         if(*q<*p) printf("%.1f  ",*q);
     return 0 ;
}
```

2. 程序中数组a包括10个整数元素，从a中第二个元素起，分别将后项减前项之差存入数组b，并按每行4个元素的方式输出数组b。请在下画线处填入适当内容将程序补充完整。

```
#include "stdio.h"
int main( )
{ int a[10],b[10], i
  for(i=0;i<10; i++)  scanf("%d",&a[i]) ;
  for(i=1;i<10; i++)  b[i]=_________;
  for(i=1;i<10;i++)
  { printf("%3d",b[i]);
   if (i%4==0) ________ ;
  }
  return 0 ;
}
```

9.4 编程题

1．按以下要求编写一个程序。定义3个变量用于存放输入的3个整数，另定义3个指向整型变量的指针变量，并利用它们实现将输入的3个整数按由小到大的顺序输出。

2．编程用指针实现将从键盘输入的N个数逆序输出。

3．编程用指针实现输入10个整数，将其中最小的数与第1个数对换，把最大的数与最后1个数对换。

4．按下列要求输入和输出下列数据阵列，编程用指针实现。

输入阵列：	1	2	3	4
	5	6	7	8
	9	10	11	12
输出阵列：	12	11	10	9
	8	7	6	5
	4	3	2	1

5．编程用指针实现求一个字符串的长度（相当于strlen( )函数的功能）。

6．用指针数组操作将输入的5个字符串按由小到大的顺序排序输出。

第 10 章　函数参数传递进阶

函数间的数据传递是通过形参和实参来完成的。发生函数调用时，主调函数把实参的值传送给被调函数的形参，从而实现主调函数向被调函数的“单向”数据传送。

我们在 8.2 节中已经学习了简单变量作为函数参数时数据的传递情况。大家知道，在函数内部定义的变量，其作用范围仅仅是在函数内部，其他函数是不能“直接”访问该变量的。比如在 main 函数中定义了一个 val 变量，那么在其他函数里面是没办法改变这个变量值的，只能把 val 的值复制一份给其他函数去操纵这个副本。那么，如果非要通过其他函数更改 main 函数里的 val 变量要怎么办呢？可以把 val 变量的地址（指针）传出去，在其他函数里用指针变量接一下，就可以在其他函数中通过指针变量“间接”访问 main 函数中的变量了。

本章将介绍把指向不同类型数据的指针变量作为函数形参时，实参的合法形式、实参到形参的数据传递及形参对“实参”的间接访问。

10.1　指针变量作为函数参数

函数的参数不仅可以是整型、实型、字符型等数据，还可以是指针类型数据。

实参：指针常量、有确定值的指针变量、能求出确定地址值的表达式

形参：同类型的指针变量名

当发生函数调用时，将主调函数中的一个有效地址（实参的值）即指针传送到被调函数中，在被调函数中通过该指针进行间接访问，就可以访问主调函数中实参变量的值。

【例 10.1】　题目同例 9.4，即交换两个指针变量所指向的变量的值（用函数处理，而且用指针类型的数据作为函数参数）。

程序代码如下：

```
#include "stdio.h"
test(int *p1,int *p2)          /* 形参为指针变量*/
{ int  p;
  p=*p1; *p1=*p2;  *p2=p;
}
int main( )
{ int  a1=10,a2=20;
  int  *pa1, *pa2;
  pa1=&a1; pa2=&a2;
  test(pa1,pa2);               /* 具有确定值的指针变量作为函数的实参*/
  printf("%d,%d\n",a1,a2);
  return 0;}
```

程序运行结果如下：

```
20,10
```

在本例中，test( )是用户自定义的函数，它的作用是交换两个变量的值。test 函数的两个形参 p1、p2 是指针变量。在主函数 main( )中，先将 a1 和 a2 的地址分别赋给指针变量 pa1

和 pa2，也就是使 pal 指向 a1，pa2 指向 a2。接着调用函数 test( )，在函数开始执行时，通过参数传递（按值单向传递规则）将实参变量 pa1、pa2 的值（即 a1、a2 的地址）传送给形参变量 p1、p2 后，使 pl、p2 也分别指向变量 a1、a2。test( )函数利用这两个地址间接访问（引用和修改）了变量 a1 和 a2。显然，&a1 和&a2 没有发生变化，但两者所指向的内容却已经相互交换了（a1=20，a2=10）。其调用前后的情况如图 10.1 所示。

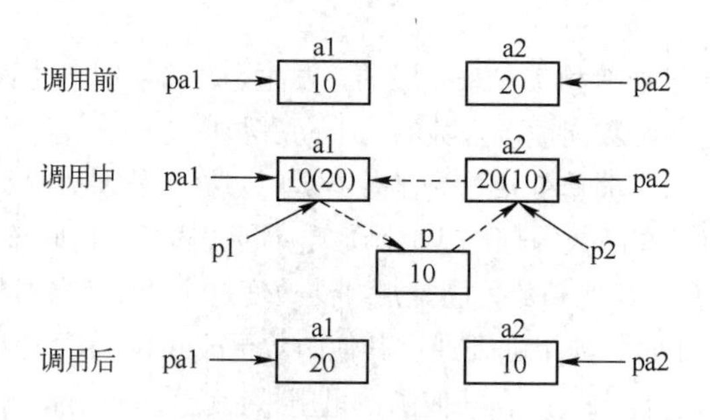

图 10.1　例 10.1 函数参数传递

本例对 test( )函数的调用“test(pa1,pa2);”也可以写成“test(&a1,&a2);”，两者是等效的。

通过例 10.1 不难看出，利用指针变量作为函数形参，以及 C 语言实参和形参之间单向值传递的特性，可以使实参指针和相应形参指针指向同一个存储单元。这样，在被调函数中对形参指针的间接访问实际上访问的是实参指针所指向的变量（主调函数中定义的局部变量），从而达到在被调函数中操作主调函数局部变量的目的。

10.2　数组名和数组指针变量作为函数参数

对于数组来说，数组名、数组指针变量和数组元素的指针均为指针类型数据，也可作为函数参数。

实参：数组名、数组指针变量或数组元素的指针。

形参：同类型的指针变量名。

例如：

```
int main( )                func(int *b,int n)
{  int  a[20];            {
   ……                  ……
   func(a,20);             }
   ……
}
```

其中，a 为实参数组名，b 为形参数组指针变量，在调用函数时把 a 的值传递给了形参 b，形参数组指针变量 b 获得了实参数组 a 的首地址，根据数组指针变量的引用规则可知，在函数调用过程中，对 b[i]的操作就是对 a[i]的操作，即形参的结果影响了实参。同理，可将上述主函数改为用如下形式调用 func( )函数：

```
int main( )
{  int a[20], *pa=a;
   ……
   func(pa,20);
```

```
    ......
}
```

或将 func( )函数改为如下形式由主函数调用：

```
func(int b[ ], int n)
{
  ......
}
```

在这种形式下，形参 int b[]的书写形式虽然为整型数组形式，但 C 语言系统将此类形参也解释为数组指针变量，遵循数组指针变量的引用规则。

【例 10.2】　利用选择法将数组中的 *n* 个整数由小到大排序。

分析：问题的求解思路为编写选择法排序函数 void sort(int *b，int n)，实现对从数组指针变量 b 所指位置开始的 *n* 个存储单元中的值的排序。编写主函数，实现原始数组的定义并初始化、调用 sort( )函数及排序后结果的输出。

程序代码如下：

```
#include "stdio.h"
int main( )
{ int a[6]={10,4,12,34,2,56};      /* 初始的一组数据*/
  int i;
  void sort(int *b,int n);         /* 排序函数的声明 */
  sort(a,6);                       /* 调用排序函数,实参 a 为数组名，即数组首地址*/
  for(i=0;i<6;i++)                 /* 输出排序后的一组数据*/
     printf("%4d",a[i]);
  return 0;
}
void sort(int *b,int n)            /* 排序函数定义，形参 b 为数组指针变量*/
{ int i,j,k,t;
  for(i=0;i<n-1;i++)
  { k=i;
    for(j=i+1;j<n;j++)
        if(*(b+j)<*(b+k))k=j;
    t=*(b+i); *(b+i)=*(b+k);*(b+k)=t;
  }
}
```

程序运行结果如下：

```
2   4   10   12   34   56
```

说明：自定义函数 sort()中有两个形参，一个是数组指针变量，另一个是整型变量 n。函数调用时，有两个实参，一个为数组名 a，即将数组 a 的首地址传给形参数组指针变量 b，如图 10.2 所示，另一个为整数 6，定义了待排序元素的个数，即数组的长度，传给了整型形参变量 n。由于实参和形参的关系，所以在 sort( )函数中对数组指针变量 b 的操作间接访问了数组 a 的相应元素，从而实现对数组 a 的排序。程序最后通过 for 循环将排序后的数据输出显示。

由于用数组名或数组指针变量作为函数参数，实际上传递的是地址值，因此，对这个程序还可以做如下一些改动，而结果不变。

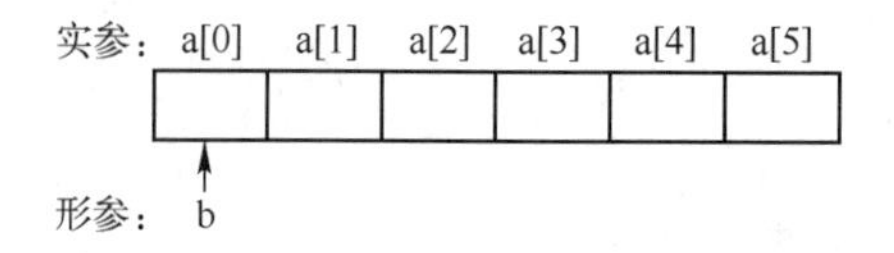

图 10.2　实参数组和形参数组指针变量的对应关系

① 主函数不变，将自定义函数 sort( )中的形参 b 写成整型数组形式（C 语言系统仍然将其解释为数组指针变量）。自定义函数 sort()的程序代码如下：

```
void sort(int b[],int n)      /* 排序函数定义，形参 b 为数组指针变量*/
{ int i,j,k,t;
  for(i=0;i<n-1;i++)
  { k=i;
    for(j=i+1;j<n;j++)
        if(b[j]<b[k]) k=j;
    t=b[i];b[i]=b[k];b[k]=t;
  }
}
```

② 将主函数中函数调用的实参 a 改为数组指针变量 pa（先使实参指针变量 pa 指向数组 a），sort( )函数不变。主函数的程序代码如下：

```
int main( )
{ int a[6]={10,4,12,34,2,56};
  int i, *pa=a;              /* pa 指向 a 数组 */
  void sort(int b[],int n);
  sort(pa,6);
  for(i=0;i<6;i++)
     printf("%4d",a[i]);
  return 0;
}
```

应该注意，如果用数组指针变量作为实参，必须先使数组指针变量有确定值，指向一个已定义的数组。

10.3　行数组指针变量作为函数参数

二维数组的指针作为函数实参时，有列指针和行指针两种形式。相应地，用来接收实参数组指针的形参，必须使用相应形式的指针变量：

① 实参用列指针，形参用（列）指针变量；

② 实参形参用行指针，形参用行指针变量。

下面的例子可以说明它们的用法。

【例 10.3】　已知某班 4 位学生 5 门课的成绩，计算总平均分数，并输出某个学生各门课的成绩。

分析：将包含所有学生的学号和成绩的成绩单放到一个二维数组 cj[4][6]中，cj 的每一行对应一位学生，其中第一列存放学生的学号，其余列存放 5 门课的成绩。编写函数 average( )用于求总平均成绩，函数 search( )用于找出并输出指定学号的学生各门课成绩。

程序代码如下：

```
#include "stdio.h"
int main( )
{ void  average(float *ap,int n,int k);        /* 函数的声明 */
  void  search(float (*p)[6],int n,int m);     /* 函数的声明 */
  float  cj[4][6]={{3,65,67,70,60,55},
         {6,80,87,90,81,94},
         {7,90,96,100,98,92},
         {9,77,69,73,80,90}};
  average(&cj[0][0],4,5);                  /* 求 4 个学生 5 门课程的平均成绩*/
  search(cj,4,7);                          /* 查找学号为 7 的学生成绩*/
  return 0;
  }
void  average(float *ap,int n,int k)  /* 函数的定义，形参 ap 为列指针变量*/
  { int  i ;
    float sum=0,ave;
    for(i=0;i<n*(k+1);i++,ap++)
      if(i%(k+1))                          /* 跳过学号*/
          sum=sum+(*ap);
    ave=sum/(n*k);
    printf("average=%6.2f\n",ave);
  }
void search(float (*p)[6],int n,int m)   /*函数的定义，形参 p 为行指针变量*/
{int i,j;
 for(i=0;i<n;i++)
 if(** (p+i)==m)
   {  printf("The scores of No %d student are :\n",m);
     for(j=1;j<6;j++)
     printf("%6.1f",*(*(p+i)+j));
   }
 printf("\n");
 }
```

程序运行结果如下：

```
average= 80.70
The scores of  N0.7  student are:
90.0 96.0 100.0 98.0 92.0
```

说明：在函数 average( )中形参 ap 被定义为指向一个实型变量的指针变量，相应的实参为&cj[0][0]。这样，可用 ap 遍历二维数组的各个元素。

在函数 search( )中形参 p 被定义为行数组指针变量，即指向包含 6 个元素的一维数组的指针变量，相应的实参为 cj。函数开始调用时，实参 cj 代表该数组的第 0 行首地址，传给 p，使 p 也指向 cj[0]。p+i 指向 cj[i]，*(p+i)+j 是 cj[i][j]的地址，*(*(p+i)+j)是 cj[i][j]的值。

通过指针变量存取数组元素速度快，且程序简明。用指针变量作为形参，可以允许数组的行数不同。因此数组与指针常常是紧密联系的，使用熟练的话可以使程序质量提高，且编写程序方便灵活。

10.4　字符型指针变量作为函数参数

将一个字符串从一个函数传递到另一个函数，只需要传递字符串的首地址。

实参：字符串首地址（数组名或字符串）

形参：字符型指针变量（也可以写成字符型数组的定义形式）。

【例 10.4】 编写程序通过调用字符串复制函数来实现字符串的复制。

（1）形参用字符数组作为参数

程序代码如下：

```
#include "stdio.h"
int main( )
{ void scopy(char a[],char b[]);
  char s1[ ]="I love China.";
  char s2[ ]="I love Beijing.";
  printf("s1:%s\ns2:%s\n",s1,s2);
  scopy(s1,s2);
  printf("s1:%s\ns2:%s\n",s1,s2);
  return 0;
}
void scopy(char a[],char b[])
{ int i;
  for(i=0;a[i]!='\0';i++)
      b[i]=a[i];
  b[i]='\0';
}
```

程序运行结果如下：

```
s1: I love China.
s2: I love Beijing.
s1: I love China.
s2: I love China.
```

说明：s1 和 s2 是字符数组。scopy( )函数的作用是将 a[i]赋给 b[i]，直到 a[i]的值是'\0'为止。在调用 scopy( )函数时，将 s1 和 s2 的首地址分别传递给形参数组 a 和 b。因此，a[i]和 s1[[i]占同一个单元，b[i]和 s2[i]占同一个单元。程序执行完以后，由于 s2 数组原来的长度大于 s1 数组，因此在将 s1 数组复制到 s2 数组后，未能全部覆盖 s2 数组的原有内容。s2 数组最后两个元素仍保留原状。在输出 s2 时由于按%s（字符串）输出，遇到 '\0' 即告结束，因此第一个'\0' 后的字符不输出。如果不采取%s 格式输出，而用%c 逐个字符输出是可以输出后面这些字符的。

在 main( )函数中也可以不定义字符数组，而用字符型指针变量。main( )函数可改写如下：

```
int main( )
{void scopy(char a[],char b[]);
 char st1[]="I love China.",*s1=st1;
 char st2[]="I love Beijing.",*s2=st2;
 printf("s1:%s\n,s2:%s\n",s1,s2);
 scopy(s1,s2);
 printf("s1:%s\n,s2:%s\n",s1,s2);
 return 0;
}
```

与上面程序运行的结果相同。

（2）形参用字符指针变量

程序代码如下：

```
void scopy(char *p1,char *p2)
{ int i;
  for(;*p1!='\0';p1++,p2++)
    *p2=*p1;
  *p2='\0';
}
```

说明：形参 p1 和 p2 是字符指针变量。在调用函数 scopy( )时，将数组 s1 的首地址传给 p1，把数组 s2 的首地址传给 p2。在函数 scopy( )中的 for 循环中，每次将*p1 赋给*p2，第 1 次就是将 s1 数组中第 1 个字符赋给 s2 数组的第 1 个字符。在执行 p1++和 p2++以后，p1 和 p2 就分别指向 s1[1]和 s2[1]。再执行*p2=*p1，就将 s1[1]赋给 s2[1]……最后将'\0'赋给*p2。

10.5　指向函数的指针变量作为函数参数

1．指针函数的定义和调用

一个函数可以返回一个 int 型、float 型、doouble 型或 char 型的数据，也可以返回一个指针类型的数据。返回指针值的函数称为指针函数。定义指针函数的一般形式为：

```
类型标识符 * 函数名(参数表)
```

例如：

```
int * pfun ( float x,float y )
```

请注意，在函数名 pfun 的两侧分别为*运算符和( )运算符。由于( )优先级高于*，因此 pfun 先与( )结合，说明这是函数形式。这个函数前面有一个*，表示此函数是指针类型（函数值是指针）。而最前面的类型标识符 int 表示返回的指针指向整型数据。

指针函数的返回值可以是各种地址，例如，简单变量的地址、数组的首地址、指针变量的值等。

指针函数的调用形式与一般函数的调用形式完全一致。其函数参数也可以是任意类型的数据，其特殊性在于其返回值是一个地址值，当然主调函数只能用指针变量接收这一个地址值。

【例 10.5】　下列程序是通过指针函数，输入一个 1～7 之间的整数，输出对应的星期名。

```
#include "stdio.h"
int main()
{ int i;
  char *day_name(int n);    /* 指针函数的声明 */
  printf("input Day No:");
  scanf("%d",&i);
  printf("Day No:%2d-->%s\n",i,day_name(i));
  return 0;
}
char *day_name(int n)    /* 指针函数的定义 */
{ char *name[]={ "Illegal day", "Monday", "Tuesday", "Wednesday", "Thursday",
"Friday","Saturday", "Sunday"};
  return((n<1||n>7) ? name[0] : name[n]);
}
```

程序运行结果如下：

```
input Day No:3
Day No: 3-->Wednesday
```

说明：本例中定义了一个指针型函数 day_name，它的返回值指向一个字符串。该函数中定义了一个指针数组 name。name 数组初始化赋值为 8 个字符串，分别表示各个星期名及出错提示。形参 n 表示与星期名所对应的整数。在主函数中，把输入的整数 i 作为实参，在 printf 语句中调用 day_name 函数并把 i 值传送给形参 n。day_name 函数中的 return 语句包含一个条件表达式，n 值若大于 7 或小于 1 则把 name[0]指针返回主函数输出出错提示字符串"Illegal day"。否则返回主函数输出对应的星期名。主函数中的第 5 行是个条件语句，其语义是，如输入为负数（i<0）则中止程序运行退出程序。exit 是一个库函数，exit(1)表示发生错误后退出程序，exit(0)表示正常退出。

2. 指向函数指针变量的定义和赋值

C 语言中的每一个函数编译后，其目标代码连续存放在一段内存单元中。函数被调用时，就是从这段内存单元的起始地址开始执行目标代码，这个起始地址为函数的入口地址，称为函数的指针。与数组名代表数组的起始地址一样，函数名也代表函数的入口地址，因此，可以定义一个指向函数的指针变量，表示函数的入口地址。定义指向函数的指针变量的一般形式为：

```
类型标识符 (*指针变量名)( );
```

这里的类型标识符是指函数返回值的类型。例如：

```
int (*pf )( );
```

定义 pf 是一个指向函数的指针变量，其中函数的返回值是整型。注意，(*pf)的括号是必需的，表示 pf 先与*结合，是一个指针变量，然后与后随的括号结合，表示指针变量指向函数。

函数名代表该函数的入口地址。因此，可以用函数名给指向函数的指针变量赋值。格式为：

```
指向函数的指针变量=函数名;
```

注意：*函数名后不能带括号和参数。例如*:

```
pf=fun;
```

在给函数指针赋值后，就可以引用它了。函数的调用可以通过函数名调用，也可以通过指向函数的指针变量调用。

用函数名调用的一般形式为：

```
函数名(实参表);
```

用指向函数的指针变量调用的一般形式为：

```
(*指针变量名)(实参表);
```

【例 10.6】 使用指向函数的指针变量调用函数。

```
#include "stdio.h"
int main( )
{ int add(int a,int b ),( *pf)( );          /* 定义函数指针变量 pf */
  int x,y,z;
  pf=add;                               /* pf 指向函数 add( ) */
  printf("Input x,y:");
  scanf("%d,%d",&x,&y);
  z=(*pf)(x,y);                         /* 调用函数 add( ) */
```

```
    printf("x=%d,y=%d,sum=%d\n",x,y,z);
    return 0;
}
int add(int a,int b)
{ return(a+b);}
```

程序运行结果如下：

```
Input x,y: 22,34<Enter>
x=22,y=34, sum=56
```

说明：pf 是一个指向函数的指针变量，赋值语句“pf=add;”的作用是，将函数 add( )的入口地址赋给指针变量。“z=(*pf)(x, y);”是用指向函数的指针变量调用所指向的函数，它等价于：

```
z=add(x,y);
```

注意：函数指针变量和指针型函数这两者在写法和意义上的区别。如 int(*p)()和 int *p()是两个完全不同的量。

int (*p)()是一个变量说明，说明 p 是一个指向函数入口的指针变量，该函数的返回值是整型量，(*p)的两边的括号不能少。

int *p()是函数说明，说明 p 是一个指针型函数，其返回值是一个指向整型量的指针，*p 两边没有括号。

3. 指向函数的指针变量作为函数参数

指向函数的指针变量也可以作为函数的参数，即将函数的入口地址传递给函数，也就是将函数名传给形参，从而实现利用相同的函数调用语句调用不同函数的目的。

其原理可以简述为，在主调函数中有语句：“fun(f1);”，其中 f1 是一个函数名，即给形参传递函数的地址。

被调函数定义如下：

```
fun(int (*pf)( ))          /*定义 pf 为指向函数的指针变量*/
{ int x, i,j,k;
  x=(*pf)(i,j,k);          /*调用 f1( )函数*/
  ……
}
```

其中，i、j、k 是函数 f1( )所要求的参数。函数 fun( )中的形参 pf（指向函数的指针变量）在函数 fun( )未被调用时并不占内存单元，也不指向任何函数。在调用函数 fun 时，则把实参函数 f1()的函数入口地址传给形参 pf，使 pf 指向函数 f1( )，因此，(*pf)(i,j,k)相当于 f1(i,j,k)。

如果在主调函数中只是调用 f1( )，则完全可以在 fun( )函数中直接调用 f1( )，而不必设指针变量 pf。但是，如果在每次调用 fun( )函数时，要调用的函数不是固定的，这次调用 f1( )，而下次要调用 f2( )，第 3 次要调用的是 f3( )。这时，用指针变量就比较方便了。只要在每次调用 fun( )函数时给出不同的函数名作为实参即可，fun( )函数不必进行任何修改。这种方法是符合结构化程序设计原则的，在程序设计中经常使用。

下面通过一个简单的例子来说明这种方法的应用。

【例 10.7】 用函数指针变量实现四则运算。

程序代码如下：

```
#include "stdio.h"
double  add(double x,double y)
  {  return(x+y);}
double sub(double x,double y)
  {  return(x-y);}
double mult(double x,double y)
  {  return(x*y);}
double divi(double x,double y)
  {  return(x/y);}
double result(double x,double y,double (*pf)(double,double))
  {  double s;
    s=(*pf)(x,y);
    return(s);
}
int main ( )
{  double a,b,s;char op;
   printf("please select your operation(input +, ,* or / )\n");
   scanf("%c",&op);
   printf("please input the two operand\n");
   scanf("%lf,%lf",&a,&b);
   switch(op)
    { case '+':s=result(a,b,add);break;
      case ' ': s=result(a, b, sub); break;
      case '*':s=result(a, b, mult); break;
      case '/ ': s=result(a, b, divi); break;
    }
   printf("the operation is :%lf%c%lf=%lf\n",a,op,b,s);
   return 0;}
```

程序运行结果如下：

```
please select operation(input +,-,* or/)
+ <Enter>
please input the two operanod
20, 55 <Enter>
the operation is:20.00000+55.000000=75.000000
```

说明：程序中的 result( )函数有一个形参是指向函数的指针变量 pf。在 main( )函数中调用 result( )函数时，除了将 a 和 b 作为实参将两个数传给函数 result( )的形参 x、y 外，还将函数名 add(或 sub 或 multi 或 divi)作为实参传送给 result( )函数中的形参 pf。在 result( )函数中根据指向函数的指针变量调用相应的函数 add( )（sub( )、multi( )或 divi( )）完成相应的运算。所以 result( )函数一方面从主调函数中接受了不同的功能要求（即不同的运算），另一方面又转向了相应的功能实现函数。

假如不把函数指针作为形参，是无法如此清晰地表述出这一过程的。

10.6 main( )函数的形参

到目前为止，我们定义 main( )函数时都未写出其参数。实际上，main( )函数可以带两个形式参数，主函数的原形如下：

```
int main(int argc,char *argv[])
{
  ……
}
```

其中，argc 和 argv 就是 main( )函数的形参。argc 是整型变量，argv[]是一个字符型指针数组。

main( )函数是由操作系统调用的，它的参数由操作系统传递，所以运行带形参的主函数时，必须在操作系统命令状态下，输入命令行：

命令名　参数 1　参数 2　……　参数 *n*

其中，命令名为 C 语言可执行程序的文件名，命令名和参数及各参数之间用空格分隔。

当操作系统调用 main( )函数时，将命令行中的命令名和各个参数都看作一个个字符串，将字符串的个数传给 argc，将各个字符串的首地址传给 argv 字符数组的每个元素，即 argv[0]指向命令名字符串，argv[1]指向参数 1 字符串，argv[2]指向参数 2 字符串……

例如，有一个 C 语言程序，该程序的可执行文件名为 file1.exe，则命令行格式为：

```
file1.exe hello world<Enter>
```

由于它有两个参数，再加上命令名，故在程序运行时，argc 的值为 3。而 argv[0]、argv[1]、argv[2]分别指向字符串"file1.exe"、"hello"、"world"。

【例 10.8】　编写程序输出命令行中命令名和各参数。

程序代码如下：

```
#include "stdio.h"
int main( int argc, char *argv[])
{ int k;
  for(k=0;k<argc; k++)
     printf("arg%d: %s\n", k, argv[k]);
  return 0;
}
```

假设该程序的可执行文件名为 test.exe，运行时在命令行上输入：

```
test.txt Beijing Shanghai Qingdao Guangzhou<Enter>
```

则运行结果是：

```
arg0: test.exe
arg1: Beijing
arg2: Shanghai
arg3: Qingdao
arg4: Guangzhou
```

本 章 小 结

1．C 语言函数之间的数据传递是单向值传递，是通过把实参的值传递给形参实现的。

2．形参是简单类型变量

对应的实参可以是简单类型（整型、实型、字符型、数组元素）变量、常量或表达式，把实参值传递给形参变量。

3. 形参是指针类型变量

对应的实参可以是同类型指针变量、常量或表达式，把实参地址值传递给形参变量，此时通过形参可以间接访问到主调函数实参。

4. 形参是指向函数的指针变量

与数组名类似，函数名也代表函数的入口地址，因此，可以定义一个指针变量指向该函数的入口地址。函数的返回值可以是整型、实型、字符型等，也可以是指针型。要注意函数指针与指针函数的区别。

习　题　10

选择题讲解视频

10.1 读程序写结果题

1.
```
#include "stdio.h"
int fun(int x,int y,int *cp,int *dp)
  { *cp=x+y; *dp=x-y;}
int main( )
  { int a, b, c, d;
   a=30; b=50;
   fun(a,b,&c,&d);
   printf("%d,%d\n", c, d);
   return 0;
 }
```
输出结果为：＿＿＿＿＿＿。

2.
```
#include "stdio.h"
void swap1(int c[ ])
  { int t;
  t=c[0];c[0]=c[1]; c[1]=t;
  }
void swap2(int c0, int c1)
  { int t;
   t=c0;c0=c1;c1=t;
  }
int main( )
  {int a[2]={3,5},b[2]={3,5};
   swap1(a); swap2(b[0],b[1]);
  printf("%d  %d  %d  %d\n",a[0],a[1],b[0],b[1]);
  return 0;
}
```
输出结果为：＿＿＿＿＿＿。

3.
```
#include "stdio.h"
void sum(int *a)
  {a[0]=a[1];}
int main( )
  {int aa[10]={1,2,3,4,5,6,7,8,9,10},i;
   for(i=2;i>=0;i--) sum(&aa[i]);
```

```
    printf("%d\n",aa[0]);
    return 0;
    }
```

输出结果为：__________。

4.
```
#include "stdio.h"
int f(int b[][4])
  { int i,j,s=0;
for(j=0;j<4;j++)
  {  i=j;
     if(i>2)  i=3-j;
     s+=b[i][j];
    }
return s;}
int main( )
{ int a[4][4]={{1,2,3,4},{0,2,4,5},{3,6,9,12},{3,2,1,0}};
  printf("%d\n",f(a));
  return 0;
}
```

输出结果为：__________。

5.
```
#include <string.h>
int main(int argc ,char *argv[ ])
   {int i,len=0;
    for(i=1;i<argc;i+=2)  len+=strlen(argv[i]);
    printf("%d\n",len);
    return 0;
    }
```

程序的可执行文件是 ex.exe，若运行时输入以下带参数的命令行：

```
ex  abcd  efg  h3  k44
```

输出结果为：__________。

6.
```
#include "stdio.h"
void f(int a[ ],int i,int j)
    {int  t;
     if(i<j)
         {t=a[i]; a[i]=a[j];a[j]=t;
          f(a,i+1,j-1);}
     }
int main( )
    {int i,aa[5]={1,2,3,4,5};
     f(aa,0,4);
     for(i=0;i<5;i++) printf("%d,",aa[i]);
     return 0;
    }
```

输出结果为：__________。

7.
```
#include "stdio.h"
int a[ ]-{9,7,5,3,1};
int main( )
```

```
  {int i, *p=a;
   void f1(int *x, int y, int z );
   f1(p,0,1);
   f1(p,1,2);
   f1(p,2,3);
   f1(p,3,4);
   for(i=0; i<5;i++)
       printf("%5d",*(a+i));
   return 0;
  }
void f1(int *x, int y, int z )
{  int c;
  while(y<z)
    {  c=*(x+y);
      *(x+y)= *(x+z);
      *(x+z)=c;
      y++;
      z--;
    }
}
```

输出结果为：__________。

8.
```
#include "stdio.h"
int main( )
  {int n;
  char *p1, *p2;
  int fun(char *s1,char *s2 );
  p1="abcxyz";
  p2="abcijk";
  n=fun(p1,p2);
  printf("%d\n",n);
  return 0;
 }
int fun(char *s1,char *s2 )
  {while(*s1&&*s2&&*s2++==*s1++);
   return(*s1-*s2);
  }
```

输出结果为：__________。

9.
```
#include "stdio.h"
#define MAX 3
int a[MAX];
int main( )
  { void fun1( );void fun2(int b[ ]);
    fun1( ); fun2(a); return 0;
   }
void fun1( )
   {int k, t=0;
    for (k=0; k<MAX; k++,t++) a[k]=t+t;
```

```
   }
void fun2(int b[ ])
   {int k;
    for(k=0; k<MAX;  k++) printf("%d", *(b+k));
    }
```

输出结果为：__________。

10.2　程序填空题：根据要求，在下划线处填写适当内容。

1．函数的功能是，把两个整数指针所指的存储单元中的内容进行交换。请在下划线处填空。

```
exchange(int *x, int *y)
{ int t;
  t=*y; *y=___(1)___; *x=___(2)___;
}
```

2．函数把 b 字符串连接到 a 字符串的后面，并返回 a 中新字符串的长度。请填空。

```
strcen(char a[ ], char b[ ])
{ int num=0,n=0;
while(* (a+num)!=___(1)___)  num++;
while(b[n]){ * (a+num)=b[n]; num++;___(2)___ ;}
return(num);
}
```

3．函数 fun 的功能是：利用插入排序法对字符串中的字符按从小到大的顺序进行排序。

```
#include "stdio.h"
#include "string.h"
#define  N  80
void insert(char  *aa)
{  int  i,j,n;
   char  ch;
   n=strlen(aa);
   for( i=1; i<n ;i++ )
   {    ch=aa[i];
       j=i-1;
        while ((j>=0) && ( ch<aa[j] ))
       {  ________;
           j--;
       }
        aa[j+1]=ch;
   }
}
int main( )
{   char  a[N]="QWERTYUIOPASDFGHJKLMNBVCXZ";
    int  i ;
    printf ("The original string :      %s\n", a);
    insert(a) ;
    printf("The string after sorting :  %s\n\n",a );
```

```
    return 0;
}
```

10.3 编程题

1．编写函数，得到两个整数相除的商和余数。要求通过指针在函数间传递商和余数这两个数据。

2．请编写一个程序，运行时输出命令行参数的个数及参数名。

第 11 章　结构体与共用体

C 语言的数据类型极为丰富，前面几章已经介绍了 C 语言的基本数据类型（如整型、实型、字符型等）和一种构造型数据类型——数组及指针类型，并用它们解决了一些实际问题。本章将介绍以下 4 个方面的内容：自定义类型标识符、结构体的定义与引用、共用体的定义与引用和枚举类型。

11.1　自定义类型标识符

除了可以直接使用 C 语言提供的标准类型标识符（如 int、char、float、double 等），还可以使用关键字 typedef，由用户自己定义新的类型标识符，也就是说允许用户为已有的数据类型取“别名”。自定义类型标识符的一般形式为：

```
typedef  原类型标识符  新类型标识符
```

其中，原类型标识符必须是在此语句之前已有定义的类型标识符。新类型标识符是用户定义标识符，用作新的类型名。typedef 的作用仅仅是用新类型标识符来代表已存在的原类型标识符，并没有产生新的数据类型，原有的类型标识符仍然有效。

例如：

```
typedef  int  INTEGER;
```

指定用 INTEGER 代表 int，这样，可以用标识符 INTEGER 来定义整型变量。例如：

```
INTEGER  k,n;  等价于  int  k,n;
```

也就是说，INTEGER 是 int 的一个别名。

如果在一个程序中，一个整型变量是用来求和的，那么：

```
typedef int SUM;
SUM m;
```

即将变量 m 定义为 SUM 类型，而 SUM 等价于 int，因此 m 是整型。但在程序中将 m 定为 SUM 类型，可以使人更一目了然地知道它是用于求和的。

可以用 typedef 定义数组、指针等类型，这会给程序设计带来很大的方便，而且使意义更明确。例如：

```
typedef int ARRAY[50];
```

表示 ARRAY 为整型数组类型，数组长度为 50。然后可用 ARRAY 说明变量，例如：

```
ARRAY a,b,c;  等价于: int a[50],b[50],c[50];
```

下面以此为例来说明定义一个新的类型名的方法步骤。

① 首先按定义变量的方法写出定义的主体：

```
int a[50];
```

② 将变量名换成新类型名：

```
int ARRAY[50];
```

③ 在最前面加上关键字 typedef：

```
typedef int ARRAY[50];
```

④ 可以用新类型名定义变量了：

```
ARRAY a;
```

习惯上常把用typedef定义的类型名用大写字母表示，以区别系统提供的标准类型标识符。

自定义类型标识符时要注意以下问题：

① 用typedef可以定义各种类型名，但不能用来定义变量。使用比较方便的是定义数组、指针等类型。例如，要定义3个指向整型变量的指针变量，原来要这样定义：

```
int *pa, *pb, *pc;
```

由于都是指向整型变量的指针变量，可以为此指针类型取一别名：

```
typedef int *POINT;
```

然后用POINT去定义整型指针变量：

```
POINT pa,pb,pc;
```

② 用typedef只能为已经存在的数据类型标识符另取一个新名，而不能创造一种新类型。

③ 要注意typedef与＃define的区别，例如：

```
typedef int SUM;
#define SUM int
```

两者的作用都是用SUM代表int。但事实上，它们二者是不同的。#define是在预编译时处理的，它只能做简单的字符串替换，而typedef是在编译时处理的，它并不是做简单的字符串替换，而是采用如同定义变量的方法那样来定义一个类型。

11.2 结构体的定义与引用

数组的引入使程序设计者可将一组相关的同类型数据组织起来统一进行考虑和处理，这给程序设计带来了很大的方便。但在处理实际问题时，有时会碰到一些类型不同但又相互关联的数据。比如，对于一个学生来说，他的学号（num）、姓名（name）、性别（sex）、年龄（age）、成绩（score）等项，都与该学生相联系，如果将num、name、sex、age、score分别定义为互相独立的简单变量，显然是难以反映出它们之间的内在联系的。由于彼此类型不同，所以也无法用数组来处理。对于这种数据，C语言提供了另一种构造型数据类型——结构体（structure），它类似于数组。结构体也将这些数据组织在一起，用一个名字统一进行考虑和处理。

C语言提供的结构体是一种重要的构造型数据结构，它由一组称为成员（或称为域，或称为元素）的数据成分组成，其中每个成员可以具有不同的类型。结构体通常用来表示类型不同但又相互有关的若干数据。在实际问题中，结构体中所包含的具体成员往往都不相同，所以C语言只提供了定义结构体的一般方法，至于结构体中的具体成员及成员的数量则由用户自己定义。

结构体的定义包含两个方面，一是定义结构体类型，二是定义结构体类型变量。

11.2.1 结构体类型的定义

定义一个结构体类型的一般形式为：

```
struct 结构体类型标识符
{ 成员表列 };
```

其中，struct 是结构体说明的关键字，花括号内是该结构体中的各个成员（或称元素或域）。注意不要忽略最后的分号（;）。结构体类型标识符和成员都是用户定义的标识符。结构体中各成员的命名及类型定义与变量相同，一般形式为：

```
类型标识符  成员名标识符;
```

结构体中的成员可以是简单变量，也可以是构造类型变量或指针变量等。

例如，定义一个学生的结构体类型 student：

```
struct student
{ long num;
  char name[20];
  char sex;
  int age;
  float score;
};
```

以上定义了一个结构体数据类型 struct student。它包括了 num、name、sex、age、score 等 5 个成员。student 是程序设计者自己定义的结构体类型名。

结构体类型的定义仅仅定义了一个结构的组织形式，即给出了结构体这种数据类型的类型标识符（如 student）及结构内容，标志着这种类型的结构模式已经存在，但在编译时系统并不为它们分配存储空间，若要在程序中使用该结构体类型的数据，还应定义该结构体类型的变量、数组或指针变量。

11.2.2　结构体类型变量、数组和指针变量的定义

要定义一个结构体类型的变量、数组和指针变量，可以采取以下 4 种形式。

（1）第 1 种形式

```
struct 结构体类型标识符
{
   成员表列
};
struct  结构体类型标识符  变量名表列;
```

这种形式是先定义结构体类型，再定义结构体类型的变量、数组和指针变量。

注意：结构体变量的定义必须放在结构体类型定义之后，而且关键字 struct 必须与结构体类型标识符一起使用才能定义该结构体类型的变量。例如：

```
struct student
{ long num;
  char name[20];
  char sex;
  int age;
  float score;
};
struct student std,pers[5], *sp;
```

首先定义了一个结构体类型标识符 student，然后利用 struct student 定义了一个结构体变量 std 和长度为 5 的结构体数组 pers，以及基类型为结构体类型的指针变量 sp。

结构体类型变量 std 的存储结构如图 11.1 所示。

num	name	sex	age	score
20001	Zhang Min	m	19	90

图 11.1　变量 std 的存储结构

与普通变量一样，系统为结构体类型变量 std 分配相应的存储空间，用于存放它的各个成员，std 的各成员根据其数据类型按定义的顺序依次分割该存储空间。具有这种结构类型的变量只能存放一个学生的相关数据。如果需要反映多个学生的信息，可使用具有 struct student 结构体类型的数组来处理。例如，上面定义的数组 pers 可存放 5 名学生的数据，它的每一个元素都是一个 struct student 结构体类型的数据，所以仍然符合数组元素属于同一个数据类型这一原则。

指针变量可以指向一个变量、一个数组、一个函数或另一个指针，当然也可以指向一个结构体变量或结构体数组。若一个指针变量指向一个结构体变量（或结构体数组）时，该指针变量的值就是结构体变量（或结构体数组）的起始地址。也可以用指针变量指向结构体数组中的元素。上面定义的 sp 是一个可以指向 struct student 结构体类型数据的指针变量。

（2）第 2 种形式

```
struct 结构体类型标识符
{ 成员表列
}变量名表列;
```

这种形式是在定义结构体类型的同时直接定义结构体类型的变量、数组和指针变量。

例如：

```
struct student
{ long num;
  char name[20];
  char sex;
  int age;
  float score;
} std,pers[5], *sp;
```

（3）第 3 种形式

```
struct
{ 成员表列
}变量名表列;
```

这种形式是在第 2 种形式的基础上省略了结构体类型标识符。

例如：

```
struct
{  long num;
   char name[20];
   char sex;
   int age;
   float score;
} std,pers[5], *sp;
```

用此方式虽然显得比较简洁，但是由于没有结构体类型标识符，不能再定义更多的该结构体类型的变量、数组和指针变量。

（4）第 4 种形式

```
typedef struct
{ 成员表列
} 新类型名;
```

这种形式是在定义结构体类型的同时使用 typedef 为其定义新类型名。

例如：

```
typedef struct
{ long num;
  char name[20];
  char sex;
  int age;
  float score;
} STUD;
STUD std,pers[5], *sp;
```

此处，STUD 是一个具体的结构体类型名，用它可以定义结构体类型的变量、数组和指针变量，如同使用 int 、float 一样，不用再写关键字 struct。

关于结构体请注意以下几点。

① 结构体类型和结构体变量是两个不同的概念，不要混同。结构体类型只是一种结构的组织形式，而结构体类型变量则是某种结构体类型的具体实例，在编译时系统将根据所定义的结构体类型为结构体变量分配一定大小的存储单元，该存储单元的首地址就是该结构体变量的地址。求结构体变量的地址与求一般变量的地址相同，采用取地址运算符&（即“&结构体变量名”）。而存储单元的大小是结构体变量中所有成员所占用字节数的总和，可用求字节数运算符 sizeof 求出。例如，sizeof（std）的值为 33。

② 结构体成员可以是任意数据类型的变量，当然也可以是一个结构体变量，即结构体类型定义可以嵌套。例如：

```
struct date
{ int month;
  int day;
  int year;
};
struct student
{ long num;
  char name[20];
  char sex;
  int age;
  struct date birthday;
}std;
```

或

```
struct student
{ long num;
  char name[20];
  char sex;
  int age;
  struct date
```

```
    { int month;
      int day;
      int year;
    }birthday;
}std;
```

③ 结构体成员名可以与程序中的其他变量名相同，二者代表的是不同的对象。例如，程序中可以另外定义一个变量 num，它与 struct student 中的 num 是两回事，互不干扰。

11.2.3 结构体类型变量、数组和指针变量的初始化

与一般变量、数组相同，可以在对结构体变量、数组和指针变量进行定义的同时赋初值。

1. 结构体类型变量的初始化

结构体类型变量初始化的一般形式为：

```
struct 结构体类型标识符  结构体变量名= {初值};
```

例如：

```
struct student std={20001,"Li Li",'M',19,85};
```

当然也可以在定义结构体变量的同时给变量赋初值。

注意：结构体变量的各个初始值必须用一对花括号括起来，彼此之间用逗号隔开，并且初始值的个数、顺序、类型都必须与其成员一一对应。

2. 结构体类型数组的初始化

结构体类型数组的初始化，实际上是对数组的每一个元素进行初始化，也就是对数组元素的每一个成员的初始化。其一般形式为：

```
struct 结构体类型标识符 结构体数组名[  ]={初始化数据};
```

对结构体数组的初始化与一般数组相同，只是由于结构体数组中的每个元素都是一个结构体类型，因此通常将其成员的值依次放在一对花括号中，以便区分各个元素。例如：

```
struct student pers[3]={{20001,"Li Li",'M',19, 85},
                        {20002,"Wu an",'F',19, 78},
                        {20003,"Ma Lin",'M',18,69}};
```

如果对其全部数组元素赋初值，则可以不指定数组的长度，系统会根据初值的个数来确定数组元素的个数。

3. 结构体类型指针变量的初始化

结构体类型指针变量初始化的一般形式为：

```
struct 结构体类型标识符 *结构体指针变量名=&结构体变量名;
```

例如：

```
struct student std, *sp=&std ;
```

前面对结构体类型变量、数组和指针变量的 4 种定义形式均可在定义时初始化。

11.2.4 结构体类型变量、数组和指针变量的引用

老版本的 C 语言不允许对结构体类型的变量进行整体操作，只能对结构体类型变量中的成员进行

操作。新的版本增加了对结构体类型变量的整体赋值操作。也就是说，既可以对结构体类型的变量进行整体赋值操作，又可以对其成员进行操作。下面将分别给予介绍。

1. 对结构体成员的引用

对结构体成员的引用可以采用下面 3 种等价的形式：

① 结构体变量名.成员名

② (*结构体指针变量).成员名

③ 结构体指针变量->成员名

其中，“.”为结构体成员运算符；“->”为指向运算符，由减号“-”和大于号“>”组合构成。在所有运算符中，它们的优先级最高。结合性为左结合性。

例如：

```
struct student
{ long num;
  char name[20];
  char sex;
  int age;
  float score;
} std,pers[5], *sp=&std;
```

对于结构体中的成员就可以采用如下方式进行引用：

```
std.num=10101;         等价于 sp->num=10101;
std.sex='M';           等价于 (*sp).sex=' M';
std.score=75+8;        等价于 (*sp).score=75+8;
std.age++;             等价于 sp->age++;
++std.age;             等价于 ++sp->age;
printf("%s",pers[1].name);        /*函数的参数*/
scanf("%s",std.name);             /*成员 name 是字符数组名*/
scanf("%d",&pers[2].age);
pers[3].sex='F'
```

引用结构体成员时要注意以下几点。

① 对于结构体类型数组，要遵循数组元素下标的引用原则和结构体类型成员的引用原则。例如，要引用结构体数组 pers 的第 2 个元素中的 age 成员，可以写作 pers[2].age 或(pers+2)→age 或(* (pers+2)).age，而不能写成 pers.age，因为 pers 是一个数组名。若结构体类型变量中的成员是数组，则在引用成员中的元素时，也要遵循数组元素下标的引用原则。例如，结构体成员 name 是一个字符型数组，当要引用结构体变量 std 中的成员数组 name 中的第 2 个元素时，应写作 std.name[2]或 sp→name[2]或 (*sp).name[2]，而不能写作 std.name，因为 name 是数组名。

② 对于结构体嵌套的情况，只能引用最低层的成员。例如，引用结构体变量 std 中的出生月份时，可以写作 std.birthday.month 或 sp→birthday.month 或(*sp).birthday.month。对多层嵌套的情况，引用方式与此类似，即按照从最外层到最内层的顺序逐层引用，每层之间用点号“.”分隔。

③ 一旦定义了结构体类型的变量、数组和指针变量，系统就会给它们分配存储单元，那么就可以用取地址运算符“&”对变量、数组元素及其成员进行取地址运算了。

取结构体变量的地址为：

```
&结构体变量名
```

例如：

```
&std
```

取结构体成员的地址为：

```
&结构体变量名.成员名
```

例如：

```
&std.age
```

与一般数组一样，结构体类型的数组名代表了数组的首地址。例如，pers 是数组名，即指向第 0 个元素，则 pers+1 指向下一个元素的起始地址。

④ 成员运算符“.”和指向运算符“–>”的优先级最高，结合性自右向左。例如，赋值语句“sp=pers;”即指针变量 sp 指向 pers[0]，请分析并理解以下几种运算：

- ++sp –>num：与++(sp–>num)等价，即得到 sp 所指向的元素中的成员 num 的值使之自加 1（先加）；
- sp–>num++：与(sp–>num)++等价；即得到 sp 所指向的元素中的成员 num 的值，用完该值后使之自加 1；
- (++sp) –>num：先使 sp 自加 1，则 sp 指向下一个元素，然后得到 sp 所指向的元素中的成员 num 的值；
- (sp++)–>num：先得到 sp 所指向的元素中的成员 num 的值，然后使 sp 自加 1，则 sp 指向下一个元素。

⑤ 由于成员运算符的优先级高于地址运算符，故采用（*sp）.num 方式引用成员 num 时，(*sp)两侧的括号不能省略。

⑥ 指针变量 sp 已定义为指向结构体类型的数据，它只能指向一个结构体类型数据，而不能指向结构体类型数据中的某一个成员（即 sp 的地址不能是成员的地址）。例如，下列语句是错误的：

```
sp=&pers[2].num
```

千万不要认为反正 sp 是存放地址的，就可以将任何地址赋给它。

【例 11.1】 结构体类型变量的引用示例。

程序代码如下：

```
#include "stdio.h"
int main( )
{ struct student
  {  long num;
     char name[20];
     char sex;
     float score;
   } s1={20001,"Li Li",'M',85};
  struct student s2;    float sum,ave;
  scanf("%ld %s %c %f",&s2.num,s2.name,&s2.sex,&s2.score);
  sum=s1.score+s2.score;
  ave=sum/2;
  printf("NO\tNAME\tSEX\tSCORE\n");
  printf("%ld\t%s\t%c\t%5.1f\n",s1.num,s1.name,s1.sex,s1.score);
  printf("%ld\t%s\t%c\t%5.1f\n",s2.num,s2.name,s2.sex,s2.score);
  printf("sum=%5.1f\tave=%5.1f\n",sum,ave);
  return 0;
}
```

程序运行结果如下：

```
20002 zhang N 77<Enter>
NO  NAME  SEX  SCORE
20001  Li Li  M  85.0
20002  zhang  N  77.0
sum=162.0  ave=81.0
```

【例 11.2】　某学习小组有 *N* 名学生，已知每名学生的学号和 C 语言课程的成绩，打印最高分学生的所有信息和小组的平均成绩。

程序代码如下：

```
#include"stdio.h"
#define N 10
int main( )
{  struct student
  {  int num;
     float score;
   } stud[N];
  float ave=0,max;
  int i, k=0;
  printf("input: num,  score");
  for(i=0; i<N; i++)
    { scanf("%d,%f",&stud[i].num,&stud[i].score);
      ave=ave+stud[i].score;
    }
  ave=ave/N;
  max=stud[0].score;
  for (i=1; i<N; i++)
      if(max<stud[i].score) {k=i; max=stud[i].score;}
  printf("The good student is : %d, %f\n",stud[k].num,stud[k].score);
  printf("The average score is: %6.2f\n",ave);
  return 0;
}
```

在主函数中定义了一个结构体数组 stud，它有 *N* 个元素，每个元素包含两个成员 num（学号）和 score（成绩）。通过第 1 个循环输入每个学生的所有信息，并求出所有学生的总成绩，最后求出全部学生的平均分，通过第 2 个循环找出成绩最高的学生的位置，并按照要求打印出成绩最高学生的所有信息和全组同学的平均成绩。

【例 11.3】　指向结构体变量的指针变量的应用。

程序代码如下：

```
#include"stdio.h"
#include"string.h"
int main( )
{ struct student
  { long num;
    char name[20];
    float score;
  };
  struct student stu1, *sp;
```

```
    sp=&stu1;
    stu1.num=20001;
    strcpy(stu1.name,"Li Li");
    stu1.score=85;
    printf("%ld\t%ld\t%ld\n",stu1.num,(*sp).num, sp->num);
    printf("%s\t%s\t%s\n",stu1.name,(*sp).name, sp->name);
    printf("%5.2f\t%5.2f\t%5.2f\n",stu1.score,(*sp).score,sp->score);
    return 0;
}
```

在主函数中定义了一个 struc student 结构体类型，然后又定义一个 struct student 类型的变量 stu1 和一个指针变量 sp。sp 指向一个 struct student 结构体类型数据。通过赋值语句“sp=&stu1”，使 sp 指向了结构体变量 stu1，然后对 stu1 的各成员进行赋值，最后用 3 个 printf( )函数打印出 stu1 各成员的信息。注意，*sp 两侧的括号不可省略，因为成员运算符优先于*运算符。

程序运行结果如下：

```
20001    20001        20001
Li  Li   Li  Li       Li  Li
85.00    85.00        85.00
```

【例 11.4】 结构体类型数组指针变量的引用示例。

程序代码如下：

```
#include"stdio.h"
struct student
{ long num;
  char name[20];
  float score;
} ;
struct student stu[3]={{20001,"Li Li",85},
                       {20002,"Wu an",78},
                       {20003,"Ma Lin",69}};
int main( )
{ struct student *p;
  printf("No\tName\tscore\n");
  for(p=stu; p<stu+3;p++)
      printf("%ld\t%s\t%f\n",p->num,p->name,p->score);
  return 0;
}
```

程序运行结果如下：

```
NO       Name         score
20001    Li Li        85.000000
20002    Wu an        78.000000
20003    Ma Lin       69.000000
```

2．对结构体类型变量的整体赋值

新版本的 C 语言允许两个具有同一种类型的结构体变量之间进行整体赋值操作。例如，有以下定义：

```
struct student
```

```
{ long num;
  char name[20]:
  char sex;
  int age;
  float score;
} std1,std2={11011,"Yang Lin",'M',18,89};
```

std2 的各个成员已被赋值，则在程序中，可以用赋值语句：

```
std1=std2;
```

这样实际上是将 std2 中各个成员的值分别赋给了 std1 中对应的同名成员。这种赋值方法很简便，但要保证赋值号两边结构体变量的类型一致。

11.2.5 函数之间结构体类型数据的传递

如果想将一个结构体类型数据传递给另一个函数，有 3 种方法：①用结构体变量的成员作为函数的参数；②用指向结构体变量（或数组）的指针变量作为函数参数；③新版本的 C 语言允许用整个结构体类型变量作为函数参数，但占内存多，传递数据速度慢。

1. 用结构体变量的成员作为函数参数

C 语言允许将结构体变量的成员像普通变量一样传递给另一个函数。当把一个结构体变量的成员传递给另一个函数时，实际上是将这个成员的值传递给这个函数对应的形参。对应的形参应当是与成员值的类型相同的变量。

【例 11.5】 统计一个班及格学生的人数。

程序代码如下：

```
#include"stdio.h"
int main( )
{ int count( float);
int j,ok=0;
  struct student
  { long num;
    char name[20];
    float score;
  } stu[10];
  for(j=0;j<10;j++)
    scanf("%ld%s%f",&stu[j].num,stu[j].name,&stu[j].score);
  for(j=0;j<10;j++)
    ok+=count(stu[j].score);     /*变量的成员作为实参*/
  printf("%d\n",ok);
  return 0;
}
int count(float x)               /*形参为一般变量*/
{
  int m=0;
  if(x>=60) m=1;
  return(m);
}
```

2. 用指向结构体的指针变量作为函数参数

当把结构体指针变量作为参数传递给函数时，实际上是将结构体变量的地址作为实参进行传递。这时，对应的形参应当是一个基类型相同的结构体类型的指针变量。系统只需要为形参指针变量开辟一个存储单元存放实参的地址值，这样既能很快地调用函数，又能节省存储空间，同时还能将对实参结构体变量的影响带回到主调函数。

【例 11.6】 用指向结构体的指针变量作为函数参数的示例。

```
#include "stdio.h"
#include "string.h"
struct student
{ long num;
  char name[20];
  float score;
};
int main( )
{ void print(struct student *p);
  struct student stu;
  stu.num=12345;
  strcpy(stu.name,"Li Li");
  stu.score=67.5;
  print(&stu);                    /*实参为结构体类型变量的地址*/
  return 0;
}
void print(struct student *p)
{                                 /*形参为结构体类型指针变量*/
  printf("NO.=%ld,name=%s,score=%f",p->num,p->name,p->score);
  printf("\n");
}
```

程序运行结果如下：

```
NO.=12345,name=Li Li,score=67.500000
```

注意： 在调用 print( )函数时，用&stu 作为实参，&stu 是结构体变量 stu 的地址。在调用函数时将该地址传送给形参 p。p 为 struct student 型指针变量。这样 p 就指向了 stu。在 print( )函数中输出 p 所指向的结构体变量的各个成员值，它们也就是 stu 的成员值。

3. 用整个结构体变量作为函数参数

新版本的 C 语言允许用整个结构体变量作为参数传递给一个函数，它也是值传递，这时必须保证实参与形参的类型相同。在函数调用时，系统为所有结构体类型的形参开辟相应的存储单元，并将实参中各成员的值赋给对应的形参成员，因此需要较大的额外开销，尤其是当参数是结构体数组时，影响更大。

【例 11.7】 改写例 11.6。

程序代码如下：

```
#include"stdio.h"
#include "string.h"
struct student
{ long num;
  char name[20];
```

```
    float score;
  };
  int main( )
  { void print(struct student);
    struct student stu;
    stu.num=12345;
    strcpy(stu.name,"Li Li");
    stu.score=67.5;
    print(stu);                          /*实参为结构体类型变量*/
    return 0;
  }
  void print(struct student s1)          /*形参为结构体类型变量*/
  { printf("NO.=%ld,name=%s, score=%f",s1.num,s1.name,s1.score);
    printf("\n");
  }
```

程序运行结果如下：

```
NO.=12345, name=Li Li, score=67.500000
```

结构体变量作为实参时，传递给形参的是它所有成员的值，在被调函数中，对形参变量中任何成员的改变，都不会影响对应实参中成员的值。属于单向值传递方式。

11.2.6 用指针处理链表

1. 链表概述

在利用数组处理一组有序的同类型数据时，首先要进行数组大小的定义，系统根据用户的定义在内存中为数组开辟一块连续的存储单元，也就是说，逻辑上相邻的数组元素在内存中也占据着相邻的存储单元，这种存储分配称为静态存储分配，即数组是一种静态的数据结构。这种结构存在一些明显的缺点：

① 如果数据的个数不确定，那么在定义数组时，必须预先估计一个可能的最大长度，使得存储空间不能得到充分的利用；

② 当需要在其中增加或删除一个数据时，需要移动大量的数据元素。

为了解决上述问题，C 语言还允许使用另一种数据结构，即动态数据结构。动态数据结构中的所有数据如果逻辑上相邻，在内存中却不一定要求存储单元相邻，而且是在程序运行期间根据需要为数据分配存储单元，当使用完毕后可以及时地释放存储单元，从而提高了存储器的利用率。

链表就是一种常见的重要的动态数据结构。图 11.2 所示为一种最简单的单向链表示意图。在单向链表中的每个元素称为结点，每个结点由两部分组成，即数据域部分和指针域部分，数据域用来存放数据本身，指针域用来存放逻辑上该数据的下一个数据所对应结点的指针。head 称为头指针，指向第一个元素，第一个元素又指向第二个元素……直到最后一个元素，该元素不再指向其他元素，它称为表尾，它的指针域部分放一个 NULL（表示空地址），表示链表到此结束。

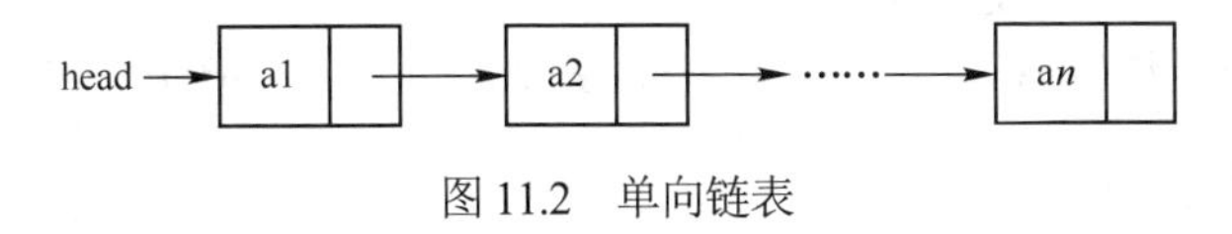

图 11.2 单向链表

可以看到，链表中各元素在内存中不一定是连续存放的。要找某一元素，必须先找到上一个元素，根据它提供的下一个元素的地址才能找到该元素。如果不提供头指针（head），则整个链表都无法访问。链表如同一条铁链一样，一环扣一环，中间是不能断开的。

对于链表中的结点可以用前面介绍的结构体变量来表示，因为一个结构体变量可以包含若干成员，这些成员可以是数值类型、字符类型、数组类型，也可以是指针类型。我们可以利用这个指针类型来指向其他结点，当然也可以指向本身。例如：

```
struct student
{ int num;
  struct student *next;
}
```

请注意，这是一个递归定义。

C 语言还提供了一些用于动态分配存储空间的标准函数，下面仅介绍其中的 3 个核心函数：malloc( )、calloc( )和 free( )。

① malloc(size)函数的功能是，在内存的动态存储区分配一个长度为 size 的存储单元。此函数的值（即返回值）是一个指针，它的值是该存储单元的起始地址。如果函数未能成功地执行，则返回值为 0。例如：

```
struct student *p;
p=(struct student *)malloc(sizeof(struct student));
```

该程序段执行后，指针变量 p 将指向长度为 sizeof(struct student)的存储单元，其中，参数 size 为无符号整型数。

② calloc(n,size)函数的功能是，在内存的动态存储区中分配 n 个长度为 size 的存储单元，函数返回其起始地址，如果分配不成功，返回 0。例如：

```
struct student *p;
p=(struct student *)calloc(2,sizeof(struct student));
```

该程序段执行后，指针变量 p 将指向长度为 2 个 sizeof(struct student)的存储单元的首地址。其中，参数 n 和 size 为无符号整型数。

③ free(*ptr)函数的功能是，释放由指针变量 ptr 指向的内存单元。ptr 是最近一次调用 calloc( )函数或 malloc( )函数时返回的值。例如：

```
free(p);
```

该语句执行后，将释放指针变量 p 所指向的存储单元。

2. 链表的建立

建立链表的过程就是逐个地输入各结点数据，并建立起前后结点相链关系的过程。其中最简单的方法是不断地在链表的末尾增加一个新结点。下面通过一个例子来说明如何建立一个链表。

【例 11.8】 编写一个 creat( )函数用于建立一个有 5 名学生基本数据的单向链表。

其算法步骤如下。

① 定义 1 个描述学生基本数据的结构体类型。

② 定义 3 个指向结构体的指针 p、q 和 head。其中，head 为头指针，p 为当前结点的指针，q 为当前链表的表尾结点指针。

③ 建立第一个结点：

- 调用 malloc( )为第 1 个结点分配存储单元，并将该存储单元的指针赋给 p；

- 利用 p 指针访问第 1 个结点的每个成员，并向每个成员赋值，其指针域暂时赋 NULL 值；
- 目前单链表只有 1 个结点，它既是头结点也是尾结点，所以指针 head 和 q 都要指向该结点，即进行赋值操作 head=p 和 q=p。

④ 建立其他结点并完成与当前链表的链接：

- 调用 malloc( )函数为下一个新结点分配存储单元，并将该存储单元的指针赋给 p；
- 利用 p 指针访问结构体成员，并向每个成员赋值，新结点的指针域暂时赋 NULL 值；
- 将新结点链到当前链表的末尾，即将 p 的值赋给 q 结点的指针域（q→next=p）；
- 将 q 指针指向当前链表的表尾结点，即将 p 赋给 q(q=p)。

⑤ 重复步骤④就可以完成链表的建立。

程序代码如下：

```
#include "stdio.h"
#include "stdlib.h"
#define N 5
#define LEN sizeof(STUD)
struct student
{ int num;
  float score;
  struct student *next;
};
typedef struct student STUD ;          /*第(1)步*/
STUD *creat( )
{ STUD *head, *p, *q;                  /*第(2)步*/
  int i;
  p=( STUD *)malloc(LEN);
  scanf("%d,%f",&p->num,&p->score);
  p->next=NULL;
  head=p;
  q=p;                                 /*第(3)步*/
  for(i=1;i<5;i++)
  { p=(STUD *)malloc(LEN);
    p->next=NULL;
    scanf("%d,%f",&p->num,&p->score);
    q->next=p;
    q=p;
  }                                    /*第(4)步*/
  return(head);
}
```

3. 链表的输出

将链表中各结点的数据依次输出。这个问题比较容易处理。首先利用一个指针 p，使其指向链表的头结点，然后从第一个结点出发顺着链表使 p 依次指向链表中的每一个结点，当指针 p 指向某个结点时，就输出该结点数据域的值，直到遇到表尾为止。

【例 11.9】 编写输出链表的函数 print( )。

程序代码如下：

```
#include"stdio.h"
void print(STUD *head)
```

```
{ STUD *p;
  p=head;
  while(p!=NULL)
  { printf("%d,%f\n",p->num,p->score);
    p=p->next;          /*指针移向下一个结点*/
  }
}
```

4. 链表的删除

为了删除单向链表中的某个结点，首先要找到待删结点的前趋结点，然后将此前趋结点的指针域指向待删结点的后继结点，最后释放待删结点所占据的存储单元即可。图 11.3 所示为单向链表删除操作过程中指针的指向。根据此思路，进行删除操作需要 2 个指针，图中用 p 指向待删除的结点，用 q 指向待删结点的前趋结点。

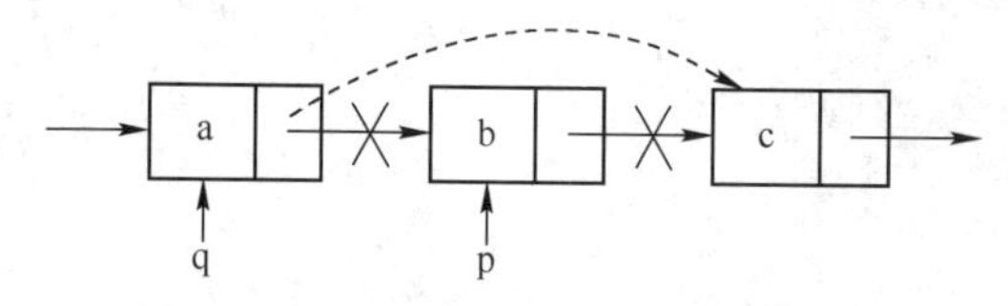

图 11.3　单向链表的删除

链表删除结点的过程为，首先顺着链表从第 1 个结点开始搜索，找到待删除结点 p 的前一个结点 q，然后修改 q 结点的指针域的值，使它指向 p 结点的下一个结点，即进行“q→next=p→next”操作，最后将 p 结点收回。当待删除的结点为第一个结点时，只需将 head 指针指向第 2 个结点即可，即进行“head=p→next”操作，再将第 1 个结点收回。

另外，还需要考虑链表是否为空表（无结点）和链表中不存在待删除结点的情况。

【例 11.10】　编写函数 delete( )实现链表的删除操作。

程序代码如下：

```
#include"stdio.h"
STUD *delete(STUD *head,int num)
{ STUD *p, *q;
  if(head==NULL) {printf("list null!");return(0);}        /*链表是否为空表*/
  p=head;
  while(num!=p->num && p->next!=NULL) /*p 指向的不是要找的结点，并且后面还有结点*/
  {  q=p;p=p->next;  }                /*向后移一个结点*/
   if(num==p->num)                    /*找到了待删除的结点*/
   {  if(p==head) head=p->next;       /*待删除的是第一个结点*/
      else q->next=p->next;           /*待删除的不是第一个结点*/
      printf("delete : %d\n",p->num);
      free(p);
   }
   else                               /*没有找到待删除的结点*/
     printf("%ld not been found!\n",num);
 return(head);
}
```

函数的类型是指向 struct student 类型数据的指针，它的值是链表的头指针。函数参数为 head 及要删除的学号 num。head 的值可能在函数执行过程中被改变（当删除第一个结点时）。

5. 链表的插入

在单向链表中插入结点，首先要确定插入位置，然后将待插入结点插在插入位置之后。图 11.4 所示为插入操作过程中指针的指向。根据此思路，进行插入操作需要 2 个指针，图中用 q 指向插入位置的前一个结点，用 p0 指向待插入的结点。

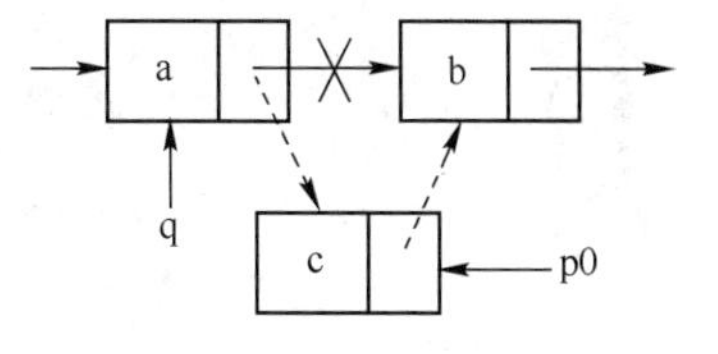

图 11.4　单向链表的插入

链表结点插入的过程为，首先顺着链表从第 1 个结点开始搜索，找到插入位置的前一个结点 q。然后修改 p0 结点指针域的值使它指向 q 的下一个结点，修改 q 结点的指针域，使它指向 p0 结点，即进行“p0→next=q→next，q→next=p0”的操作。当待插入的结点作为第 1 个结点插入时，则需修改 p0 结点指针域的值，使它指向原链表的第 1 个结点，修改 head 的值使它指向 p0 结点，即进行“p0→next=head，head=p0”的操作。但是如果 q 所指的已是表尾结点，则应将 p0 所指的结点插到链表末尾，即进行“q→next=p0”的操作。

【例 11.11】　编写插入结点的函数 insert( )，实现在有序链表中结点的插入操作（假设链表按照 num（学号）从小到大顺序排列）。

程序代码如下：

```
#include"stdio.h"
STUD *insert(STUD *head,STUD *stud)
{ STUD *p, *q, *p0;
  p=head;                                /*设置扫描指针 p*/
  p0=stud;                               /*p0 指向要插入的结点*/
  if(head==NULL)                         /*原来是空表*/
  { head=p0; p0->next=NULL;}
  else
  { while((p0->num>p->num) && (p->next!=NULL))
    { q=p; p=p->next;}
    if(p0->num<=p->num)
    { if(head==p)head=p0;                /*插到原来第一个结点之前*/
      else q->next=p0;                   /*插到 q 指向的结点之后*/
      p0->next=p;
    }
    else
    { p->next=p0; p0->next=NULL;}        /*插到最后的结点之后*/
  }
  return(head);
}
```

函数类型是指针类型，函数的返回值是链表起始地址 head。

将以上建立、输出、删除、插入的函数组织在一个程序中，用 main( )函数作为主调函数，可以完成对链表的各种常用操作。

【例 11.12】　编写主函数调用以上各函数。

程序代码如下：

```
#include"stdio.h"
#include"stdlib.h"
#define LEN sizeof(STUD)
STUD *creat( );
void print(STUD *head);
STUD *delete(STUD *head,int num);
```

```
STUD *insert(STUD *head,STUD *stud);
int main( )
{ STUD *head, *stu;
  int del_num;
  printf("input  records  :\n");
  head=creat( );                              /*建立单链表，返回头指针*/
  print(head);                                /*输出链表中全部结点数据域的值*/
  printf("input the deleted number:");
  scanf("%d",&del_num);                       /*输入要删除的学号*/
  while(del_num!=0)                           /*插入 0 作为循环结束条件*/
    { head=delete(head,del_num);              /*返回删除结点后链表的头指针*/
      print(head);
      printf("input the deleted number:");
      scanf("%d",&del_num);                   /*输入要删除的学号*/
    }
  printf("input the inserted record:\n");
  stu=(STUD *)malloc(LEN);
  scanf("%d,%f",&stu->num,&stu->score);       /*输入要插入的记录*/
  while(stu->num!=0)
     { head=insert(head,stu);                 /*返回插入新结点后的链表头指针*/
       print(head);
       printf("input the inserted record:\n");
       stu=(STUD *)malloc(LEN);
       scanf("%d,%f",&stu->num,&stu->score);/*输入要插入的记录*/
     }
   return 0;
}
```

11.3　共用体的定义与引用

共用体是指将不同类型的数据组织成一个整体，它们可以在不同的时间内使用同一段存储单元。例如，可以把 1 个短整型变量 k、1 个字符型变量 ch、1 个单精度变量 x 放在以同一个起始地址开始的内存单元中（见图 11.5）。尽管这 3 个变量在内存中所占的字节数不同，但都从同一起始地址开始存放（图中设起始地址为 2000），而且是在不同的时间段内去使用该内存单元。所以，共用体实际上是 C 语言提供的一种覆盖技术。

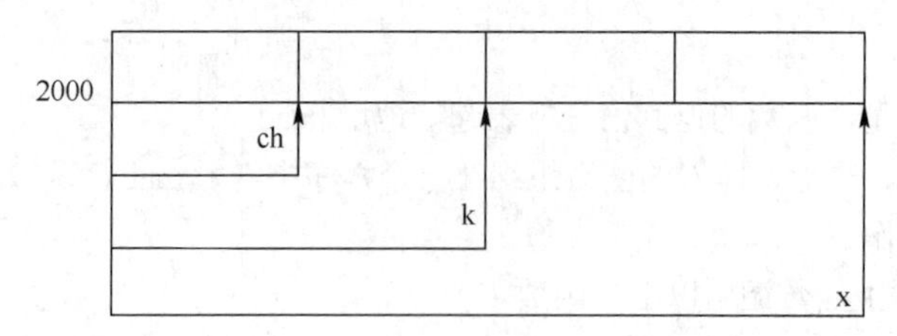

图 11.5　共用体变量的存储空间分配

共用体属于构造型数据结构，C 语言只提供了定义共用体的一般方法，至于共用体中的具体成员及成员的数量由用户自己定义。共用体类型定义和共用体变量的定义方式与结构体完全相似，仅在使用内存的方式上不同。

11.3.1　共用体类型的定义

共用体类型定义的一般形式为：

```
union 共用体标识符
{  成员表列
};
```

例如：

```
union un
{  short k;
  char ch;
  float x;
};
```

其中，union 是关键字，花括号内是该共用体中的各个成员（或称元素或域）。注意不要忽略最后的分号“;”。共用体标识符和成员的命名都是用户定义的标识符。共用体中各成员的定义与变量相同，其一般形式为：

```
类型标识符　成员名标识符;
```

共用体中的成员可以是简单变量，也可以是数组、指针变量、结构体、共用体等。

11.3.2　共用体类型变量的定义

与结构体相似，共用体类型变量的定义也可采用 4 种方式。

第 1 种方式：

```
union un
  { short k;
  char ch;
  float x;
  };
union un s1,s2;
```

第 2 种方式：

```
union
{ short k;
  char ch;
  float x;
} s1, s2;
```

第 3 种方式：

```
union un
 { short k;
  char ch;
  float  x;
 }s1,s2;
```

第 4 种方式：

```
typedef union
{ short k;
```

```
  char ch;
  float x;
}UN;
UN s1,s2;
```

虽然共用体与结构体的定义形式相似，但它们的含义是不同的。结构体变量所占存储空间的大小是各结构体成员所占用字节数的总和，每个成员分别占有独立的内存单元。而共用体变量所占存储空间的字节数与占用字节数最大的那个成员相等，所有成员变量的地址是相同的。例如：

```
&s1==&s1.k==&s1.x==&s1.ch
```

11.3.3　共用体变量的引用

共用体变量的引用也与结构体变量相同，用“&”取共用体变量的地址，用“.”或“→”访问共用体成员。例如：

s1.k（引用共用体变量中的 k 成员）
s1.ch（引用共用体变量中的 ch 成员）
s1.x（引用共用体变量中的 x 成员）

说明：

① 同一个存储单元可以用来存放几种不同类型的成员，但在每一瞬时只能有一个成员起作用，其他的成员不起作用，即共用体的各个成员不是同时都存在和起作用的。

② 共用体变量中的值是最后一次存放的成员的值，当存入一个新的成员值后原有的成员的值将被覆盖。例如：

```
s1.k=101;
s1.ch='F';
s1.x=89.5;
printf("%d\n",s1.k);
```

在以上程序段中，在完成 3 个赋值语句后，只有 s1.x 的值是有效的，s1.k 和 s1.ch 的值已经被覆盖了。但在输出语句中的输出项是整型成员 s1.k，这时系统在编译时并不报错，但输出结果既不是 89，也不是 101。系统将按照用户选择的成员类型（int）来解释公用存储区中存放的数据（89.5）。

【例 11.13】　分析下列程序的输出结果。

程序代码如下：

```
#include"stdio.h"
int main( )
{ union
    { char c[2];
      short k;
     }r;
  r.c[0]='2'; r.c[1]='0'; r.k=20;
  printf("%d,%d,%d\n",r.k,r.c[0],r.c[1]);
  return 0;
}
```

程序运行结果如下：

```
20，20，0
```

从程序的运行结果可看出，只有 r.k 的值是有效的，也是正确的。

③ 新版本的 C 语言允许两个类型相同的共用体变量进行赋值操作。例如："s2=s1；" 但不能对共用体变量名赋值，也不能企图引用变量名来得到成员的值。例如：

```
s1=110;printf("%f\n",s1);
```

是不对的。

④ 不能把共用体变量作为函数的形参，也不能使函数返回共用体类型的值，但可以用共用体变量的成员和指向共用体变量的指针变量作为实参进行数据传递。

⑤ 结构体成员可以具有共用体类型，反之共用体成员也可以具有结构体类型。例如：

```
struct date
{ int day;
  int month;
  int year;
  union
  { int sh1;
    float sh2;
  }sh;
} a;
```

【例 11.14】 分析下列程序的输出结果。

程序代码如下：

```
#include"stdio.h"
union as
{ int a;
  int b;
}s[3], *p;
int main( )
{ int n=1, k;
  for(k=0;k<3;k++)
     { s[k].a=n;
        s[k].b=s[k].a*2;
        n+=2;
      }
  p=s+1;
  printf("%d\n",p->a);
  return 0;
}
```

程序运行结果如下：

```
6
```

程序中定义了一个共用体数组 s 和一个指向共用体类型的指针变量 p，通过循环结构对 s 的各个元素赋值，通过赋值语句使得 p 指向数组元素 s[1]。从程序的运行结果可以看出，每一次循环只有对 s[k].b 的赋值是有效的，也是正确的。

11.4 枚举类型

枚举类型是 ANSI C 新标准所增加的一种新的数据类型。

在实际问题中，对某些变量我们希望使用一些更具描述性、更具体的值，比如，表示星期的变量

day有7个值，表示月份的变量month只有12个值等。我们感兴趣的是能否使用像“sun,mon…”和“jan,feb…”这样的值呢？C语言提供的枚举类型可以做到这一点。所谓枚举类型是指将所使用的值一一列举出来，变量的值只限于列举出来的值的范围。

定义枚举类型的一般方式为：

```
enum 枚举类型标识符 {枚举元素表列};
```

其中，enum为关键字。例如：

```
enum day{sun,mon,tue,wed,thu,fri,sat};
```

以上定义了一个枚举类型enum　day，有7个枚举元素。可以用此类型来定义变量。例如：

```
enum day workday;
```

workday被定义为枚举变量，它的值只能是sun到sat之一。

可以用通常给变量赋值的方法给枚举变量赋值。例如：

```
workday=mon;
```

当然，也可以直接定义枚举变量，例如：

```
enum {sun,mon,tue,wed,thu,fri,sat}workday;
```

说明：

① 对枚举类型的定义和枚举变量的使用，其实质是C语言编译系统将枚举元素按次序用0,1,…等整数来代替，故称枚举元素为枚举常量，它们不是变量，所以不能对枚举元素赋值。例如：

```
printf("%1d,%1d,%1d,%1d,%1d,%1d,%1d\n",
        sun,mon,tue,wed,thu,fri,sat);
```

屏幕将显示为：

```
0,1,2,3,4,5,6
```

但是：

```
sun=0;mon=1;
```

却是错误的。

枚举元素对应的整数值也可以在定义时指定，例如：

```
enum weekdpy{sun=1,mon,tue,wed,thu,fri,sat};
```

现在，这些枚举元素对应的整数为1，2，3，4，5，6，7。

（2）枚举值可以用来作判断比较。例如：

```
if(workday==mon)
if(workday>sun)……
```

枚举值的比较规则是，按其在定义时的顺序号比较。

（3）虽然每个枚举元素有一个对应的整数值，但是不能将一个整数直接赋给一个枚举变量。例如：

```
workday=2;
```

是不对的，它们属于不同的类型，但可以通过强制类型转换后进行赋值。例如：

```
workday=(enum weekday)2;
```

它的含义是将顺序号为2的枚举元素赋给workday，则相当于：

```
workday=tue;
```

【例 11.15】　枚举类型变量引用示例。

程序代码如下：

```
#include"stdio.h"
int main( )
{ enum day{sun,mon,tue,wed,thu,fri,sat};            /*定义枚举类型*/
  enum day today;                           /*定义枚举类型变量 today*/
  int n;
  printf("input today's number(0-6):");
  scanf("%d",&n);
  switch(n)
  { case 0:today=sun; break;
    case 1:today=mon; break;
    case 2:today=tue; break;
    case 3:today=wed; break;
    case 4:today=thu; break;
    case 5:today=fri; break;
    case 6:today=sat; break;            /*给枚举变量 today 赋值*/
  }
  printf("Today is ");
  switch(today)
  {  case sun:printf("Sunday\n"); break;
     case mon:printf("Monday\n"); break;
     case tue:printf("Tuesday\n"); break;
     case wed:printf("Wendesday\n"); break;
     case thu:printf("Thursday\n"); break;
     case fri:printf("Friday\n"); break;
     case sat:printf("Saturday\n"); break;
                                        /*根据枚举变量 today 的值输出相应信息*/
  }
  return 0;
}
```

程序运行结果如下：

```
input today's number(0-6): 5<Enter>
Today is Friday
```

本 章 小 结

1．可以使用 typedef 关键字进行类型标识符的自定义，为满足用户的习惯提供了方便之门。

2．结构体是一种重要的构造型数据结构。所谓结构体是指包含若干个不同或相同类型的相关数据的集合。C 语言只提供了定义结构体类型的方法，至于结构体类型的标识符、所包含的具体成员，以及成员的个数、名称、类型等则由用户根据具体情况定义。一旦定义了结构体类型后，便可以用它来定义该结构体类型的变量、数组、指针、函数等。

使用结构体类型和结构体类型指针，可以组成一些重要的动态数据结构。例如链表，通过链表可以处理大量的数据，而且在数据处理时并不需要预先分配一定大小的存储空间，而是有多少数据分配多少存储空间，所以大大地节省了存储空间。

3．所谓共用体类型是指若干个不同的变量（相同类型或不同类型）共同占用同一段内存空间的数据类型。显然，使用共用体可以节省内存空间。不过在某个时刻只能有一个共用体成员是有意义的。

注意：理解3种构造型数据类型（数组、结构体和共用体）的异同点。

4．枚举类型是一种可以使用描述性较强的标识符来表示变量值的数据类型，当变量在程序中只能取某些有限值时，往往使用枚举类型，以加强程序的可读性。

习 题 11

11.1 思考题

1．结构体和共用体是如何构造数据的？当定义一个结构体变量和一个共用体变量时系统分别给它们分配的内存大小是多少？请举例说明。

2．下列自定义数据类型语句中所定义的数据类型名是什么?它们分别代表哪一种数据类型？

```
(1)typedef int v3;
(2)typedef char* STP ;
(3)typedef int *INTEGER
(4)typedef struct
    { int n;
      char ch[8];
    }PER;
```

3．设有以下定义：

```
struct ss
{ char name[10];
  int age;
  char sex;
} std[3], * p=std;
```

写出完成下列问题的语句。

（1）为std数组的每个元素赋值的scanf( )函数调用语句。

（2）age域的引用语句。

（3）输出各域的printf( )函数调用语句。

（4）使p指向age域的赋值语句。

11.2 读程序写结果题

1．

```
#include "stdio.h"
struct st
{ int x; int *y;} *p;
int dt[3]={ 10,20,30 };
struct st a[3]={ 50, &dt[0], 60, &dt[0], 70, &dt[0]};
int main( )
  { p=a;
    printf("%d\n",++(p->x));
    return 0;
  }
```

输出结果是：________。

2．

```
#include "stdio.h"
struct STU
```

```
{ char num[10]; float score[3];};
int main( )
{ struct STU s[3]={{"20021",90,95,85},
                   {"20022",95,80,75},
                   {"20023",100,95,90}}, *p=s;
  int i; float sum=0;
  for(i=0;i<3;i++)  sum=sum+p->score[i];
  printf("%6.2f\n",sum);
  return 0;
}
```

输出结果是：_______。

3.
```
#include "stdio.h"
union U
  {char st[4];
   int i;
   long l;
  };
struct A
  {int c;
   union U u;
  }a;
int main( )
  {printf("%d\n",sizeof(a)); return 0;}
```

输出结果是：_______。

4.
```
#include "stdio.h"
int main( )
{ union{ unsigned int n;
         unsigned char c;
       }ul;
  ul.c='A';
  printf("%c\n",ul.n);
  return 0;
}
```

输出结果是：_______。

5.
```
#include "stdio.h"
typedef union student
{ char name[10];
  long sno;
  char sex;
  float score[4];
}STU;
int main( )
{ STU a[5];
  printf("%d\n",sizeof(a));
  return 0;
 }
```

输出结果是：_______。

6.
```
#include "stdio.h"
union myun
{ struct
  { int x, y, z; } u;
  int k;
} a;
int main( )
{ a.u.x=4; a.u.y=5; a.u.z=6;
  a.k=0;
  printf("%d\n",a.u.x);
  return 0;
}
```

输出结果是：________。

11.3 程序填空题

以下定义的结构体类型拟包含两个成员，其中成员变量 info 用来存入整型数据，成员变量 link 是指向自身结构体的指针。请将定义补充完整。

```
struct node
{ int info;
 ________*link;
 }
```

11.4 编程题

定义一个包含 20 个学生基本情况（包括学号、姓名、性别、C 语言成绩）的结构体数组，编程实现下列功能：

（1）输入 20 个学生的学号、姓名、性别、C 语言成绩；

（2）分别统计男女生的人数，求出男、女生的平均成绩；

（3）按照学生的 C 语言成绩从高到底进行排序。

第 12 章　位　运　算

C 语言是一种具有低级语言特性的高级语言，可以用来编写系统软件。其中，C 语言提供的位运算功能就是其低级语言特性的一种体现。所谓位运算是指进行二进制位的运算。本章将介绍以下主要内容：位运算符及位运算符的功能。

12.1　位 运 算 符

C 语言提供的位运算符及功能见表 12.1。

表 12.1　位运算符及功能

运 算 符	含　义	示　例	运 算 功 能
&	按位与	a&b	若 a 与 b 相应位都为 1，该位结果为 1
|	按位或	a|b	若 a 与 b 相应位都为 0，该位结果为 0
^	按位异或	A^b	若 a 与 b 相应位相同，该位结果为 0
～	取反	～a	若 a 的相应位为 1，该位结果为 0
<<	左移	a<<2	将 a 的二进制数左移 2 位，右补 0
>>	右移	a>>2	将 a 的二进制数右移 2 位，左补 0 或 1

其中，取反运算符是单目运算符，其余均为双目运算符。位运算的优先级和结合性见附录 B。位运算要求运算对象只能是整型或字符型数据，不能为实型数据。位运算把整型或字符型数据看作是由二进制位组成的位串信息，经运算后得到的是数据的实际值。

12.2　位运算符的功能

12.2.1　按位与运算（&）

按位与运算将两个运算对象的对应位遵照以下规则进行计算：

0&0=0　　0&1=0　　1&0=0　　1&1=1

即对应位都为 1 时结果为 1，否则为 0。

例如，假设有定义语句：

```
short  a=0x1234,b=0x00ff,c;
```

则变量 a 在内存中对应的二进制形式为 0001 0010 0011 0100，变量 b 在内存中对应的二进制形式为 0000 0000 1111 1111。

那么赋值表达式 c=a&b 的运算过程如下：

	a	0001 0010 0011 0100
&	b	0000 0000 1111 1111
	c	0000 0000 0011 0100

所以变量c在内存中对应的二进制形式为0000 0000 0011 0100，变量c的值为0x0034。

按位与运算的典型用法是将某个运算对象的某些位清0或提取（保留）某些位的值。例如，在该例中，用数0x00ff和a进行按位与运算，使变量a的值高8位清0，同时保留低8位的值。

12.2.2 按位或运算（|）

按位或运算将两个运算对象的对应位按以下规则进行计算：

0 | 0=0　　0 | 1=1　　1 | 0=1　　1 | 1=1

即对应位只要有一个为1，结果为1，否则为0。

仍以上例的变量a、b为例，c=a | b的运算过程如下：

```
     a    0001 0010 0011 0100
|    b    0000 0000 1111 1111
------------------------------
     c    0001 0010 1111 1111
```

所以，变量c在内存中对应的二进制形式为0001 0010 1111 1111，变量c的值为0x12ff。

按位或运算的典型用法是将某个运算对象的某些位置1。例如，在该例中，用数0x00ff与a进行按位或运算。使a值的低8位置1，同时高8位不变。

12.2.3 按位异或运算（^）

按位异或运算将两个运算对象的对应位按以下规则进行计算：

0^0=0　　0^1=1　　1^0=1　　1^1=0

异或运算的意思是求两个运算对象对应位的值是否相异，相异为1，相同为0。

仍以上例的变量a、b为例，c=a^b的运算过程如下：

```
     a    0001 0010 0011 0100
^    b    0000 0000 1111 1111
------------------------------
     c    0001 0010 1100 1011
```

所以变量c在内存中对应的二进制形式为0001 0010 1100 1011，变量c的值为0x12cb。

按位异或运算具有："与1异或"该位翻转、"与0异或"该位不变的规律。例如，在该例中，用0x00ff与a进行按位异或运算，使a的值高8位不变，低8位翻转（即0变1，1变0）。由此规律，两个相同的整数按位异或运算，结果为零。

12.2.4 按位取反运算（～）

求反运算符"～"是一个单目运算符，具有右结合性。其功能是对一个运算对象的各二进制位按位取反，即0变1，1变0。例如，仍以上例的变量a为例，c=～a的运算过程如下：

```
～    a    0001 0010 0011 0100
-------------------------------
      c    1110 1101 1100 1011
```

所以变量c在内存中对应的二进制形式为1110 1101 1100 1011，变量c的值为0xedcb。

"～"运算符的优先级别比算术运算符、关系运算符、逻辑运算符和其他位运算符都高。例如，～a&b，先进行～a运算，然后进行&运算。

12.2.5　按位左移（<<）

按位左移运算是将一个运算对象的各二进位依次左移若干位。低位补 0，高位舍弃不要。例如：

```
int a=16;
a=a<<2;
```

则 a=a<<2 的运算过程为：a=a<<2=0000 0000 0001 0000<<2=0000 0000 0100 0000，即 a 的值为十进制数 64。

不难看出，左移 1 位相当于该数乘以 2，左移 2 位相当于该数乘以 $2^2=4$。例如，16<<2=64，即乘以 4。但此结论只适用于该数左移时被溢出舍弃的高位中不包含 1 的情况。如果将变量 a 左移 12 位，即 a<<12，结果为 0000 0000 0000 0000，溢出的高位中包含 1，已经不再满足左移 1 位相当于该数乘以 2 的规律了。所谓溢出是指该数已超过机器字长所能容纳的范围。在该例中，字长 16 位不可能正确表示 $16\times2^{12}=65536$ 这个数，所以产生了溢出。

12.2.6　按位右移（>>）

按位右移运算是将一个运算量的各位依次右移若干位。低位被移出，空出的高位对于无符号数来说补 0，对带符号数来说要按最高符号位自身填补。例如：

```
short  a=16;
  a=a>>2;
```

则 a=a>>2 的运算过程为：a=a>>2=0000 0000 0001 0000>>2=0000 0000 0000 0100，即 a 的值为十进制数 4。

显然右移 1 位相当于除以 2，右移 n 位相当于除以 2^n。

以上例子是对无符号数或该数本身是正数而言的。对带符号数且本身又是负数来说，右移时应按最高符号位自身填补。例如：

```
short  a= -16;
  a=a>>2;
```

则 a=a>>2 的运算过程为：a=a>>2=1111 1111 1111 0000>>2=1111 1111 1111 1100，即 a 的值为十进制数−4。

由于绝大多数机器（包括 IBM PC 系列机）规定，数在机器中以补码形式存放。−16 的补码为 1111 1111 1111 0000，右移 2 位之后的补码为 1111 1111 1111 1100，它是−4 的补码形式。所以，采用最高符号位自身填补的方法处理按位右移，不论正数或负数，均可以保证右移 1 位相当于该数除以 2。

12.2.7　复合位赋值运算符

C 语言提供了 5 种复合位赋值运算符，其含义见表 12.2。

表 12.2　复合位赋值运算符及含义

复合位赋值运算符	表　达　式	等价的表达式
&=	a&=b	a=a&b
|=	a|=b	a=a|b
^=	a^=b	a=a^b
<<=	a<<=2	a=a<<2
>>=	a>>=2	a=a>>2

如果两个长度不同的数据（如 long 型和 int 型）进行位运算时，系统会按以下运算规则处理：

① 将两个运算数右端对齐；

② 将位数短的一个运算数往高位扩充，即无符号数和正整数左侧用0补全，负数左侧用1补全，然后运算。

例如，以下程序段：

```
short  a=0x1234;
char b='D';
a&=b;
```

短整型变量a的二进制数为：0001 0010 0011 0100。

字符型变量b的二进制数为：0100 0100，是正数，所以左端8位补满0。

a=a&b的运算过程如下：

	a	0001 0010 0011 0100
&	b	0000 0000 0100 0100
	c	0000 0000 0000 0000

运算结果为a=0x0004=4。

本 章 小 结

C语言中的运算符及它们的优先级和结合性可参照附录B。位运算符的优先级比较分散（有的在算术运算符之前（如~），有的在关系运算符之前（如<<和>>），有的在关系运算符之后（如&、^、|））。为了容易记忆，使用位运算符时可以加圆括号。C语言的位运算具有很大的优越性，特别是在自动控制中都要用到位运算的知识。

习 题 12

12.1 思考题

1．计算下列各表达式。

（1）15–8<<1+1

（2）4*5 | 2<<1

（3）8==6<=4&0xff

（4）~10^2

2．已知“unsigned int a=0152，b=0xbb；”，求下列各表达式的值。

（1）a | b

（2）a&b

（3）a^b

（4）~a+~b

（5）a<<=3

（6）a^a

12.2 读程序写结果题

```
1. printf("%d \n", 12&012);
```

输出结果是：________。

2. #include "stdio.h"

```
int main( )
{ int x=0.5; char z='a';
  printf("%d\n", (x&1)&&(z<'z') );
  return 0;
}
```

输出结果是：________。

3. #include "stdio.h"

```
int main( )
{ unsigned char a,b,c;
  a=0x3; b=a | 0x8; c=b<<1;
  printf("%d %d\n",b,c);
  return 0;
}
```

输出结果是：________。

4. #include "stdio.h"

```
int main( )
{ unsigned a=0x3d;
  a>>3;
  printf("%x",a);
  a<<3;
  printf("%x",a);
  a>>=4;
  printf("%x",a);
  a<<=4;
  printf("%x",a);
  return 0;
}
```

输出结果是：________。

第13章　数 据 文 件

文件（file）是指存放在外部介质上的一组相关数据的集合。外部介质可以是磁盘、优盘、光盘等，文件的内容可以是程序或数据等。实际上在前面各章中已经多次使用了文件，如源程序文件、目标文件、可执行文件、库文件、头文件等，这些文件的内容都是程序，本章将要讨论的是数据文件（即文件的内容是数据）。

到目前为止，我们所讨论的程序的数据或者在程序中直接赋值，或者在程序运行时由用户通过键盘输入。这种方式对于少量数据来说是方便的，但对于大量数据来说（比如需要处理成千上万的数据）是很麻烦的。引入数据文件除了能永久的存储数据外，还能用于人机之间、计算机之间或程序之间的数据通信。因此一个程序输出的数据能够存储在一个数据文件中，而该文件可以直接作为另一个程序的输入。

数据文件在程序设计中是一个十分重要的概念，但是，C语言不像其他高级语言那样，通过系统提供的一系列有关输入/输出语句来实现对数据文件的操作，而是通过系统提供的标准函数来实现。这些函数被称为标准输入/输出（I/O）函数，存放在输入/输出（I/O）函数库中。

本章主要介绍一些对数据文件进行操作的输入/输出标准函数，即如何将程序中变量的值输出到数据文件中，这种操作称为输出或写；如何将数据文件中存放的数据赋给程序中的变量，这种操作称为输入或读。下面为了叙述方便，将数据文件简称为文件。

13.1　C语言文件

在C语言中根据数据的存放形式，将C语言文件分为文本文件（text file）和二进制文件（binary file）。

文本文件又称ASCII文件，也称为基于字符的文件（character-based file），它采用ASCII代码存储方式，即1个字符占1字节，存放其对应的ASCII代码值。比如整数432，在内存中占2字节，当把它以文本文件形式存放时，系统将它转换成由'4'、'3'、'2'这3个字符对应的ASCII码存放在文件中，在文件中占3字节，其存放形式如图13.1所示。同样，当把文本文件中的数据读入到内存中时，也要进行转换，转换过程是把一串字符（ASCII码）按类型转换成相应的数据。如将'4'、'3'、'2'这3个字符转换成整数432存放在内存中。

二进制文件是采用内存数据的存储方式，即按数据在内存中的存储形式原样存放到文件中。例如整数432，在内存中占4字节，若按二进制形式存储时，存放的是该整数对应的二进制形式，即在文件中也占4字节，它们是直接存放的，其存放形式如图13.2所示。在二进制文件中，一个字符型数据占1字节，一个整型数据占4字节，一个float数据占4字节，其他依次类推。注意，不能将二进制数据直接输出到显示屏，也不能从键盘输入二进制数据。

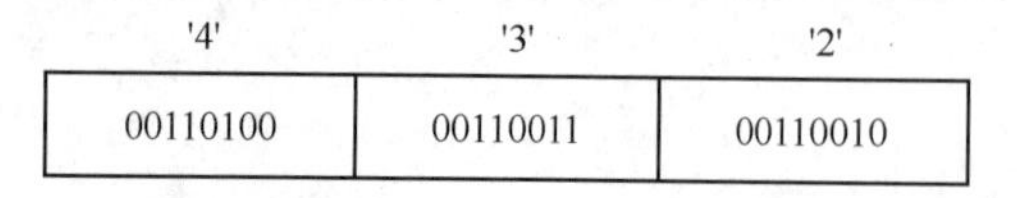

图13.1　文本文件存放整数432示意图

00000000	00000000	00000001	10110000

图13.2　二进制文件存放整数432示意图

由此可见，在文本文件中，其存放形式与字符一一对应，1字节代表1个字符，便于对字符进行逐个处理，但占据较多的外存空间，而且要花费字符的转换时间（不同类型的数据与ASCII码间的转换）。在二进制文件中，数据的存放形式与在内存中的存储形式相同，由于不存在转换的操作，因此节省了转换时间，从而提高了对文件输入/输出的速度，而且还可以节省外存空间。

综上所述，C 语言把文件处理成 1 个字符序列（文本文件）或字节序列（二进制文件），即 C 语言文件是由一个一个的字符或字节顺序组成的，没有任何定界符的数据流，所以 C 语言文件也称为流式文件。

1983 年，ANSI C 新标准规定，在对文件进行输入或输出的时候，系统将为输入或输出文件开辟缓冲区（称为文件缓冲区，简称缓冲区）。所谓缓冲区，是指对于每个正在使用的文件，系统都在内存中为其开辟一段存储区，当对某文件进行输出时，系统先将数据从内存送入缓冲区，待缓冲区装满后，再将缓冲区的数据一次性输出到对应文件中。当对某文件进行输入时，系统首先将文件中的一批数据送到缓冲区中，输入语句将从缓冲区中依次读取数据，当缓冲区的数据被读完时，系统将再次把对应文件中的一批数据送到缓冲区中。缓冲区的大小由各 C 语言系统规定，一般为 512 字节。

从操作系统的角度，每一个与主机相连的输入/输出设备都被看作是一个文件。具体来说，就是将终端键盘定义为标准输入设备文件，将终端显示器和打印机定义为标准输出设备文件。所以，前面讨论的从键盘输入有关信息、从显示器输出有关信息，实际上意味着从标准输入文件输入信息和向标准输出文件输出信息。

13.2　定义、打开和关闭文件

13.2.1　文件指针

在 C 语言文件系统中，文件指针的概念非常重要。所谓文件指针，实际上是一个指向结构体类型的指针变量，在这个结构体中包含文件缓冲区的地址、在缓冲区中当前存取字符的位置、对文件的操作模式（是读还是写）、文件的名字、文件的状态（是否遇到文件结束标志）等基本信息。该结构体类型是由系统在 stdio.h 中定义的，类型名为 FILE。在程序设计中，用户可以不去了解其中的细节，只需定义一个指向 FILE 类型的文件指针，并通过该文件指针指向一个可以操作的文件并对其进行访问。

定义 FILE 类型文件指针的一般形式为：

```
FILE  *文件指针
```

例如：

```
FILE  *fp;
FILE  *infile;
FILE  *outfile;
```

fp、infile、outfile 等都是一个指向 FILE 类型结构体的文件指针，注意每个被定义的文件指针前面都有一个“*”号，文件指针名由用户定义。

C 语言规定了 3 个标准输入/输出设备文件指针，它们是：

① stdin　指向标准输入设备文件（键盘）

② stdout　指向标准输出设备文件（显示器）

③ stderr　指向标准错误输出文件（显示器）

这些指针在 stdio.h 头文件中已进行了定义。

13.2.2　打开文件（fopen( )函数）

在对数据文件进行读/写操作之前应首先打开数据文件，目的是通知系统将要使用的文件的文件名、文件类型，以及对文件的使用方式（读或写）。在使用结束之后还应立即关闭文件，以防止文件被误操作而使数据丢失。

fopen( )函数的一般调用形式为：

```
fopen(文件名,使用文件方式);
```

功能：按使用文件方式打开一个指定的文件。函数返回一个指向 FILE 类型的指针。例如：

```
FILE  *fp;
fp=fopen("c:\file.txt","r");
```

它表示要打开存放在 c 盘根目录下文件名为 file.txt 的文件，使用文件方式为只读（“r”方式）。fopen( )函数带回指向 file.txt 文件的指针并将其赋给文件指针变量 fp，从而把文件指针变量 fp 与 file.txt 文件联系起来。也就是说，文件指针变量 fp 指向了 file.txt 文件，程序使用 fp 访问该文件，而计算机在外部文件名 file.txt 下保存该文件。

其中，fopen( )函数的第 1 个参数文件名可以直接写成字符串常量形式（如“c:\file.dat”），也可以用字符数组名，而第 2 个参数必须将对文件的使用方式放置在双引号中。例如：

```
FILE  *fp;char f1[10]="c:\file.dat";
fp=fopen(f1,"r");
```

fopen( )函数的第 2 个参数使用文件方式的各种含义见表 13.1。

表 13.1　文件的使用方式

使用方式	含　义	功　　能
"r"	只读	为输入打开一个文本文件
"w"	只写	为输出打开一个文本文件
"a"	追加	在文本文件的末尾追加数据
"rb"	只读	为输入打开一个二进制文件
"wb"	只写	为输出打开一个二进制文件
"ab"	追加	在二进制文件的末尾追加数据
"r+"	读/写	为读/写打开一个文本文件
"w+"	读/写	为读/写打开一个文本文件
"a+"	读/写	为追加数据打开一个文本文件
"rb+"	读/写	为读/写打开一个二进制文件
"wb+"	读/写	为读/写打开一个二进制文件
"ab"	读/写	为追加打开一个二进制文件

说明：

① 选用“w”或“wb”方式打开一个文件时，如果磁盘上已经存在一个同样名字的文件，则覆盖原文件，原文件中的所有信息将丢失。

② 如果打开文件成功，fopen( )函数将带回已打开文件的指针，否则将带回一个空指针值 NULL，说明出错。出错的原因可能是用“r”方式打开一个并不存在的文件，或者磁盘出故障、磁盘已满无法建立新文件等。为了避免文件打开失败时对文件的破坏，一般可以采用下面的方法打开一个文件：

```
if(fp=fopen("c:\file.txt","r")==NULL)
 { printf("can not  open  this  file\n");
  exit(0);
  }
```

exit( )函数的作用是关闭文件，终止调用过程。

③ 当开始运行一个 C 语言程序时，系统将自动打开 3 个标准设备文件，并使 3 个文件指针 stdin、stdout 和 stderr 分别指向这 3 个标准设备文件；当程序运行结束时，系统又自动将这些标准设备文件关

闭。用户无法控制它们的开与关，即用户不必用 fopen( )函数打开文件就可以使用 stdin、stdout 和 stderr 这 3 个文件指针。

可以看出，在打开一个文件时，通知了编译系统以下 3 个信息：

① 需要打开的文件名；

② 使用文件的方式（读还是写等）；

③ 让哪一个指针变量指向被打开的文件。

13.2.3 关闭文件（fclose( )函数）

fclose( )函数的一般调用形式为：

```
fclose(文件指针);
```

功能：关闭文件指针所指向的文件，使文件指针与文件脱离联系。例如：

```
fclose(fp);
```

关闭 fp 所指向的文件。如果对文件的使用方式是读操作，以上函数调用之后，直接使 fp 与文件脱离联系；如果对文件的使用方式是写操作，以上函数调用之后，系统首先把缓冲区中的数据输出到磁盘文件后，才使文件指针变量 fp 与文件脱离联系。由此可见，在完成了对文件的操作之后，应该关闭文件，如果不关闭文件将会使缓冲区中的数据丢失。

fclose( )函数也带回一个值，如果顺利地执行了关闭操作，则返回值为 0，如果返回值为非零值，则表示关闭时有错误。

13.3 文件的输入/输出

当文件成功地打开之后，就可以对它进行输入/输出操作了。下面介绍一些常用的输入/输出函数。

13.3.1 fputc( )函数和 fgetc( )函数

1. fputc( )函数

fputc( )函数的一般调用形式为：

```
fputc(ch,fp);
```

功能：向一个打开的文件写入一个字符。其中，ch 为待输出的字符，它可以是一个字符常量或字符变量，fp 是文件指针。执行该函数时，将 ch 的值输出到 fp 指向的文件中。如果输出成功，fputc( )函数的返回值为要输出的字符；如果输出失败，则返回值为 EOF。EOF 是在 stdio.h 头文件中定义的符号常量，值为−1。

【例 13.1】 编写程序，从键盘输入一个以“$”结尾的字符串，并将它们原样存到名为 file1.txt 的文件中。

分析：根据题意，首先定义一个文件指针 fout，用写的方式打开 file1.txt 文件。从键盘输入一个字符，赋给变量 ch，判断 ch 是否为字符“$”，如果是，则结束循环，并关闭文件，否则，将 ch 的值输出到文件中，并再次从键盘输入一个字符赋给变量 ch，直到 ch 的值为“$”为止。

程序代码如下：

```
#include"stdio.h"
int main( )
{  FILE *fout;                                  /*定义文件指针*/
```

```
    char ch;
    if((fout=fopen("file1.txt","w"))==NULL)      /*为写打开文件*/
    {  printf("can not open file\n");
       exit(0);
     }
    ch=getchar( );
    while(ch!= '$')
    { fputc(ch,fout);                            /*将字符变量ch的值输出到文件中*/
      putchar(ch);                               /*将字符变量ch的值输出到屏幕*/
      ch=getchar( );
     }
    fclose(fout);                                /*关闭文件*/
    return 0;
  }
```

程序运行结果如下：

```
The c program$<Enter>(输入一个字符串)
The c program      (输出一个字符串)
```

本例运行时，首先从键盘输入字符串“The c program$”。“$”表示输入结束，程序将“The c program”写到file1.txt磁盘文件中，同时在屏幕上显示这些字符，以便核对。

因为file1.txt是文本文件，所以可以在记事本等文本编辑软件中将文件中的内容显示出来。

2. fgetc( )函数

fgetc( )函数的一般调用形式为：

```
fgetc(fp);
```

功能：从指定的文件中读取一个字符，该文件必须是以只读或读/写方式打开的。其中，fp为文件指针，指向由fopen( )函数打开的文件，例如：

```
ch=fgetc(fp);
```

fgetc( )函数从文件中读取一个字符，赋给字符变量ch。如果在执行时出错，则返回EOF（EOF为系统定义的符号常量，其值为–1）。如果想从一个文本文件中顺序读取一些字符并在屏幕上显示出来，可以采用以下程序代码段：

```
ch=fgetc(fp);
while(ch!=EOF)
{ putchar(ch);
  ch=fgetc(fp);
}
```

注意：对于文本文件来说，由于字符的ASCII码不可能出现–1，因此使用“ch!=EOF”作为输入结束条件是合适的。当读取的字符值等于–1（即EOF）时，表示读取的已不是正常的字符而是文件结束符。但对于二进制文件，读取的一个二进制数据有可能是–1，而这又恰好是EOF的值，就出现了提前结束对文件操作的情况，为了解决这个问题，可以用feof( )函数来判断文件是否真的结束。

如果想顺序读入一个二进制文件中的数据，可以采用以下程序代码段：

```
while(!feof(fp))
{ c=fgetc(fp);
  ……
 }
```

feof( )函数不仅适用于二进制文件，同样也适用于文本文件。

【例 13.2】　编写程序读入例 12.1 生成的文本文件 file1.txt，并将文件内容原样输出到显示屏上。

分析：根据题意，首先定义一个文件指针 fin，用只读方式打开 file1.txt 文件。采用 feof( )函数来判断文件是否结束，如果是，则结束循环，并关闭文件，否则，从文件中读取一个字符赋给变量 ch，并将 ch 的值输出到显示屏上，直到文件结束为止。

程序代码如下：

```
#include "stdio.h"
int main( )
{  FILE *fin;                                    /*定义文件指针*/
   char  ch;
   if((fin=fopen("file1.txt","r"))==NULL) /*为读打开文件*/
   {  printf("can not open infile\n");
      exit(0);
    }
   while(!feof(fin))                             /*当没有到文件末尾时执行循环*/
   { ch=fgetc(fin);                              /*从文件中读一个字符*/
     putchar(ch);                                /*将字符变量 ch 的值输出到屏幕*/
   }
   fclose(fin);                                  /*关闭文件*/
   return 0;
  }
```

程序运行结果如下：

```
The c program
```

最后说明一点：为了书写方便，在 stdio.h 中已把 fputc 和 fgetc 定义为宏名 putc 和 getc，即：

```
#define putc(ch,fp) fputc(ch,fp)
#define getc(fp) fgetc(fp)
```

因此，用 putc( )和 fputc( )、getc( )和 fgetc( )是一样的。可以把它们作为相同的函数来对待。

13.3.2　fgets( )函数和 fputs( )函数

1. fgets( )函数

fgets( )函数的一般调用形式为：

```
fgets(str,n,fp);
```

功能：从指定的文件中读入一个字符串。其中，fp 是文件指针，str 是存放字符串的首地址，n 是字符串的长度。执行该函数时，从 fp 所指向的文件中读入 n–1 个字符，并把它们放到 str 所指向的存储单元中。如果在读入 n–1 个字符结束之前遇到换行符或 EOF，读入立即结束。字符串读入结束后系统自动在最后加一个“\0”。fgets( )函数返回值为 str 的首地址。

2. fputs( )函数

fputs( )函数的一般调用形式为：

```
fputs(str,fp);
```

功能：向指定的文件输出一个字符串。其中，fp 是文件指针；str 是待输出的字符串，可以是字符串常量、指向字符串的指针变量或存放字符串的字符数组名等。输出成功，函数值为 0；输出失败，函数值为非零值。例如：

```
fputs("China",fp);
```

把字符串“China”输出到 fp 所指向的文件中。

这两个函数类似于以前介绍过的 gets( )和 puts( )函数，只是 fgets( )和 fputs( )函数以指定的文件作为读/写对象。

【例 13.3】 将从键盘上输入的若干行字符输出到磁盘文件中。

程序代码如下：

```
#include "stdio.h"
#include "string.h"
int main( )
{ FILE *fp;
  char str[80];
  if((fp=fopen("lx.txt", "w"))==NULL)
  { printf("File can not opened\n");
    exit(0);
  }
  while(strlen(gets(str))>0)       /*从键盘读入的字符串长度大于0时,执行循环*/
  { fputs(str,fp);                 /*将字符串写入文件*/
    fputs("\n",fp);                /*将换行符写入文件*/
   }
  fclose(fp);
  return 0;
 }
```

程序运行时，先利用 gets( )函数接收从键盘上输入的一行字符，送入 str 字符数组中，再利用 fputs( )函数把 str 中的字符串输出到 lx.txt 文件中。由于 fputs( )函数不会自动地在字符串的末尾加'\n'字符，所以再次使用 fputs 函数输出一个'\n'字符，以便将来从文件中读取数据时能区分开各个字符串。

13.3.3 fprintf( )函数和 fscanf( )函数

fpintf( )和 fscanf( )函数用来读/写文本文件。fpintf( )函数、fscanf( )函数与 printf( )函数、scanf( )函数相似，都是格式化输入/输出函数，只是输入/输出的对象不同，fprintf( )和 fscanf( )函数的输入/输出对象不是显示器和键盘，而是磁盘文件。其一般调用形式为：

```
fprintf(文件指针,"控制字符串",输出项表列);
fscanf(文件指针,"控制字符串",输入项地址表列);
```

例如：

```
fprintf(fp,"%d %d",a,b);
```

它的作用是将整型变量 a 和 b 的值按%d 的格式输出到 fp 指向的文本文件中。如果 a=101，b=84，则输出到磁盘文件中的内容是：

```
101 84
```

注意：

```
fprintf(stdout,"%d %d",a,b);等价于printf("%d %d",a,b);
```

因为文件指针 stdout 指向显示器。

特别强调在调用 fprintf( )函数时，为了以后便于读入，两个格式说明之间应当用空格隔开，另外，最好不要在控制字符串中加入其他普通字符。

同样，用 fscanf( )函数可以从磁盘的文本文件中按格式输入数据：

```
fscanf(fp,"%d%d",&a,&b);
```

磁盘文件上如果有以下字符：

```
101 84
```

则将磁盘文件中的数据 101 赋给变量 a，84 赋给变量 b。以下语句：

```
fscanf(stdin,"%d%d",&a,&b);
```

等价于

```
scanf("%d%d",&a,&b);
```

因为文件指针 stdin 指向键盘。

注意：文件中的数据之间用空格符（或制表符、回车符）隔开。

【例 13.4】　编写程序从键盘输入 3 名学生的学号、姓名和成绩，并将它们存放到磁盘文件 stud.txt 中。

程序代码如下：

```
#include "stdio.h"
#define SIZE 3
int main( )
{  int i,num;
   char name[10];
   float score;
   FILE *fout;
   if((fout=fopen("stud.txt","w"))==NULL)
   {  printf("can not open file\n");
      exit(0);
    }
   for(i=0;i<SIZE;i++)
   { scanf("%d%s%f",&num,name,&score);
     fprintf(fout, "%d %s %f ",num,name,score);
   }
   fclose(fout);
   return 0;
}
```

程序运行时，从键盘上输入 3 名学生的学号、姓名和成绩：

```
101  zhang 89.5<Enter>
102  fun     90<Enter>
103  Li      78.4<Enter>
```

屏幕上并无任何信息输出。为了验证在磁盘文件 stud.txt 中是否已存这些数据，可以用任何一款文本编辑器打开 stud.txt 文件查看，也可以用以下程序从 stud.txt 文件中读取数据，然后在屏幕上输出。

程序代码如下：

```
#include "stdio.h"
#define SIZE 3
int main( )
{ int i,num;
  char name[10];
  float score;
  FILE *fin;
```

```
    if((fin=fopen("stud.txt","r"))==NULL)
    { printf("cannot open file\n");
      exit(0);
    }
    for(i=0;i<SIZE;i++)
    { fscanf(fin,"%d%s%f",&num,name,&score);
      printf("\n%-6d%-10s%6.1f\n",num,name,score);
    }
    fclose(fin);
    return 0;
}
```

程序运行时不需要从键盘输入任何数据。屏幕上显示出以下信息：

```
101        zhang        89.5
102        fun          90
103        Li           78.4
```

采用 fprintf( )和 fscanf( )函数对磁盘文件进行读/写比较方便，容易理解，但由于在输入时要将ASCII 码转换为二进制形式，在输出时又要将二进制形式转换成字符，花费时间比较多。因此，在内存与磁盘频繁交换数据的情况下，最好不用 fprintf( )和 fscanf( )函数，而用 fread( )和 fwrite( )函数。

13.3.4 fread( )函数和 fwrite( )函数

fread( )函数和 fwrite( )函数用于读/写二进制文件。它们的一般调用形式为：

```
fread(buffer,size,count,fp);
fwrite(buffer,size,count,fp);
```

其中，fp 是文件指针；buffer 是一个指针变量，对 fread( )来说，它是存放读入数据的起始地址，对 fwrite( )来说，它是要输出数据的起始地址；size 是一次要读/写的字节数。count 是要读/写大小为 size 个字节的数据项的个数。例如：

```
float a[10];
fread(a,4,2,sp);
```

其中，a 是一个实型数组名。一个实型变量占 4 字节。这个函数从 sp 所指向的文件中读 2 个 4 字节的数据，存储到 a[0]和 a[1]中。

【例 13.5】 编写程序从键盘输入 3 名学生的成绩，并将它们存放到磁盘文件 stud.bxt 中。

程序代码如下：

```
#include <stdio.h>
#define SIZE 3
int std[SIZE];
int main( )
{  int i;
   FILE *fout;
   if((fout=fopen("f:\stud.bxt","wb"))==NULL)
   {  printf("can not open file\n");
      exit(0);
    }
   for(i=0;i<SIZE;i++)
   {  scanf("%d",&std[i]);
      fwrite(&std[i],sizeof(int),1,fout);
   }
  fclose(fout);
```

```
    return 0;
}
```

在 main 函数中，首先打开一个名为 stud.bxt 的数据文件，接着从终端键盘输入 SIZE 个学生的成绩，然后通过在循环中调用 SIZE 次（3 次）fwrite( )函数，每次都将一个长度为 4 字节（sizeof（int））的数据块送到 stud.bxt 文件中。

程序运行时，从键盘上输入 3 名学生的成绩：

```
89<Enter>
90<Enter>
78<Enter>
```

屏幕上并无任何信息输出。为了验证在磁盘文件 stud.bxt 中是否已存在此数据可以用以下程序从 stud.bxt 文件中读入数据，然后在屏幕上输出。

```
#include "stdio.h"
#define SIZE 3
int std[SIZE];
int main( )
{  int i;
   FILE *fin;
   fin=fopen("stud.bxt","rb");
   for(i=0;i<SIZE;i++ )
   { fread(&std[i],sizeof(int),1,fin );
     printf("%6d\n",std[i]);
   }
   fclose(fin);
   return 0;
}
```

程序运行时不需要从键盘输入任何数据，屏幕上显示出以下信息：

```
89
90
78
```

请注意输入/输出数据的状况，从键盘输入 3 名学生的成绩数据是 ASCII 码，也就是文本形式，在送到计算机内存时，转换为二进制形式，回车换行符转换成一个换行符。从内存以“wb”方式（二进制方式）输出到“stud.bxt”文件时，不发生字符转换，按内存中存储形式原样输出到磁盘文件上。在上面验证程序中，又用 fread( )函数从二进制文件“stud.bxt”中向内存以“rb”方式即二进制方式读入数据，也不发生字符转换。最后，用 printf( )函数输出到屏幕时，转换为 ASCII 格式，在屏幕上显示字符。换行符又转换为回车换行符。

如果试图从“stud.bxt”文件中以“r”方式读入数据就会出错。

由于 ANSI C 标准采用了缓冲输入/输出系统，所以增加了 fread( )和 fwrite( )两个函数，用来读/写一个数据块。

13.4　文件的定位

对流式文件可以进行顺序读/写，也可以进行随机读/写。关键在于控制文件的位置指针，如果位置指针是按字节位置顺序移动，则称为顺序读/写。如果将位置指针按需要移动到任意位置进行读/写，则称为随机读/写。顺序读/写一个文件时，每读/写一个数据后，文件的位置指针将自动移动，指向下一个数据位置，以备下一次的读/写操作。如果想改变这样的规律，强制使位置指针指向指定的位置，可以使用以下函数。

13.4.1 rewind( )函数

rewind( )函数的一般调用形式为：

```
rewind(文件指针);
```

功能：将文件的位置指针置于文件的开头，此函数没有返回值。

13.4.2 fseek( )函数和随机读/写

fseek( )函数的一般调用形式为：

```
fseek(文件类型指针,位移量,起始点)
```

功能：移动文件的位置指针到指定的位置上，随后的读/写操作将从此位置开始。利用 fseek( )函数可以实现文件的随机读/写。

其中，起始点为文件开始、当前位置或文件末尾。在程序中可使用 ANSI C 标准指定的标识符或用相应的数字代表，见表 13.2。

表 13.2 ANSI C 标准指定的标识符

起 始 点	标 识 符	用数字代表
文件开始	SEEK_SET	0
文件当前位置	SEEK_CUR	1
文件末尾	SEEK_END	2

位移量是 long 型数据，指以起始点为基点，向前移动的字节数。当位移量为正整数时，表示位置指针从指定的起始点向文件尾部方向移动；当位移量为负整数时，表示位置指针从指定的起始点向文件首部方向移动。

fseek( )函数一般用于二进制文件，因为文本文件要进行字符转换，计算位置时会产生混乱。

下面是 fseek( )函数调用的几个例子：

- "fseek(fp,20Lk0);"：将位置指针移到离文件头 20 字节处。
- "fseek(fp,10L,1);"：将位置指针移到离当前位置 10 字节处。
- "fseek(fp, –30L,2);"：将位置指针从文件末尾处回退 30 字节。

【例 13.6】 在磁盘文件（ss.bxt）上存有 10 个实型数据。编写程序将第 1、3、5、7、9 个数据输入到计算机，并在屏幕上显示出来。

程序代码如下：

```
#include "stdio.h"
int main( )
{ int i;float d[10];
  FILE *fp;
  if((fp=fopen("ss.bxt","rb"))==NULL)
  { printf("cannot open file\n");
    exit(0);
  }
  for(i=0;i<10;i+=2)
  { fread(&d[i],4,1,fp);
    printf("%8.2f\n", d[i]);
```

```
      fseek(fp,4L,1);                    /*将位置指针移到离当前位置 4 个字节处*/
    }
  fclose(fp);
  return 0;
}
```

13.4.3 ftell( )函数

ftell( )函数的一般调用形式为：

```
ftell(文件指针);
```

功能：获得文件位置指针的当前位置。ftell( )函数的返回值是相对于文件开头的位移量（字节数），如果函数返回值为–1L，表示出错。例如：

```
k=ftell(fp);
if(k==-1L) prinif("error");
```

变量 k 存放位置指针的当前位置。

本 章 小 结

1．文件是指存放在外部介质（如磁盘）上一组相关数据的集合。C 语言把文件处理成一个字符序列（文本文件）或字节序列（二进制文件），即 C 语言文件是由一个一个的字符或字节顺序组成的没有任何定界符的数据流，所以 C 语言文件也称为流式文件。

2．根据文件的存储方式，分为文本文件和二进制文件。

3．在缓冲文件系统中，每个被使用的文件无论是标准文件还是磁盘文件都有一个 FILE 类型的结构体变量，以保存该文件的基本信息。

4．对文件操作的步骤：

① 打开被操作的文件；

② 对文件进行必要的读或写；

③ 关闭文件。

这一系列操作步骤都用 C 语言系统提供的标准输入/输出函数来实现。

习 题 13

13.1 思考题

1．什么是文件指针？如何通过文件指针访问一个数据文件？

2．假设 fp 已正确定义为一个文件指针，请针对下列问题写出相应的语句。

（1）打开 A 盘上 user 子目录下名为 abc.txt 文本文件进行读操作。

（2）打开 A 盘上 user 子目录下名为 d1.dat 二进制文件进行写操作。

（3）在对文件进行操作的过程中，要求文件的位置指针回到文件的开头的函数调用语句。

3．下面的程序执行后，文件 test.txt 中的内容是什么？

```
#include <stdio.h>
void fun(char *fname,char *st)
{ FILE *myf; int i;
  myf=fopen(fname, "w" );
```

```
    for(i=0;i<strlen(st); i++) fputc(st[i],myf);
    fclose(myf);
  }
  int main( )
  { fun("test.txt","new world");
    fun("test.txt","hello, ");
    return 0;
  }
```

13.2 读程序写结果题

```
1. #include <stdio.h>
   int  main( )
    { FILE *fr; char str[40];
        ......
      fgets(str,5,fr);
      printf("%s\n",str);
      fclose(fr);
      return 0;
    }
```

已有文本文件 test.txt，其中的内容为“Hello，everyone！”且已正确为读而打开文件指针 fr 指向该文件。

输出结果是：_______。

```
2. #include <stdio.h>
   int main( )
    { FILE *fp; int i=20,j=30,k,n;
      fp=fopen("d1.dat","w");
      fprintf(fp, "%d\n",i);fprintf(fp, "%d\n",j);
      fclose(fp);
      fp=fopen("d1.dat","r");
      fscanf(fp, "%d%d",&k,&n); printf("%d %d\n",k,n);
      fclose(fp);
      return 0;
    }
```

输出结果是：_______。

3. 以下程序试图把从终端输入的字符输出到名为 abc.txt 的文件中，直到从终端读入字符#号时结束输入和输出操作，请在下画线处填空。

```
#include <stdio.h>
int main( )
{ FILE *fout; char ch;
  fout=________;
  ch=fgetc(stdin);
  while(ch!= '#')
  { fputc(ch,fout);
    ch=fgetc(stdin);
  }
  fclose(fout);
  return 0;
}
```

13.3 程序填空题：按照要求，在下画线处填写适当的内容。

1. 程序的功能是，从键盘上输入一个字符串，把该字符串中的小写字母转换为大写字母，输出到文件 test.txt 中，然后从该文件读出字符串并显示出来。

```
#include<stdio.h>
int main( )
{ FILE *fp;
  char str[100]; int i=0;
  if((fp=fopen("test.txt",___))==NULL)
  { printf("can't open this file.\n");exit(0);}
   printf("input astring:\n");
   gets(str);
   while (str[i])
   { if(str[i]>='a'&&str[i]<='z')
       str[i]=___;
     fputc(str[i],fp);
     i++;
    }
   fclose(fp);
   fp=fopen("test.txt",____);
   fgets(str,100,fp);
   printf("%s\n",str);
   fclose(fp);
   return 0;
 }
```

2. 程序段打开文件后，先利用 fseek 函数将文件位置指针定位在文件末尾，然后调用 ftell 函数返回当前文件位置指针的具体位置，从而确定文件长度。

```
FILE *myf; long f1;
myf=________("test.t","rb");
fseek(myf,0,SEEKEND); f1=ftell(myf);
fclose(myf);
printf("%d\n",f1);
```

3. 下面程序用 time 统计文件 file.dat 中字符的个数。

```
#include <stdio.h>
int main( )
{ FILE *fp; long time=0;
  if((fp=fopen("file.dat",_______))==NULL)
  { printf("can not open file\n");
    exit(0);
  }
  while(!feof(fp))
  { __________;
    __________;
  }
  printf("time=%ld\n",time);
  fclose(fp);
  return 0;
 }
```

13.4　编程题

从键盘上输入一些文本信息，将这些信息存入磁盘文件 file.txt 中，编写程序统计磁盘中字母、数字和其他字符的个数。将统计结果显示在屏幕上，并累存入磁盘文件 file.txt 中。

实 验 篇

第 14 章 实 验

实验一 初识 C 语言编程

1.1 Visual C++ 6.0 简介

Visual C++ 6.0（以下简称 VC 6.0）是微软推出的一款 C++编译器，是一个集程序编辑、编译、链接和运行为一体的可视化集成开发环境，是业界公认的最优秀的应用开发工具之一。

在 VC 6.0 中，级别最高的文件类型是扩展名为.dsw 的文件，该类型文件称为 Workspace（工作区）文件。在 Workspace 文件中，可以包含多个 Project（项目）文件，由 Workspace 文件对这些 Project 文件进行统一的协调和管理。Project 文件的扩展名为.dsp，是在 VC 6.0 环境中开发的应用程序。

在 VC 6.0 中，需要 C 语言用户编写的是扩展名为.h 的头文件和扩展名为.c 的源程序文件。

1. VC 6.0 界面说明

VC 6.0 的启动：选择菜单命令"开始"→"所有应用"→"Microsoft Visual Studio 6.0"→"Microsoft Visual C++"，进入 VC 6.0 的集成环境，如图 14.1 所示。

图 14.1 Visual C++ 6.0 的启动

VC 6.0 主窗口：由标题栏、菜单栏、工具栏、项目工作区窗口、编辑区窗口、输出窗口组成，如图 14.2 所示。

工具栏：Visual C++ 6.0 包含有十几种工具栏，默认时只显示 Standard 和 Build 两个工具栏。

项目工作区（Project Workspace）：一个 Visual C++应用程序，称为一个项目（Project）。项目是文件的集合，包括头文件、源代码文件、资源文件、程序结构信息文件和系统参数设置文件等。

Visual C++以项目工作区方式来组织文件、项目和项目配置，在项目工作区窗口中可查看和访问项目的各种元素。

2. 在 VC 6.0 中编辑调试 C 语言程序

（1）创建 C 语言源程序

第 1 步：在主窗口中，选择菜单命令“文件”→“新建”，弹出“新建”对话框。

第 2 步：在“新建”对话框中，选择“文件”选项卡（默认），如图 14.3 所示。在列出的文件类型中选择“C++ Source File”选项，在“文件名”框中输入新建文件名，如 Hello.c（注意，此处必须加扩展名.c，否则默认生成扩展名.cpp 的 C++类型源文件），在“位置”框中显示出 C 源程序默认的存放文件夹，最好单击[...]按钮，修改源文件的存放位置（此例选择 F:\），最后单击“确定”按钮。此时，系统创建空的源程序文件 Hello.c。

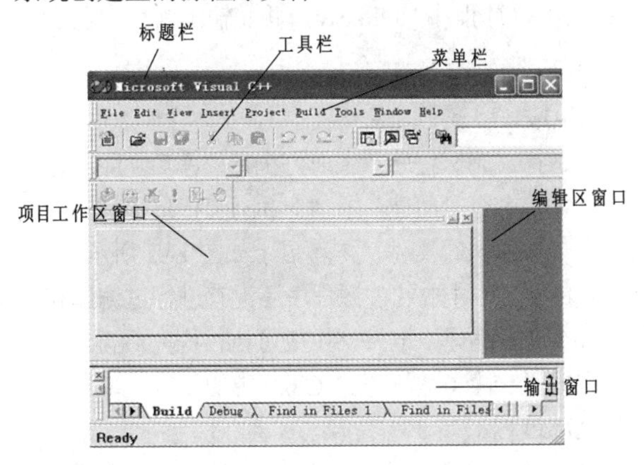

图 14.2　Visual C++ 6.0 集成开发环境

图 14.3　“新建”对话框

第 3 步：在 Hello.c 文本窗口中输入下面的源程序代码：

```
#include "stdio.h"
main()
{
    printf("Hello World!\n");
}
```

在输入过程中，系统采用不同颜色显示不同内容，如关键字显示为蓝色，注释显示为绿色，并根据输入内容自动缩进，增强代码可读性。输入结束，单击工具栏中的“保存”按钮，保存文件。

（2）编译、链接生成可执行程序

第 1 步：编译源程序文件：选择菜单命令“组建”→“编译”或单击工具栏中的按钮，或按组合键 Ctrl+F7，由于 VC 6.0 要求编译运行的程序必须属一个工程，因此会弹出窗口确认是否要系统为该源程序自动创建工程（与源文件同名：Hello），选择“是”，如图 14.4 所示，系统开始编译当前编辑窗口中的源程序文件，并将编译结果显示在底部的输出窗口。

图 14.4　信息确认窗口

如果程序有错误，则在输出窗口中逐条显示错误信息及错误总数目，此时不能生成目标程序。输出窗口中的每条错误信息显示了检查出错误的代码行及错误种类和说明，利用它可以方便地修改源代码中的错误。在输出窗口中，双击某个错误，或单击某个错误按回车键，或右击某个错误从快捷菜单中选择“转到错误/标记”命令，将激活源程序编辑窗口，指向该错误对应的代码行并被加上标记。

修改完成后，需要再次进行编译，如果程序没有错误，则生成目标文件 Hello.obj，并在输出窗口中显示以下信息：

```
Hello.obj-0 error(s),0 warning(s)
```

需要注意的是，输出窗口中错误信息指示的行不一定是出错行，应根据提示的错误种类和说明及其指定代码行的内容在上下文中找出错误代码，进行修改。另外，编译中的警告错误在默认情况下不影响目标程序的生成。

第 2 步：生成可执行程序：编译成功后，选择菜单命令“组建”→“组建 Hello.exe”或单击工具栏中的按钮，将目标文件链接生成可执行程序。

同编译一样，如果链接时出现错误，则不能生成可执行程序，在输出窗口中将显示每条错误信息，可依据错误提示修改源程序；如果链接时无错，则生成可执行程序 Hello.exe，并在输出窗口中显示：

```
Hello.exe - 0 error(s), 0 warning(s)
```

同样，警告错误（Warning）不妨碍可执行程序的生成。

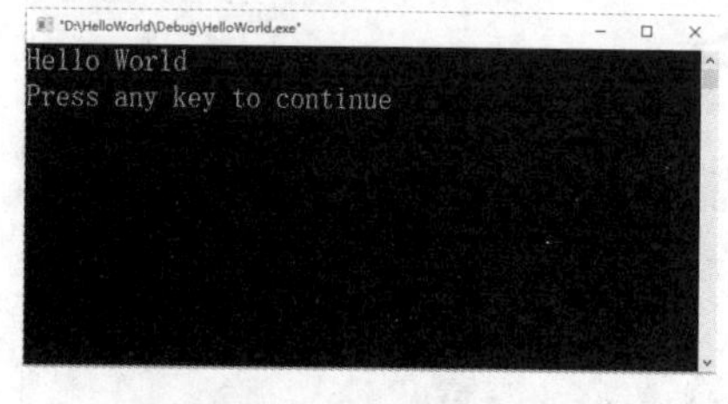

图 14.5　运行结果显示窗口

第 3 步：运行、调试程序：生成可执行程序后，即可运行该程序。选择菜单命令“组建”→“! 执行 Hello.exe” 或单击工具栏中的 ! 按钮执行文件，屏幕显示如图 14.5 所示。

需要注意的是，此时如果 C 源程序还没有进行过编译和链接，系统会依次进行编译、链接，生成可执行程序后再运行。

至此，完成了一个 C 程序在 VC 6.0 中的编辑、编译、链接和运行的全部过程。

如果想继续编写下一个 C 程序，必须先关闭此项目，另外新建项目，在新建的项目中编辑新的 C 程序。

上面通过实例介绍了在 VC 6.0 集成环境中编制 C 应用程序的快捷操作过程。VC 6.0 集成环境是一个功能强大的开发系统，这里只介绍了它的一小部分操作。如果操作中遇到了问题，可利用其提供的联机帮助来解决。

1.2　基本实验任务

任务 1：“Hello World!” C 程序

（1）任务要求

① 参照 1.1 中步骤建立 Hello.c 并运行，熟悉在 VC 6.0 中编辑调试 C 语言程序的过程。

② 继续在上面源程序中输入下面的语句，并编译运行，体会 printf( )函数输出文本和运算结果的不同用法。

```
printf("%d",23+34);
printf("%d\n",23+34);
printf("23+34=%d\n",23+34);
printf("圆面积是: %f\n",3.14159*2*2);
```

任务 2：多行图形输出

（1）任务要求

编写程序显示如图 14.6 所示的信息。

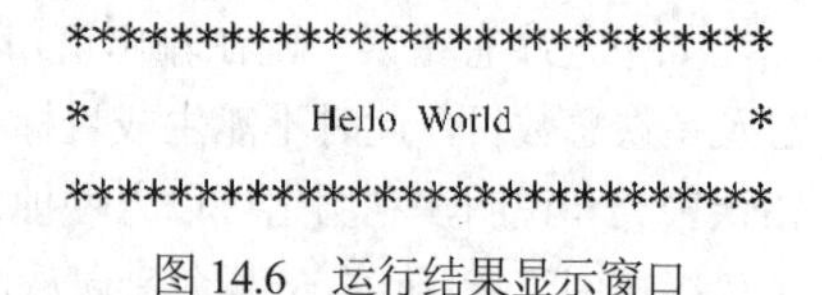

图 14.6　运行结果显示窗口

（2）任务指导

① 注意在任务1程序调试完成后，一定要调用菜单File→Close Workspace关闭工作区，然后重新创建一个.c文件完成此题，否则将在一个项目内出现两个main函数，无法通过链接。

② 此题可以用3个printf( )函数实现，每个printf( )函数控制显示一行字符。

任务3：梯形面积

（1）任务要求

仿照例1.4编写计算梯形面积的C语言程序，梯形的上底、下底和高分别用a、b、h表示，并用a=10，b=20，h=5测试所编写的程序。

（2）任务指导

① 先仿照例子定义表示梯形的上底、下底、高和面积的符号a、b、h、s，并给出值a=10，b=20，h=5。

② 利用梯形面积公式求s。

③ 输出面积s。

实验二　算术运算与标准函数使用

2.1　基本实验任务

任务1：阅读程序

1．输入并运行以下程序，写出运行结果。

```
#include  "stdio.h"
int main()
{    int  num1=3,num2=4;
     printf("%d,%d \n" , num1, num2);
     printf("num1=%d, num2=%d \n" , num1, num2);
     return 0;
}
```

运行结果	

2．输入并运行以下程序，写出运行结果。

```
#include "stdio.h"
int main( )
  {char c1;
   c1='A';
   printf("%c, %d\n", c1, c1);
   return 0;
}
```

运行结果	

3．输入并运行以下程序，写出运行结果。

```
#include "stdio.h"
int main( )
```

```
{ double radius;
  double area,length;
  radius=3;
  area = 3.1415926*radius*radius;
  length = 2*3.1415926 *radius;
  printf ("area=%f,length=%f",area,length);
  return 0;
}
```

运行结果	

任务2：完成程序

1．阅读、分析程序，将画线部分填充完整并调试运行程序。

```
#include  "stdio.h"
int main()
 {int num=236,ge,shi,bai;
  ge=num%10;                /*分离num个位上的数字赋值给变量ge*/
  shi=___________;          /*分离num十位上的数字赋值给变量shi*/
  bai=___________;          /*分离num百位上的数字赋值给变量bai*/
  printf("百位上数字是%d,十位上数字是%d,各位上数字是%d\n",bai,shi,ge);
  return 0;
 }
```

2．编写程序，计算并显示56、32.3、78.2、22.1和98.5的平均值。

请按模板要求，将画线部分填充完整并调试运行程序。

```
#include "stdio.h"
int main()
{  printf("平均值是:%f\n",___________);
   return 0;
}
```

任务3：编写程序，实现题目要求

1．求两点间距离

（1）任务要求

编写程序，计算并显示坐标为（3,8）和（7,10）的两点的距离。

（2）任务指导

① 参照任务2模板编写程序。

② 根据公式$|AB|=\sqrt{(x_1-x_2)^2+(y_1-y_2)^2}$，定义相应的变量（如：int型变量x1,x2,y1,y2；double型变量s），求距离并输出。注意，C程序中求平方根和平方均用数学类标准函数实现。

③ 注意输出时格式%f的使用。

2．大小写转换

编程定义char型变量并设定初始值，输出其对应的大写或小写字符。

3．数字字符与相应数值的转换

编程定义char型变量并设定数字字符值，转换输出其对应的整型数字。

4．圆环面积

编写程序，计算并显示一个圆环的面积，已知外半径为25cm，内半径为15cm。要求将圆周率用符号常量PI表示。

实验三　顺序结构的程序设计

3.1　基本实验任务

任务 1：阅读程序

1. 输入并运行以下程序，写出输入输出结果。

```
#include  "stdio.h"
int main()
{  char ch;
   printf("请输入一个字符：\n");
   ch=getchar( );
   putchar('\n');
   putchar(ch);
   putchar('\n');
   ch='A';
   ch=ch+32;
   putchar(ch);
   return  0;}
```

输入输出结果	

2. 输入并运行以下程序，写出运行结果。

```
#include "stdio.h"
int main( )
{  int  a=5,b=8;
   printf("%d%d%d\n",a,b,a+b);
   printf("%d %d %d\n",a,b,a+b);
   printf("%d,%d,%d\n",a,b,a+b);
   printf("a=%d,b=%d,a+b=%d\n",a,b,a+b);
   return  0;
}
```

运行结果	

3. 运行以下程序，要使变量 a、b、c 的值分别为：5、3、'k'，观察 scanf 函数参数对输入数据格式的不同要求，写出输入输出结果。

```
#include "stdio.h"
int main( )
{  int a,b; char c;
   scanf("%d%c%d",&a,&c,&b);
   printf("a=%d,b=%d,c=%c\n",a,b,c);
   scanf("%d,%c,%d",&a,&c,&b);
   printf("a=%d,b=%d,c=%c\n",a,b,c);
   return  0;}
```

输入输出结果	

任务2：完成程序

1．交换水杯中的液体

（1）任务要求

用两个int型变量模拟水杯，其值模拟水杯中液体的体积。然后交换两个int型变量的值，其目的是掌握变量与内存的对应关系。

（2）任务指导

通过模拟交换水杯液体，可以知道为了交换两个变量的值，必须事先将其中一个变量的值赋值到二者之外的另一个变量中，即引入新的变量。

（3）程序模板

请按模板要求，将横线部分填充完整并调试运行程序。

```
#include "stdio.h"
int main()
{    __________; __________    /*用int类型声明名称为cup1，cup2的变量*/
     __________; __________    /*用int类型声明名称为temp的变量*/
     cup1=10;
     cup2=32;
     printf("cup1中的液体体积是%d\n", cup1);
     printf("cup2中的液体体积是%d\n", cup2);
     ______________;____    /*将 cup1赋值给temp*/
     ______________;____    /*将 cup2赋值给cup1*/
     ______________;____    /*将 temp赋值给cup2*/
     printf("cup1中的液体体积是%d\n", cup1);
     printf("cup2中的液体体积是%d\n", cup2);
     return 0;
}
```

2．设一元二次方程为$ax^2+bx+c=0$，输入3个系数a、b、c（设a不为0，且$b^2>4ac$），求两个实根并保留1位小数。补充程序实现上述功能。

```
#include "stdio.h"
____________________
int main()
{  double a,b,c,x1,x2;
   scanf("__________",&a,&b,&c);
   x1=(-b+sqrt(b*b-4*a*c))/(2*a);
   x2=(-b-sqrt(b*b-4*a*c))/(2*a);
   printf("x1=_____\nx2=_____\n",x1,x2);
  return 0;
}
```

任务3：编写程序，实现题目要求

1．前导后继字符

编写一个程序，输入任意一个大写英文字符（'B'～'Y'），输出它的前导字符、该字符本身及其后继字符。

2．反向整数

（1）任务要求

编写一个程序，输入一个 3 位正整数，要求反向输出对应的整数，如输入整数 123，则输出整数 321。编写程序并给出相应的程序流程图。

（2）任务指导

① 分离整数各位上的数字赋值给变量 g、s、b。

② 求反向整数：g*100+s*10+b*1。

3．环形换位

编写程序，读入 3 个整数给变量 a、b、c，然后交换它们的值，把 a 原来的值给 b，把 b 原来的值给 c，把 c 原来的值给 a。

3.2　提高实验任务

1．计时工资

（1）任务要求

某工种按小时计算工资：总工资=每月的劳动时间×每小时工资，总工资中扣除 10%公积金，剩余的为应发工资。编写一个程序从键盘输入劳动时间和每小时工资，打印出应发工资数额。

2．四舍五入

（1）任务要求

编程实现输入一个 double 类型的数，要求输出格式整数部分占 6 位，保留小数点后 2 位，对第 3 位小数进行四舍五入处理（不使用函数及类型运算符）。

实验四　选择结构程序设计

4.1　基本实验任务

任务 1：阅读程序

1．输入并运行以下程序，写出运行结果。

```
#include "stdio.h"
int main()
{    int  a,b,c;
     a=10;b=60;c=30;
     if(a>b) a=b;
     b=c;
     c=a;
     printf("a=%d,b=%d,c=%d\n",a,b,c);
     return 0;
}
```

输出结果	

2．输入并运行以下程序，观察运行结果。

```
#include "stdio.h"
int main()
```

```
{    int a=5,b=4,c=3,d=2;
     if (a>b>c)  printf("%d\n",d);
     else if ((c-1>=d)==1)
              printf("%d\n",d+1);
          else
              printf("%d\n",d+2);
     return 0;
}
```

输出结果	

3．输入并运行以下程序，观察运行结果。

```
#include "stdio.h"
int main()
{    int a=4,b=3,c=5,t=0;
     if(a<b)t=a;a=b;b=t;
     if(a<c)t=a;a=c;c=t;
     printf("%d,%d,%d\n",a,b,c);
     return 0;
}
```

输出结果	

任务2：完成程序

1．求三角形面积

从键盘输入三角形的三边 a，b，c，判断是否能组成三角形，若可以则输出它的面积和三角形的类型，请在画线处填写正确内容，并调试运行程序，验证结果。

```
#include  "stdio.h"
#include  "math.h"
int main()
{    float a,b,c;
     float s,area;
     scanf("%f,%f,%f",&a,&b,&c);
     if____________________________
       {s=(a+b+c)/2;
        area=sqrt(s*(s-a)*(s-b)*(s-c));
        printf("三角形的面积为: %f\n",area);
        if ____________
             printf("等边三角形\n");
        else if ____________
                printf("等腰三角形\n");
             else if ((a*a+b*b==c*c)||(a*a+c*c==b*b)||(c*c+b*b==a*a))
                    printf("直角三角形\n");
                  else printf("一般三角形\n");
       }
     else printf("不能组成三角形\n");
     return 0;
}
```

2．分段函数

从键盘输入 x 的值，根据下列分段函数计算函数值。请在画线处填写正确内容，调试运行程序，验证结果。

$$y=\begin{cases}1, & x>0\\0, & x=0\\-1, & x<0\end{cases}$$

```
#include "stdio.h"
int  main()
{    int x,y; scanf("%d",&x);
     switch (x<0)
       {
        case 1:________________; break;
        case 0:switch(x==0)
                 {case 1;y=0;break;
                  case 0:y=1;
                  }
        }
     printf("y=%d\n",y);
     return 0;
}
```

任务 3：编写程序，实现题目要求

1．整除问题

从键盘输入一个正整数，判断该数是否既是 5 又是 7 的整数倍，若是输出 YES，否则输出 NO。

2．判断回文数

（1）任务要求

从键盘输入一个 5 位整数，判断它是不是回文数。

（2）任务指导

① 回文数是指一个数从右到左和从左到右的对应数码相同，如 12321 是回文数，其个位与万位相同，十位与千位相同。

② 用一个整型变量存储用户输入的 5 位整数，用整除/和取余%配合提取每一位数字，例如 12321/10000 可得到万位。

3．运费问题

（1）任务要求

见习题 4 编程题 4.4 第 5 题。

（2）任务指导

参考例 4.11。

4.2　提高实验任务

1．点是否在单位圆上

（1）任务要求

从键盘输入点坐标值，判断该点是否在单位圆上，若是输出 Y，否则输出 N，使用小数点后 3 位精度进行判断。

（2）任务指导

单位圆是指平面直角坐标系上，圆心在坐标原点，半径为单位长度的圆（此处可假设半径为 1）。

① 定义两个实数型变量，存储点坐标。

② 平面上的点与圆的关系分为在圆内、在圆上、在圆外 3 种，本题要求判断是否在圆上。

③ 判断两实数相等采用判断这两个实数的差的绝对值小于规定误差精度（本题为 0.001）的方法

实现，核心表达式：fabs(x*x+y*y–1.0)<=1e–3。

2．模拟 ATM 机

（1）任务要求

见习题 4 编程题 4.4 第 7 题。

（2）任务指导

先判断支取金额是否小于等于 2000，然后用取余运算符%判断是否能被 50 整除，再用整除/符号计算出 100 元和 50 元的张数。

实验五　循环结构程序设计

5.1　基本实验任务

任务 1：阅读程序

1．输入并运行以下程序，观察运行结果。

```
#include "stdio.h"
int main()
{    int k=0;
     while(k==1)
         k++;
     printf("k=%d \n",k);
     return 0;
}
```

输出结果	

2．输入并运行以下程序，观察运行结果。

```
#include "stdio.h"
int main()
{    int s=0,t,i,j;
     for(i=1;i<=3;i++)
       { t=1;
         for(j=1;j<=2*i-1;j++)
             t=t*j;
         s=s+t;
       }
     printf("%5d\n",s);
     return 0;}
```

输出结果	

3．输入并运行以下程序，观察运行结果。

```
#include "stdio.h"
int main()
{    int n;
     for(n=1 ;n<=5 ;n++)
       {  if(n%2) printf("*")   ;
```

```
        else    continue ;
        printf("#") ;
    }
return 0;}
```

输出结果	

4. 输入并运行以下程序，观察运行结果。

```
#include "stdio.h"
int main()
{    int i=0,s=0;
     do{ if(i%2){i++;continue;}
         i++;
         s+=i;
     }while(i<7);
     printf("%d\n",s);
     return 0;}
```

输出结果	

任务 2：完成程序

1. 数的立方和

计算正整数 2345 的各位数字的立方和，请在画线处填写正确内容，调试运行程序，验证结果。

```
#include "stdio.h"
int main()
{    int n,sum=0;
     n=2345;
     while(n)
       {sum=sum+____________;
        ______________________;
       }
     printf("sum=%d\n",sum);
     return 0;}
```

2. 求自然底数

根据自然底数计算公式：$e=1+\frac{1}{1!}+\frac{1}{2!}+\frac{1}{3!}+\cdots+\frac{1}{n!}+\cdots$。计算 e，当最后一项的值小于 10^{-6} 时为止。请在画线处填写正确内容，调试运行程序，验证结果。

```
#include "stdio.h"
int main()
{    inti=1,p=1;
     double s=1;
     do
       {  s+=___________;
          ___________ ;
       }while(___________);
     printf("e=%lf\n",s);
     return 0;}
```

3．打印图形

打印如图 14.7 所示图形，请在画线处填写正确内容，调试运行程序，验证结果。

```
#include "stdio.h"
int main()
   { inti,j;
     for(i=1;i<=4;i++)
       { for(j=1;j<=___________;j++)
             printf(" ");
         for(j=1;j<=___________;j++)
             printf("*");
         printf("\n");
       }
     return 0;}
```

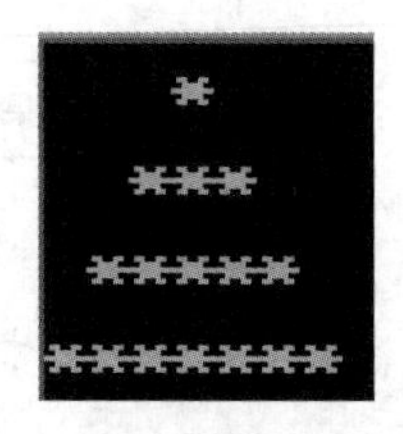

图 14.7　图形

任务 3：编写程序，实现题目要求

1．最大公约数和最小公倍数

（1）任务要求

输入两个正整数，编程输出其最大公约数和最小公倍数。

（2）任务指导

可用欧几里得在《几何原本》中提出的辗转相除法求最大公约数。也可用另一种算法：按照从大（找出两整数中较小的数）到小（最小正整数 1）的顺序求出第一个能同时被两个正整数整除的数，即为最大公约数，求最小公倍数可参考此算法。

2．水仙花数

（1）任务要求

编写程序求 100～999 之间所有的水仙花数。

（2）任务指导

① 水仙花数的含义是指这样的一个 3 位数，其各位数字的立方和等于该数本身。例如，371=33+73+13，所以 371 是一个水仙花数。

② 外循环控制 3 位数的产生，内循环参照任务 2 中第 1 题求每个 3 位数的立方和，然后判断该 3 位数是否为水仙花数。

3．百钱百鸡问题

（1）任务要求

用 100 元钱买 100 只鸡，其中，公鸡每只 5 元，母鸡每只 3 元，小鸡每 3 只 1 元。编写程序输出各种买法。

（2）任务指导

参考例 5.14。

5.2　提高实验任务

1．计算器

任务要求。对例 4.10 简单计算器的程序做进一步的扩充，实现下面的要求：

① 使程序可以完成任意多个表达式的四则运算，即求完一个表达式的值后，程序询问用户是否（y/n）继续，若选择 y，则可以继续求下一个表达式；若选择 n，则程序结束。

② 分别用 while 和 do…while 语句实现，注意体会两种语句的不同之处。

2．打鱼还是晒网

（1）任务要求

中国有句俗话“三天打鱼两天晒网”，编程计算某人从 1990 年 1 月 1 日开始“三天打鱼两天晒网”，问这个人在以后某一天中是“打鱼”还是“晒网”？

（2）任务指导

① 计算从 1990 年到所输入日期的天数（需要判断某年份是否是闰年），用 switch 语句算出某月对应的天数。

②“打鱼”和“晒网”的周期为 5 天，用计算的天数除以 5。

③ 根据余数判断是“打鱼”还是“晒网”，若余数为 1,2,3 是在“打鱼”，其他则在“晒网”。

实验六　数组类型程序设计

6.1　基本实验任务

任务 1：阅读程序

1．输入并运行以下程序，观察输出结果。

```
#include  "stdio.h"
int main()
{    int a[]={1,2,3,4,5},i,j,s=0;
     j=1;
     for(i=4;i>=0;i--)
        { s=s+a[i]*j;
          j=j*10;
        }
     printf("s=%d\n",s);
     return 0;}
```

输出结果	

2．输入并运行以下程序，观察运行结果。

```
#include "stdio.h"
int main()
{    char ch[7]={"65ab21"};
     int i,s=0;
     for(i=0;ch[i]>='0' && ch[i]<='9';i+=2)
         s=10*s+ch[i]-'0';
     printf("%d\n",s);
     return 0;}
```

输出结果	

3．输入并运行以下程序，观察运行结果。

```
#include "stdio.h"
int main()
{    int i,j,x=0,y=0,m;
```

```
        int a[3][3]={1,-2,0,4,-5,6,2,4};
        m=a[0][0];
        for(i=0;i<3;i++)
          for(j=0;j<3;j++)
            if(a[i][j]>m)
              {
                m=a[i][j];
                x=i;
                y=j;
               }
        printf("(%d,%d)=%d\n",x,y,m);
      return 0;}
```

输出结果	

4. 输入并运行以下程序，观察运行结果。

```
#include "stdio.h"
#include "string.h"
int main()
{    int i;
     char str[10],temp[10];
     gets(temp);
     for (i=0;i<4;i++)
       { gets(str);
         if (strcmp(temp,str)<0)strcpy(temp,str);
       }
     printf("%s\n",temp);
     return 0;}
```

依次从键盘输入（在此<Enter>代表回车字符）：

```
C++<Enter>
BASIC<Enter>
QuickC<Enter>
Ada<Enter>
Pascal<Enter>
```

输出结果	

任务2：完成程序

1. 数制转换

将十进制整数转换成二进制，请在画线处填写正确内容，调试运行程序，验证结果。

```
#include "stdio.h"
int main()
  { int k=0,n,j,num[16]={0};
     printf("输入要转换的十进制数\n");
     scanf("%d",&n);
     printf("%d 转换为二进制数:\n",n);
     do
       {
```

```
            num[k]=________________;
            n=n/2;________________;
         }while(n!=0);
        for(k=15;k>=0;k--)
            printf("%d",num[k]);
        return 0;
    }
```

2．矩阵运算

求矩阵 x 的上三角元素之积，请在画线处填写正确内容，调试运行程序，验证结果。

```
    #include "stdio.h"
    #define M 10
    int main()
    {   int x[M][M];
        int n,i,j;
        long s=1;
        printf("输入矩阵行列数(<=10):\n");
        scanf("%d",&n);
        printf("按行顺序输入矩阵数据: \n",n);
        for (________________ )
        for (j=0;j<n;j++)
            scanf("%d",&x[i][j]);
        for (i=0;i<n;i++)
            for (__________)
                ________________;
        printf("%ld\n",s);
        return 0;}
```

3．排序

下面程序的功能是：将字符数组 a 中下标值为偶数的元素从小到大排列，其他元素不变。请在画线处填写正确内容，并调试运行程序，验证结果。

```
    #include "stdio.h"
    #include "stdio.h"
    #include "string.h"
    int main( )
    { char a[]="clanguage",t;
      int i,j,k;
      k=strlen(a);
      for(i=0; i<=k 2; i+=2)
         for(j=i+2;j<=k; ______ )
            if(______)  { t=a[i];a[i]=a[j];a[j]=t; }
      puts(a);
      return 0; }
```

任务 3：编写程序，实现题目要求

1．打鱼还是晒网

任务要求：同实验五　5.2 提高实验任务第 2 题，要求用数组存储每个月的天数，月份用数组下标表示。

2．对称矩阵

任务要求：检查二维数组是否对称（即对所有的 i 和 j，都有 a[i][j]=a[j][i]）。

3．比较字符串大小

任务要求：从键盘输入两个字符串比较大小（不用 strcmp 函数）。

6.2　提高实验任务

1．字符统计

任务要求：从键盘随意输入一行内容，统计其中的英文大写字母、小写字母、数字、空格及其他字符的个数。

2．数字方阵

① 任务要求

屏幕上输出可变层数的数字方阵。方阵四周每圈作为一层，最外圈都为 1，往内依次为 2,3,4⋯，如图 14.8 所示。

```
1  1  1  1  1  1
1  2  2  2  2  1
1  2  3  3  2  1
1  2  3  3  2  1
1  2  2  2  2  1
1  1  1  1  1  1
```

图 14.8　图形

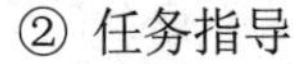

② 任务指导

定义二维数组 a[N][N]，外层循环变量 i 从 0 到（N+1）/2–1，内层循环变量 j 从 i 到 N–i–1，做如下计算。

a[i][j] = i + 1;

a[n – i – 1][j] = i + 1;

a[j][i] = i + 1;

a[j][n – i – 1] = i + 1;

实验七　函数程序设计

7.1　基本实验任务

任务 1：阅读程序

1．输入并运行以下程序，观察运行结果。

```
#include "stdio.h"
int fun(int x,int y,int z)
{    z=x*x+y*y;
     return z;
}
int main()
{    int a=38;
     fun(7,3,a);
     printf("%d\n",a);
     return 0;}
```

输出结果	

2．输入并运行以下程序，观察运行结果。

```
#include "stdio.h"
sort(int a[],int n)
```

```
{    int i,j,t,p;
     for(j=0;j<n-1;j++)
     {   p=j;
         for(i=j;i<=n-1;i++)
                if(a[i]<a[p]) p=i;
         t=a[p];a[p]=a[j];a[j]=t;
     }
}
int main()
{    int a[6]={9,6,8,7,11,12},i,j,t,p;
     sort(a,6);
     for (i=0;i<6;i++)
         printf("%3d",a[i]);
     return 0;}
```

输出结果	

3. 输入并运行以下程序，观察运行结果。

```
#include "stdio.h"
#include "stdio.h"
fun(int k)
{    if (k>0) fun(k-1);
     printf("%d",k);
}
int main()
{    int a=5;
     fun(a);
     return 0;
}
```

输出结果	

4. 输入并运行以下程序，观察运行结果。

```
#include "stdio.h"
int a=1;
fun(int b)
{  static int a=5;
   a+=b;
   printf("%d",a);
   return(a);
}
int main( )
{ int d=3;
   printf("%d\n",fun(d*fun(a+d))) ;
   return 0;}
```

输出结果	

任务 2：完成程序

1．幂运算

函数 fun 的功能是求 x 的 y 次方，请在画线处填写正确内容，并完成主程序，调试运行，验证结果。

```
#include "stdio.h"
double fun(double x,int y)
{    int i;
     double z;
     for(i=1,z=x;i<y;i++) z=z* ______________;
     return z;
}
int main()
{      }
```

2．求平均分

从键盘输入 10 名学生的成绩，计算平均分，请在画线处填写正确内容，调试运行程序，验证结果。

```
#include "stdio.h"
float average(float array[])
{    int i;float aver,sum=array[0];
     for(i=1;_________;i++)
          sum+=__________;
     aver=sum/10;
     return aver;
}
int main()
{    float score[10],aver;
     int i;
     printf("\n Please input 10 scores:");
     for(i=0;i<10;i++)scanf("%f",&score[i]);
     aver=____________;
     printf("\n Average score is %5.2f\n",aver);
     return 0 ;
}
```

3．数组元素累加和

fun( )函数累加数组元数中的值，n 为数组中元素的个数，累加的和值放入 x 所指的存储单元中，请在画线处填写正确内容，调试运行程序，验证结果。

```
#include "stdio.h"
fun(int b[],int n,int *x)
{    int k,r=0;
     for(k=0;k<n;k++)
        r=____________;
        __________=r;
}
int main()
{    int a[]={1,2,3,4,5,6};
     int sum,*p;
     p=__________;
```

```
        fun(a,6,p);
        printf("sum=%d\n",sum);
        return 0 ;}
```

任务 3：编写程序，实现题目要求

1．大小写转换函数

① 任务要求

编写函数把字符串中的小写字母转换成大写字母，其他字符不变。

② 任务指导

主程序实现字符串的输入和函数调用。

2．十进制到任意进制转换

① 任务要求

函数实现十进制正整数 m 转换成 k 进制（2≤k≤9）数的数字输出。例如，若输入 8 和 2，则应输出 1000（即十进制数 8 转换成二进制表示是 1000）。

② 任务指导

主程序实现从键盘输入正整数 m 和 k 及函数调用。

3．商和余数

任务要求：编写函数计算两个整数相除的商和余数，要求用指针在函数间传递商和余数这两个数据。

7.2　提高实验任务

1．素数的平方根之和

① 任务要求

编写函数 fun，计算并输出 3 到 n 之间所有素数的平方根之和。例如，若主函数从键盘给 n 输入 100 后，则输出为 sum=148.874270。注意：n 的值要求大于 2 但不大于 100。

2．米字号转移

① 任务要求

编写函数 fun，将字符串中的前导*号全部移到字符串的尾部。例如，若字符串中的内容为 *******A*BC*DEF*G****，移动后，字符串中的内容应当是 A*BC*DEF*G***********。在编写函数时，不得使用 C 语言提供的字符串函数，假定输入的字符串中只包含字母和*号。

② 任务指导

参考程序框架代码：

```
#include "conio.h"
#include "stdio.h"
void fun(char *a)
{    }
int main()
{    char s[81], *p; int n = 0;
     printf("enter a string:\n"); gets(s);
     fun(s);
     printf("the string after moving:\n"); puts(s);
     return 0 ;
}
```

实验八　指针程序设计

8.1　基本实验任务

任务1：阅读程序

1．输入并运行以下程序，观察运行结果。

```
#include "stdio.h"
int main()
{    int *p,a=15,b=5;
     p=&a;
     a=*p+b;
     printf("a=%d,%d\n",a,*p);
     return 0;}
```

输出结果	

2．输入并运行以下程序，观察运行结果。

```
#include "stdio.h"
int  main()
{    int a[]={1,2,3,4,5,6};
     int *p,i;
     p=a;
     *(p+4)+=3;
     printf("n1=%d,n2=%d\n",*p,*(p+3));
     return 0;}
```

输出结果	

3．输入并运行以下程序，观察运行结果。

```
#include "stdio.h"
int main()
{    char a[80],b[80],*p="aAbcdDefgGH";
     int i=0,j=0;
     while(*p!='\0')
       { if(*p>='a'&&*p<='z')      a[i]=*p;i++;
         else
               { b[j]=*p;j++;}
         p++;
       }
     a[i]=b[j]='\0';
     puts(a);puts(b);
     return 0;}
```

输出结果	

任务 2：完成程序

1．数组元素求和

通过指针实现求 a 数组中各元素的和，请在画线处填写正确内容，调试运行程序，验证结果。

```
#include "stdio.h"
int main()
{    int a[6]={2,4,6, 8, 10, 12 };
     int s,i,*p;
     s=0;
     p=a;
     for(i=0;i<6;i++)
         ____________________
     printf("s=%d\n",s);
     return 0;}
```

2．字符串输入输出

从键盘上输入一行字符，存入一个字符数组中，然后输出该字符串。请在画线处填写正确内容，调试运行程序，验证结果。

```
#include "stdio.h"
int main()
{    char str[61],*p;
     int i;
     for(i=0;i<60;i++)
     {    str[i]=getchar();
          if(str[i]=='\n')   break;
     }
     str[i]= _______;
     p= __________;
     while(*p)
          putchar(____________);
     return 0;}
```

任务 3：编写程序，实现题目要求

1．简单排序

任务要求：定义 3 个变量用于存放输入的 3 个整数，另定义 3 个指向整型变量的指针变量，并利用它们实现将输入的 3 个整数按由小到大的顺序输出。

2．逆序输出

任务要求：利用指针实现从键盘输入 N 个数的逆序输出。

8.2　提高实验任务

1．冒泡法排序

任务要求：利用指针实现例题 7.6 的功能。

2．矩阵的转置

任务要求：利用指针实现例题 7.10 的功能。

实验九　结构体和共用体程序设计

9.1　基本实验任务

任务 1：阅读程序

1. 输入并运行以下程序，写出运行结果。

```
#include"stdio.h"
int main( )
{ union
  { char c[2];
    short k;
  }r;
  r.c[0]='A';r.c[1]='B';r.k=20;
  printf("%d,%d,%d\n",r.k,r.c[0],r.c[1]);
  return 0 ;}
```

输出结果	

任务 2：完成程序

1. 以下程序功能是比较两个学生变量的成绩，输出成绩最高者的所有信息，请填空。

```
#include "stdio.h"
int main()
{ struct student
  {  long num;
     char name[20];
     char sex;
     float score;
   } s1={20001,"Li Li",'M',85};
  struct student s2,s3;
  float max;
  scanf("%ld %s %c %f",______________,s2.name,&s2.sex,&s2.score);
  max=______________________; /*将 s1 的成绩赋值给 max*/
  if(______________________)
     printf("%ld\t%s\t%c\t%5.1f\n",s1.num,s1.name,s1.sex,s1.score);
  else
     printf("%ld\t%s\t%c\t%5.1f\n",s2.num,s2.name,s2.sex,s2.score);
  return 0 ;}
```

2. 以下程序功能是比较 10 个学生变量的成绩，统计并输出及格人数，请填空。

```
#include"stdio.h"
int main( )
{ int j,ok=0;
  struct student
```

```
{  long num;
   char name[20];
   float score;
}  stu[10];
for(j=0;j<10;j++)
    {scanf("%ld%s%f",&stu[j].num,stu[j].name,&stu[j].score);
     if(______________________)    ok=ok+1;
    }
printf("%d\n",ok);
return 0 ;}
```

任务 3：编写程序，实现题目要求

1．手机话费充值

（1）任务要求

编写一个程序，用结构体变量声明手机的相关数据：用户名、号码以及可用话费，在声明结构体变量时将其初始化，然后从键盘为手机充值，修改可用话费完成充值。

（2）任务指导

结构体变量的类型声明模板如下：

```
struct SHOUJI
  { char name[20];
    char num[12];
    float balance;
  };
```

2．擂台比武

（1）任务要求

某学习小组有 3 名学生要进行成绩比武，已知每名学生的学号和 C 语言课程的成绩，输出擂主的所有信息。要求使用结构体数组实现数据存储。

（2）任务指导

定义结构体数组 stud，它有 3 个元素，每个元素包含两个成员 num（学号）和 score（成绩）。

9.2　提高实验任务

1．定义一个包含 20 个学生基本情况（包括学号、姓名、性别、C 语言成绩）的结构体数组，编程实现下列功能：

① 输入 20 个学生的学号、姓名、性别、C 语言成绩；

② 分别统计男女生的人数，求出男、女生的平均成绩；

③ 按照学生的 C 语言成绩从高到底进行排序。

2．建立一个链表，每个结点包括：学号、姓名、性别、年龄。输入一个年龄，如果链表中的结点所包含的年龄等于此年龄，则将此结点删去。

实验十 数据文件

10.1 基本实验任务

任务1：阅读程序

1．输入并运行以下程序，然后用记事本打开在D:\f1.txt下的文件，查看其中的内容。

```
#include"stdio.h"
int main( )
{    FILE *fp;
     char c;
     if((fp=fopen("D:\\f1.txt","w"))==NULL)
       { printf("can not  open  this  file\n");
         exit(0);
         }
     for(c='a';c<='z';c++)
         fputc(c,fp);
     fclose(fp);
     return 0 ;}
```

文件内容	

任务2：完成程序

1．填空完成以下程序，把输入的10个整数写入文件D:\f2.txt。

```
#include "stdio.h"
int main()
{    FILE *fp;
     int i,n;
     if((fp=fopen(______________,"w"))==NULL)
       { printf("can not open this file\n");
         exit(0);
         }
     for(i=0;i<10;i++)
         {  scanf("%d",&n);
            fprintf(___________,"%d",n);
          }
     fclose();
     return 0 ;}
```

任务3：编写程序，实现题目要求

1．读文本文件

任务要求：使用记事本建立一个文本文件，输入一串字母并保存，然后编程，用fgetc( )读出并显示。

2．读文本文件

任务要求：试用fputc( )编程，写入AaBbCc……Zz 52个英文字母，然后用记事本打开查看结果。

10.2　提高实验任务

1．打字练习

（1）任务要求

编写基于文本文件打字练习程序：

① 预备好一个文本文件，文件名称为 letter.txt，内容由英文字母组成，文件要求保存在 D:\目录下。

② 在 main()函数中每次读取 letter.txt 中的 N 个字母，并显示在屏幕上，然后要求用户输入这 N 个字母。

③ 程序在读取了 letter.txt 的全部内容后结束，并统计输出用户打字的正确率和用时。

（2）任务指导

程序代码模板如下：

```
#include "stdio.h"
#include "string.h"
#include "time.h"
#include "stdlib.h"
#define N 3
int main()
{    FILE *fp;    char *ch;
     char content[N]={ '\0'};
     char show[N]={ '\0'};
     char userType[N]={ '\0'};
     int count=0,length=0;
     unsigned int i=0;
     long costTime=0,time1,time2;
     if((fp=fopen("D:\\letter.txt ","r"))==NULL)
        { printf("can not open this file\n");
         exit(0); }
     ch=fgets(content,N,p);
     for(i=0;i<N;i++)
         if(content[i]!='\n')   show[i]=content[i];
     while( ch!=NULL)
       { printf("%20s",show);
         length=length+strlen(show);
         printf("\n 输入显示的字符序列（回车确认）: \n");
         time1=clock();
         gets(userType);
         time2=clock();
         costTime= costTime+(time2-time1);
         for(i=0;i<strlen(userType);i++)
             if(userType[i]==show[i])  count++;
         ch=fgets(content,N,p);
         for(i=0;i<N;i++)
             if(content[i]!='\n')  show[i]=content[i];
        }
     fclose(p);
     printf("练习结束，正确率：%.2lf%%\n",100*(float)count/length);
     printf("用时：%ld 秒\n",costTime/1000);
     return 0 ;}
```

附录A 运算符的优先级和结合性

<table>
<tr><th>优先级</th><th>运算符</th><th>运算符功能</th><th>运算对象个数</th><th>结合性</th></tr>
<tr><td rowspan="4">最高1</td><td>()</td><td>函数调用（圆括号）</td><td rowspan="4"></td><td rowspan="4">左结合性</td></tr>
<tr><td>[]</td><td>数组元素下标运算符</td></tr>
<tr><td>–></td><td>指向结构体成员</td></tr>
<tr><td>.</td><td>结构体成员引用</td></tr>
<tr><td rowspan="9">2</td><td>!</td><td>逻辑非运算</td><td rowspan="9">1（单目运算符）</td><td rowspan="9">右结合性</td></tr>
<tr><td>～</td><td>按位取反运算</td></tr>
<tr><td>++</td><td>自增1</td></tr>
<tr><td>– –</td><td>自减1</td></tr>
<tr><td>–</td><td>求负</td></tr>
<tr><td>（类型）</td><td>强制类型转换</td></tr>
<tr><td>*</td><td>指针运算(间接运算)</td></tr>
<tr><td>&</td><td>求地址运算</td></tr>
<tr><td>sizeof</td><td>求所占字节数</td></tr>
<tr><td rowspan="3">3</td><td>*</td><td>乘法运算</td><td rowspan="3">2（双目运算符）</td><td rowspan="3">左结合性</td></tr>
<tr><td>/</td><td>除法运算</td></tr>
<tr><td>%</td><td>求余运算</td></tr>
<tr><td rowspan="2">4</td><td>+</td><td>加法运算</td><td rowspan="2">2（双目运算符）</td><td rowspan="2">左结合性</td></tr>
<tr><td>–</td><td>减法运算</td></tr>
<tr><td rowspan="2">5</td><td><<</td><td>左移运算</td><td rowspan="2">2（双目运算符）</td><td rowspan="2">左结合性</td></tr>
<tr><td>>></td><td>右移运算</td></tr>
<tr><td rowspan="2">6</td><td>< <=</td><td rowspan="2">关系运算</td><td rowspan="2">2（双目运算符）</td><td rowspan="2">左结合性</td></tr>
<tr><td>> >=</td></tr>
<tr><td rowspan="2">7</td><td>= =</td><td>等于运算</td><td rowspan="2">2（双目运算符）</td><td rowspan="2">左结合性</td></tr>
<tr><td>!=</td><td>不等于运算</td></tr>
<tr><td>8</td><td>&</td><td>按位与运算</td><td>2（双目运算符）</td><td>左结合性</td></tr>
<tr><td>9</td><td>^</td><td>按位异或运算</td><td>2（双目运算符）</td><td>左结合性</td></tr>
<tr><td>10</td><td>|</td><td>按位或运算</td><td>2（双目运算符）</td><td>左结合性</td></tr>
<tr><td>11</td><td>&&</td><td>逻辑与运算</td><td>2（双目运算符）</td><td>左结合性</td></tr>
<tr><td>12</td><td>||</td><td>逻辑或运算</td><td>2（双目运算符）</td><td>左结合性</td></tr>
<tr><td>13</td><td>?：</td><td>条件运算</td><td>3（三目运算符）</td><td>右结合性</td></tr>
<tr><td rowspan="4">14</td><td>= += –=</td><td rowspan="4">运算且赋值</td><td rowspan="4">2（双目运算符）</td><td rowspan="4">右结合性</td></tr>
<tr><td>*= /= %=</td></tr>
<tr><td>>>= <<=</td></tr>
<tr><td>&= ^= ||=</td></tr>
<tr><td>15</td><td>，</td><td>顺序求值运算</td><td></td><td>左结合性</td></tr>
</table>

附录B 标 准 函 数

标准函数（库函数）不是C语言的一部分，它只是根据需要编写并提供给用户的程序。本附录仅列出了一些基本的、常用的函数。读者在程序设计时，如果需要更多的函数可以查阅相关的系统手册。

1. 数学函数

调用数学函数时，要求在源文件中使用命令：#include "math.h"。

函数名	函数原型声明	函 数 功 能	返 回 值	说 明
abs	int abs(int x);	求整数 x 的绝对值	计算结果	
acos	double acos(double x);	计算 arccos(x)的值	计算结果	x [−1,1]
asin	double asin(double x);	计算 arcsin(x)的值	计算结果	x [−1,1]
atan	double atan(double x);	计算 arctan(x)的值	计算结果	反正切
atan2	double atan2(double x,double y);	计算 arctan(x/y)的值	计算结果	反正切
cos	double cos(double x);	计算 cos(x)的值	计算结果	x 为弧度
cosh	double cosh(double x);	计算双曲余弦函数的值	计算结果	cosh(x)
exp	double exp(double x);	求指数函数 e^x 的值	计算结果	
fabs	double fabs(double x);	求 x 的绝对值	计算结果	
floor	double floor(double x);	求不大于 x 的最大整数	计算结果	
fmod	double fmod(double x,double y);	求 x/y 整除后的双精度余数	余数的双精度数	
log	double log(double x);	自然对数(ln x)	计算结果	x>0
log10	double log10(double x);	常用对数(lg x)	计算结果	x>0
pow	double pow(double x,double y);	计算 x^y 的值	计算结果	
rand	ind rand();	产生 0 到 32767 之间的随机整数	随机整数	
sin	double sin(double x);	计算 sin(x)的值	计算结果	x 为弧度
sinh	double sinh(double x);	计算双曲正弦函数的值	计算结果	sinh(x)
sqrt	double sqrt(double x);	求根号 x 的值	计算结果	
tan	double tan(double x);	计算 tan(x)的值	计算结果	x 为弧度
tanh	double tanh(double x);	计算双曲正切函数的值	计算结果	tanh(x)

2. 字符函数

调用字符函数时，要求在源文件中使用命令：#include"ctype.h"。

函数名	函数原型声明	函 数 功 能	返 回 值
isalnum	int isalnum(int ch);	检查 ch 是否为字母或数字	是，返回 1；否则返回 0
isalpha	int isalpha(int ch);	检查是否为字母	是，返回 1，否则返回 0
iscntrl	int iscntrl(int ch);	检查 ch 是否为控制字符	是，返回 1，否则返回 0
isdigit	int isdigit(int ch);	检查 ch 是否为数字	是，返回 1，否则返回 0
isgraph	int isgraph(int ch);	检查 ch 是否为可打印字符	是，返回 1，否则返回 0
islower	int islower(int ch);	检查 ch 是否为小写字母	是，返回 1，否则返回 0

续表

函数名	函数原型声明	函数功能	返回值
isprint	int isprint(int ch);	检查ch是否为可打印字符	是，返回1，否则返回0
ispunct	int ispunct(int ch);	检查ch是否为除空格、字母数字之外的可打印字符	是，返回1，否则返回0
isspace	int isspace(int ch);	检查ch是否为空格、制表符或换行符	是，返回1，否则返回0
isupper	int isupper(int ch);	检查ch是否为大写字母	是，返回1，否则返回0
isxdigit	int isxdigit(int ch);	检查ch是否为十六进制数字	是，返回1，否则返回0
tolower	int tolower(int ch);	将ch字符转换为小写字母	返回对应的小写字母
toupper	int toupper(int ch);	将ch字符转换为大写字母	返回对应的大写字母

3．字符串函数

调用字符串函数时，要求在源文件中使用命令：#include"string.h"。

函数名	函数原型声明	函数功能	返回值
strcat	char *strcat(char *str1,char *str2);	将字符串str2接到str1后面	str1所指地址
strchr	char *strchr(char *str,int ch);	找出str指向的字符串中第一次出现字符的位置	返回找到字符的地址，如果未找到，返回NULL
strcmp	char *strcmp(char *str1,char *str2);	比较str1和str2	str1<str2，返回负数 str1=<str2，返回0 str1>str2，返回正数
strcpy	char *strcpy(char *str1,char *str2);	将str2指向的字符串复制到str1中	str1所指地址
strlen	unsigned strlen(char *str);	求字符串str的长度	返回串中字符(不含最后的'\0')的个数
strstr	char *strstr(char *str1,char *str2);	找出str2在str1中第一次出现的位置	返回找到字符串的地址，如果未找到，返回NULL

4．输入/输出函数

调用输入/输出函数时，要求在源文件中使用命令：#include"stdio.h"。

函数名	函数原型声明	函数功能	返回值
clearerr	void clearerr(FILE *fp);	清除与文件指针有关的所有错误	无
fclose	int fclose(FILE *fp);	关闭fp所指向的文件	出错返回非0，否则返回0
feof	int feof(FILE *fp);	检查文件是否结束	遇文件结束返回非0，否则返回0
fgetc	int fgetc(FILE *fp);	从fp所指向的文件中读取一个字符	成功，返回所读字符，出错返回EOF
fgets	int *fgets(char *str,int n,FILE *fp);	从fp所指向的文件中读取一个长为n−1的字符串，将其存入str	返回str所指地址，若遇文件结束或出错返回NULL
fopen	FILE close(char *filename, char * mode);	以mode所指定的方式打开文件	成功，返回文件指针(文件信息区的起始地址)，否则返回NULL
fprintf	int fprintf(FILE *fp,char *format, args…);	把args的值以format指定的格式输出到fp所指向的文件中	实际输出的字符数
fputc	int fputc(char ch ,FILE *fp);	将ch输出到fp所指向的文件中	成功，返回该字符，否则返回EOF
fputs	int fgets(char *str,FILE *fp);	将str输出到fp所指向的文件中	成功，返回正整数，否则返回−1(EOF)
fread	int fread(char *str,unsigned size,unsigned n,FILE *fp);	从fp指向的文件中读取长度为size的n个数据项，存入str中	读取的数据项个数，遇文件结束或出错返回0

续表

函数名	函数原型声明	函 数 功 能	返 回 值
fscanf	int fscanf(FILE *fp,char *format, args…);	从 fp 所指向的文件中以 format 指定的格式读取数据存入 args 中	返回已输入的数据个数，遇文件结束或出错返回 0
fseek	int fseek(FILE *fp,long offset, int base);	将 fp 所指向的文件位置指针移到以 base 为基准、以 offset 为位移量的位置	成功返回当前位置，否则返回-1
ftell	long ftell(FILE *fp);	求出 fp 所指文件中当前的读/写位置	返回当前读/写位置，出错返回-1L
fwrite	int fwrite(char *ptr,unsigned size, unsigned n,FIEL *fp);	把 ptr 所指向的 n*size 个字节输出到 fp 所指向的文件中	输出的数据项个数
getc	int getc(FILE *fp);	从 fp 所指向的文件中读取一个字符	返回所读字符，若遇文件结束或出错返回 EOF
getchar	int getchar( );	从标准输入设备读取一个字符	返回所读字符，若遇文件结束或出错返回-1
gets	char *gets(char *str);	从标准输入设备读取一个字符串，存入 str 所指存储区中	返回 str 所指地址，出错返回 NULL
printf	int printf(char *format,args);	将输出表列 args 的值以 format 指定的格式输出到标准输出设备	输出字符的个数
putc	int putc(int ch,FILE *fp);	把 ch 输出到 fp 所指向的文件中	成功，返回该字符，否则返回 EOF
putchar	int putchar(char *ch);	将 ch 值输出到标准输出设备	返回输出的字符，若出错返回 EOF
puts	int puts(char *str);	把 str 所指向的字符串输出到标准输出设备	返回换行符，若出错返回 EOF
rewind	void rewind(FILE *fp);	将文件位置指针置于文件开头	无
scanf	int scanf(char *format,args);	从标准输入设备按 format 指定的格式输入数据，存入 args 中	已输入的数据个数，出错返回 0

5. 存储分配函数

调用动态内存分配函数时，要求在源文件中使用命令：#include "stdlib.h"。

函数名	函数原型声明	函 数 功 能	返 回 值
calloc	void calloc(unsigned n,unsigned size);	分配 n 个数据项的连续内存空间，每个数据项的大小为 size 个字节	分配内存单元的起始地址；如不成功返回 0
free	void free(void *p);	释放 p 所指向的内存区	无
malloc	void *malloc(unsigned size);	分配 size 个字节的存储空间	所分配的内存空间的起始地址；如不成功返回 0
realloc	void *realloc(void *p,unsigned size);	将 p 所指出的已分配内存区的大小改为 size 个字节	新分配内存空间的起始地址；如不成功返回 0

附录C　ASCII字符编码表

ASCII码	字符	ASCII码	字符	ASCII码	字符	ASCII码	字符
000	NUL	032	SP	064	@	096	`
001	SOH	033	!	065	A	097	a
002	STX	034	"	066	B	098	b
003	ETX	035	#	067	C	099	c
004	EOT	036	$	068	D	100	d
005	EDQ	037	%	069	E	101	e
006	ACK	038	&	070	F	102	f
007	BEL	039	'	071	G	103	g
008	BS	040	(	072	H	104	h
009	HT	041	)	073	I	105	i
010	LF	042	*	074	J	106	j
011	VT	043	+	075	K	107	k
012	FF	044	,	076	L	108	l
013	CR	045	-	077	M	109	m
014	SO	046	.	078	N	110	n
015	SI	047	/	079	O	111	o
016	DLE	048	0	080	P	112	p
017	DC1	049	1	081	Q	113	q
018	DC2	050	2	082	R	114	r
019	DC3	051	3	083	S	115	s
020	DC4	052	4	084	T	116	t
021	NAK	053	5	085	U	117	u
022	SYN	054	6	086	V	118	v
023	ETB	055	7	087	W	119	w
024	CAN	056	8	088	X	120	x
025	EM	057	9	089	Y	121	y
026	SUB	058	:	090	Z	122	z
027	ESC	059	;	091	[	123	{
028	FS	060	<	092	\	124	|
029	GS	061	=	093	]	125	}
030	RS	062	>	094	^	126	~
031	US	063	?	095	_	127	DEL

附录 D　程序调试中常见错误信息一览

D.1　编译时的常见错误

（1）数据类型错误：

- 变量和符号常量没有说明；
- 忽略了标识符的大小写；
- 变量赋值类型不兼容；
- 对 scanf( )语句，输入了错误类型的数据项，可导致运行时出错；
- 数据超出允许范围。

（2）丢掉了 C 语句结束符“;”。此时编译器给出的错误消息为：

```
syntax error : missing ';'
```

（3）给宏定义#define 命令和文件包含#include 命令等末尾加了“;”。

（4）“{”和“}”、“(”和“)”、“/*”和“*/”不匹配。此时编译器将遗漏的错误消息，比如遗漏 main( )函数的右花括号时，编译器给出的错误信息为：

```
unexpected end of file found
```

（5）没有用#include 指令说明头文件。错误信息提示有关该函数所使用的参数未定义。

（6）使用了 C 语言保留关键字作为标识符。此时将提示定义了太多数据类型。

（7）忘记声明程序中使用的变量。此时编译器给出的错误消息为：

```
undeclared identifier
```

（8）将定义变量语句放在了执行语句后面。此时会提示语法错误。

（9）警告错误太多。忽略这些警告错误并不影响程序的执行和结果。编译时当警告错误数目大于某一规定值时（默认为 100）便退出编译器，这时应改变集成开发环境 Options/ Compiler/Errors 中的有关警告错误检查开关为 off。

（10）将关系符“==”误用作赋值号“=”。此时屏幕显示：

```
Lvalue required in function <函数名>
```

D.2　链接时的常见错误

（1）将 C 库函数名写错。这种情况下在链接时将会认为此函数是用户自定义函数。此时屏幕显示：

```
Undefined symbol '<函数名>' in <程序名>
```

（2）多个文件链接时，没有在 Project / Project name 中指定项目文件（.PRJ 文件）。此时出现找不到函数的错误。

（3）子函数在说明和定义时类型不一致。

（4）程序调用的子函数没有定义。

D.3 运行时的常见错误

（1）路径名错误

在 MS-DOS 中，斜杠（\）表示一个目录名，而在 VC 中斜杠是某个字符串的一个转义字符，因此，在用 VC 字符串给出一个路径名时应考虑斜杠的转义作用。

例如，有这样一条语句：

```
file=fopen("c:\new\tbc.dat", "rb");
```

目的是打开 C 盘 NEW 目录中的 TBC.DAT 文件，但做不到。这里“\”后面紧接的分别是“n”及“t”，“\n”及“\t”将被分别编译为换行及 tab 字符，DOS 将认为它是不正确的文件名而拒绝接受，因为文件名中不能有换行或 tab 字符。

正确的写法应为：

```
file=fopen("c:\\new\\tbc.dat", "rb");
```

（2）格式化输入/输出时，规定的类型与变量本身的类型不一致。例如：

```
float l; printf("%c", l);
```

（3）scanf( )函数中将变量地址写成变量。例如：

```
int l;scanf("%d", l);
```

（4）在循环语句中，循环控制变量在每次循环中未进行修改，使循环成为无限循环。

（5）switch 语句中没有使用 break 语句。

（6）将赋值号“=”误用作关系符“==”。

（7）多层条件语句的 if 和 else 不匹配。

（8）用动态内存分配函数 malloc( )或 calloc( )分配的内存区使用完之后，未用 free( )函数释放。这样会导致函数前几次调用正常，而后面调用时发生死机现象，不能返回操作系统。其原因是因为没用空间可供分配，而占用了操作系统在内存中的某些空间。

（9）使用了动态分配内存不成功的指针，造成系统破坏。

（10）对文件操作时，在使用完之后没有及时关闭打开的文件。

D.4 错误提示中英文对照

VC 的源程序错误分为 3 种类型：致命错误、一般错误和警告。其中，致命错误通常是内部编译出错；一般错误指程序的语法错误、磁盘或内存存取错误或命令行错误等；警告则只是指出一些值得怀疑的情况，它并不防止编译的进行。

下面按字母顺序 A～Z 分别列出致命错误及一般错误信息，以及中英文对照和处理方法。

1．致命错误中英文对照及处理方法

（1）Bad call of in-line function：内部函数非法调用

分析与处理：在使用一个宏定义的内部函数时，没能正确调用。一个内部函数以两个下画线（__）

开始和结束。

（2）Irreducable expression tree：不可约表达式树

分析与处理：这种错误指的是文件行中的表达式太复杂，使得代码生成程序无法为它生成代码。这种表达式必须避免使用。

（3）Register allocation failure：存储器分配失败

分析与处理：这种错误指的是文件行中的表达式太复杂，代码生成程序无法为它生成代码。此时应简化这种繁杂的表达式或干脆避免使用它。

2．一般错误信息中英文对照及处理方法

（1）#operator not followed by maco argument name：“#”运算符后没有宏变量名

分析与处理：在宏定义中，“#”用于标识一个宏变量。“#”号后必须有一个宏变量名。

（2）'xxxxxx' not anargument：'xxxxxx'不是函数参数

分析与处理：在源程序中将该标识符定义为一个函数参数，但此标识符没有在函数中出现。

（3）Ambiguous symbol 'xxxxxx'：二义性符号'xxxxxx'

分析与处理：两个或多个结构的某一域名相同，但具有的偏移、类型不同。在变量或表达式中引用该域而未带结构名时，会产生二义性，此时需修改某个域名或在引用时加上结构名。

（4）Argument # missing name：参数#名丢失

分析与处理：参数名已脱离用于定义函数的函数原型。如果函数以原型定义，该函数必须包含所有的参数名。

（5）Argument list syntax error：参数表出现语法错误

分析与处理：函数调用的参数间必须以逗号隔开，并以一个右括号结束。若源文件中含有一个其后不是逗号也不是右括号的参数，则出错。

（6）Array bounds missing：数组的界限符“]”丢失

分析与处理：在源文件中定义了一个数组，但此数组没有以右方括号结束。

（7）Array size too large：数组太大

分析与处理：定义的数组太大，超过了可用的内存空间。

（8）Assembler statement too long：汇编语句太长

分析与处理：内部汇编语句最长不能超过 480 字节。

（9）Bad configuration file：配置文件不正确

分析与处理：TURBOC.CFG 配置文件中包含的不是适合命令行选择项的非注解文字。配置文件命令选择项必须以一个短横线开始。

（10）Bad file name format in include directive：包含指令中的文件名格式不正确

分析与处理：包含文件名必须用引号（"filename.h"）或尖括号（<filename>）括起来，否则将产生本类错误。如果使用了宏，则产生的扩展文本也不正确，因为如果没有引号就没办法识别。

（11）Bad ifdef directive syntax：ifdef 指令语法错误

分析与处理：#ifdef 必须以单个标识符（只此一个）作为该指令的体。

（12）Bad ifndef directive syntax：ifndef 指令语法错误

分析与处理：#ifndef 必须以单个标识符（只此一个）作为该指令的体。

（13）Bad undef directive syntax：undef 指令语法错误

分析与处理：#undef 指令必须以单个标识符（只此一个）作为该指令的体。

（14）Bad file size syntax：位字段长语法错误

分析与处理：一个位字段长必须是 1～16 位的常量表达式。

（15）Call of non-functin：调用未定义函数

分析与处理：正被调用的函数无定义，通常是由于不正确的函数声明或函数名拼写错误而造成的。

（16）Cannot modify a const object：不能修改一个长量对象

分析与处理：对定义为常量的对象进行不合法操作（如常量赋值）引起本错误。

（17）Case outside of switch：case 出现在 switch 外

分析与处理：编译程序发现 case 语句出现在 switch 语句之外，这类故障通常是由于括号不匹配造成的。

（18）Case statement missing：case 语句漏掉

分析与处理：case 语句必须包含一个以冒号结束的常量表达式，如果漏了冒号或在冒号前多了其他符号，则会出现此类错误。

（19）Character constant too long：字符常量太长

分析与处理：字符常量的长度通常只能是 1 个或 2 个字符长，超过此长度则会出现这种错误。

（20）Compound statement missing：漏掉复合语句

分析与处理：编译程序扫描到源文件末尾时，未发现结束符号（花括号），此类故障通常是由花括号不匹配所致。

（21）Conflicting type modifiers：类型修饰符冲突

分析与处理：对同一指针，只能指定一种变址修饰符（如 near 或 far），而对于同一函数，也只能给出一种语言修饰符（如 cdecl、pascal 或 interrupt）。

（22）Constant expression required（需要常量表达式）

分析与处理：数组的大小必须是常量，本错误通常是由#define 常量的拼写错误引起的。

（23）Could not find file 'xxxxxx.xxx'：找不到'xxxxxx.xx'文件

分析与处理：编译程序找不到命令行上给出的文件。

（24）Declaration missing：漏掉了说明

分析与处理：当源文件中包含了一个 struct 或 union 域声明，而后面漏掉了分号时，则会出现此类错误。

（25）Declaration needs type or storage class：说明必须给出类型或存储类

分析与处理：正确的变量说明必须指出变量类型，否则会出现此类错误。

（26）Declaration syntax error：说明出现语法错误

分析与处理：在源文件中，若某个说明丢失了某些符号或输入多余的符号，则会出现此类错误。

（27）Default outside of switch：Default 语句在 switch 语句外出现

分析与处理：这类错误通常是由于括号不匹配引起的。

（28）Define directive needs an identifier：Define 指令必须有一个标识符

分析与处理：#define 后面的第一个非空格符必须是一个标识符，若该位置出现其他字符，则会引起此类错误。

（29）Division by zero：除数为零

分析与处理：当源文件的常量表达式出现除数为零的情况时，则会造成此类错误。

（30）Do statement must have while：do 语句中必须有 while 关键字

分析与处理：若源文件中包含了一个无 while 关键字的 do 语句，则出现本错误。

（31）DO while statement missing：do while 语句中漏掉了符号“(”

分析与处理：在 do 语句中，若 while 关键字后无左括号，则出现本错误。

（32）Do while statement missing：do while 语句中漏掉了分号

分析与处理：在 do 语句的条件表达式中，若右括号后面无分号则出现此类错误。

（33）Duplicate Case：case 情况不唯一

分析与处理：switch 语句的每个 case 必须有一个唯一的常量表达式值，将导致此类错误的发生。

（34）Enum syntax error：enum 语法错误

分析与处理：若 enum 说明的标识符表格式不对，将会引起此类错误。

（35）Enumeration constant syntax error：枚举常量语法错误

分析与处理：若赋给 enum 类型变量的表达式值不为常量，将会导致此类错误的发生。

（36）Error Directive : xxxx：error 指令（xxxx）

分析与处理：源文件处理#error 指令时，显示该指令指出的信息。

（37）Error Writing output file：写输出文件错误

分析与处理：这类错误通常是由于磁盘空间已满，无法进行写入操作而造成的。

（38）Expression syntax error：表达式语法错误

分析与处理：本错误通常是由于出现两个连续的操作符，括号不匹配或缺少括号，以及前一语句漏掉了分号引起的。

（39）Extra parameter in call：调用时出现多余参数

分析与处理：本错误是由于调用函数时，其实际参数个数多于函数定义中的参数个数所致。

（40）Extra parameter in call to xxxxxx：调用 xxxxxxxx 函数时出现了多余参数

（41）File name too long：文件名太长

分析与处理：#include 指令给出的文件名太长，致使编译程序无法处理，则会出现此类错误。通常 DOS 下的文件名长度不能超过 64 个字符。

（42）For statement missing)：For 语名缺少“)”

分析与处理：在 for 语句中，如果控制表达式后缺少右括号，则会出现此类错误。

（43）For statement missing：For 语句缺少“(”

（44）For statement missing：For 语句缺少“；”

分析与处理：在 for 语句中，当某个表达式后缺少分号时，则会出现此类错误。

（45）Function call missing)：函数调用缺少“)”

分析与处理：如果函数调用的参数表漏掉了右括号或括号不匹配，则会出现此类错误。

（46）Function definition out ofplace：函数定义位置错误

（47）Function doesn't take a variable number of argument：函数不接受可变的参数个数

（48）Goto statement missing label：goto 语句缺少标号

（49）If statement missing：If 语句缺少“(”

（50）If statement missing：If 语句缺少“)”

（51）lllegal initalization：非法初始化

（52）lllegal octal digit：非法八进制数

分析与处理：此类错误通常是由于八进制常数中包含了非八进制数字所致。

（53）lllegal pointer subtraction：非法指针相减

（54）lllegal structure operation：非法结构操作

（55）lllegal use of floating point：浮点运算非法

（56）lllegal use of pointer：指针使用非法

（57）Improper use of a typedef symbol：typedef 符号使用不当

（58）Incompatible storage class：不相容的存储类型

（59）Incompatible type conversion：不相容的类型转换

（60）Incorrect commadn line argument:xxxxxx：不正确的命令行参数（xxxxxxx）

（61）Incorrect commadn file argument:xxxxxx：不正确的配置文件参数（xxxxxxx）

（62）Incorrect number format：不正确的数据格式

（63）Incorrect use of default：default 的不正确使用

（64）Initializer syntax error：初始化语法错误

（65）Invaild indrection：无效的间接运算

（66）Invalid macro argument separator：无效的宏参数分隔符

（67）Invalid pointer addition：无效的指针相加

（68）Invalid use of dot：点使用错误

（69）Macro argument syntax error：宏参数语法错误

（70）Macro expansion too long：宏扩展太长

（71）Mismatch number of parameters in definition：定义中参数个数不匹配

（72）Misplaced break：break 位置错误

（73）Misplaced continue：continue 位置错误

（74）Misplaced decimal point：十进制小数点位置错误

（75）Misplaced else：else 位置错误

（76）Misplaced else driective：else 指令位置错误

（77）Misplaced endif directive：endif 指令位置错误

（78）Must be addressable：必须是可编址的

（79）Must take address of memory location：必须是内存一地址

（80）No file name ending：无文件终止符

（81）No file names given：未给出文件名

（82）Non-protable pointer assignment：对不可移植的指针赋值

（83）Non-protable pointer comparison：不可移植的指针比较

（84）Non-protable return type conversion：不可移植的返回类型转换

（85）Not an allowed type：不允许的类型

（86）Out of memory：内存不够

（87）Pointer required on left side of：操作符左边须是一指针

（88）Redeclaration of 'xxxxxx'：'xxxxxx'重定义

（89）Size of structure or array not known：结构或数组大小不定

（90）Statement missing;：语句缺少“;”

（91）Structure or union syntax error：结构或联合语法错误

（92）Structure size too large：结构太大

（93）Subscription missing]：下标缺少“]”

（94）Switch statement missing：switch 语句缺少“(”

（95）Switch statement missing：switch 语句缺少“)”

（96）Too few parameters in call：函数调用参数太少

（97）Too few parameter in call to'xxxxxx'：调用'xxxxxx'时参数太少

（98）Too many cases：cases 太多

（99）Too many decimal points：十进制小数点太多

（100）Too many default cases：default 太多

（101）Too many exponents：阶码太多

（102）Too many initializers：初始化太多

（103）Too many storage classes in declaration：说明中存储类太多

（104）Too many types in decleration：说明中类型太多

（105）Too much auto memory in function：函数中自动存储太多

（106）Too much global define in file：文件中定义的全局数据太多

（107）Two consecutive dots：两个连续点

（108）Type mismatch in parameter #：参数#类型不匹配

（109）Type mismatch in parameter # in call to 'XXXXXXX'：调用'XXXXXXX'时参数#类型不匹配

（110）Type missmatch in parameter 'XXXXXXX'：参数'XXXXXXX'类型不匹配

（111）Type mismatch in parameter 'YYYYYYYY' in call to 'YYYYYYYY'：调用'YYYY YYY'时参数'XXXXXXXX'数型不匹配

（112）Type mismatch in redeclaration of 'XXX'：重定义类型不匹配

（113）Unable to creat output file 'XXXXXXXX.XXX'：不能创建输出文件'XXXXXXXX. XXX'

（114）Unable to create turboc.lnk：不能创建 turboc.lnk

（115）Unable to execute command 'xxxxxxxx'：不能执行'xxxxxxxx'命令

（116）Unable to open include file 'xxxxxxx.xxx'：不能打开包含文件'xxxxxxxx.xxx'

（117）Unable to open inputfile 'xxxxxxx.xxx'：不能打开输入文件'xxxxxxxx.xxx'

（118）Undefined label 'xxxxxxx'：标号'xxxxxxx'未定义

（119）Undefined structure 'xxxxxxxxx'：结构'xxxxxxxxxx'未定义

（120）Undefined symbol 'xxxxxxx'：符号'xxxxxxxx'未定义

（121）Unexpected end of file in comment started on line #：源文件在某个注释中意外结束

（122）Unexpected end of file in conditional stated on line #：源文件在#行开始的条件语句中意外结束

（123）Unknown preprocessor directive 'xxx'：不认识的预处理指令：'xxx'

（124）Untermimated character constant：未终结的字符常量

（125）Unterminated string：未终结的串

（126）Unterminated string or character constant：未终结的串或字符常量

（127）User break：用户中断

（128）Value required：赋值请求

（129）While statement missing(：while 语句漏掉“(”

（130）While statement missing)：while 语句漏掉“)”

（131）Wrong number of argumets in of 'xxxxxxxx'：调用'xxxxxxxx'时参数个数错误

参 考 文 献

[1] 张敏霞，孙丽凤等．C语言程序设计教程．北京：电子工业出版社，2007.

[2] 张敏霞，孙丽凤等．C程序设计语言．青岛：海洋大学出版社，2001.

[3] 谭浩强．C程序设计．北京：清华大学出版社，1999.

[4] Gary J．Bronson．A First Book of ANSI C. 北京：电子工业出版社，2009.

[5] Brian W．Kernighan, Dennis M．Ritchie. The C Programming Language（影印版）．北京：清华大学出版社，1997.

[6] 徐建民．C语言程序设计．北京：电子工业出版社，2002.

[7] 中国大学MOOC．http://www.icourse163.org/

[8] 编程爱好者．http://www.programfan.com/